数字助听器原理及核心技术

梁瑞宇　王青云　邹采荣　著

电子工业出版社·
Publishing House of Electronics Industry
北京·BEIJING

内 容 简 介

本书详细介绍了数字助听器信号处理的相关理论及关键算法，主要内容包括数字助听器研究基础、数字助听器响度补偿原理与算法、助听器增强算法、助听器回波抑制算法、助听器降频算法、助听器方向性技术、助听器自验配技术、助听器声场景分类算法及展望。

本书理论联系实际，内容新颖，适合计算机应用、电子信息工程、生物医学工程等相关专业的研究生及科研人员、工程技术人员学习参考。

图书在版编目（CIP）数据

数字助听器原理及核心技术 / 梁瑞宇，王青云，邹采荣著. —北京：电子工业出版社，2018.9
ISBN 978-7-121-34967-6

Ⅰ. ①数… Ⅱ. ①梁… ②王… ③邹… Ⅲ. ①助听器—研究 Ⅳ. ①TH789

中国版本图书馆 CIP 数据核字（2018）第 198990 号

策划编辑：董亚峰
责任编辑：杨秋奎　　　特约编辑：孙　悦
印　　刷：北京盛通商印快线网络科技有限公司
装　　订：北京盛通商印快线网络科技有限公司
出版发行：电子工业出版社
　　　　　北京市海淀区万寿路 173 信箱　邮编　100036
开　　本：720×1 000　1/16　印张：17.5　字数：296 千字
版　　次：2018 年 9 月第 1 版
印　　次：2022 年 4 月第 3 次印刷
定　　价：89.80 元

凡所购买电子工业出版社图书有缺损问题，请向购买书店调换。若书店售缺，请与本社发行部联系，联系及邮购电话：（010）88254888，88258888。

质量投诉请发邮件至 zlts@phei.com.cn，盗版侵权举报请发邮件至 dbqq@phei.com.cn。

本书咨询联系方式：（010）88254755。

前　言

数字助听器信号处理是通信、信号处理、医学、生物工程等多学科交叉融合的研究领域，是国内外重要的研究课题。数字助听器信号处理研究面向听损人群，基于对听损患者的生理、心理及个人信息的诊断与分析，在满足低功耗和低存储量的前提下，采用数字信号处理的相关理论及方法对语音信号进行补偿、增强及转换，从而改善听损患者的听力状况，提高听损患者的语言理解度。该研究工作具有研究对象特殊、研究方法受限、知识深度纵向范围大等特点，具有很强的理论研究意义和实用价值。该研究工作的深入开展有助于改变我国在该研究领域的落后局面，相关研究成果对提高听损患者的听力水平、改善其生活质量及缓解社会压力有重要意义，也为智能助听器设计打下坚实的理论基础。

随着老龄化社会进程的加剧，听力退化带来的听损问题日趋严重，数字助听器研究具有越来越重要的现实意义。笔者在研究数字助听器的基本原理和听损形成机理的基础上，结合语音信号处理的前期研究基础，系统地研究了数字助听器语音信号处理的相关方法、模型及应用。本书围绕助听器语音处理的关键技术展开，对研究中涉及的一些关键技术和语音信号处理方法进行了大量的实验验证及创新设计。通过上述研究工作，笔者试图丰富和完善数字助听器语音信号处理相关理论与技术，以解决目前存在的问题。

本书是关于数字助听器信号处理的学术专著，围绕数字助听器信号处理的理论、方法和技术，结合近年来有关研究成果与工程实践，系统地分析和阐述了数字助听器语音补偿、降噪、增强等方面的理论、方法和技术。本书共分10章，主要内容包括数字助听器研究基础、数字助听器响度补偿原理与算法、助听器增强算法、助听器回波抑制算法、助听器降频算法、助听器方向性技术、助听器自验配技术、助听器声场景分类算法及研究展望。本书理论联系实际，内容新颖，适合计算机应用、电子信息工程、生物医学工程等相关专业的研究生及科研人员、工程技术人员学习参考。

本书由梁瑞宇、王青云、邹采荣合著，并由梁瑞宇统稿。衷心感谢王侠博士、郭如雪博士、荆丽硕士、薛阳阳硕士、顾天斌硕士、夏岱岱硕士、丁一坤硕士、姜涛硕士做的研究工作，以及为本书的编写工作付出辛勤劳动的老师和学生。

本书是在江苏省第 13 批"六大人才高峰"高层次人才（电子信息行业）项目（项目编号：DZXX-023）、国家自然科学基金项目"面向认知补偿的助听器数据驱动模型及其自验配算法研究"（项目编号：61871213）和第 60 批中国博士后科学基金面上资助项目（项目编号：2016M601696）研究成果的基础上编写的。

本书内容涉及多学科的交叉，由于我们的学识所限，书中难免存在不妥之处，恳请广大读者批评指正。

梁瑞宇
2018 年 3 月

目　录

第1章

绪 论

· · · · · · · ·

1.1 数字助听器研究的背景和意义

世界范围内，听损患者的听力康复问题都面临严峻的挑战[1]。我国严重的老龄化现状使这一问题尤为突出。长时间听力障碍，不但会影响患者正常的交谈能力、理解能力和发音能力，而且会使病人孤独、暴躁，严重者还会出现心理障碍，甚至发展到老年痴呆，从而给家庭和社会带来负面影响[2~4]。对于老年性耳聋这种渐进性感音神经性聋，佩戴助听器是现阶段最有效的听力康复手段[5]。中华人民共和国科技部发布的《医疗器械科技产业"十二五"专项规划》明确指出："在康复领域，应积极发展智能助行/助听/助视辅具，加快智能化、低成本的先进康复辅具的研发。"因此，通过面向听损患者的助听器核心算法的研究，推动智能高效价廉助听产品的发展和应用，对解决我国社会经济发展中的这项重大民生问题，有极为迫切的现实需求。

高性能的助听器需要进行烦琐的验配，而且在噪声环境下其性能严重下降[6]。其主要原因在于，听损患者的听力损失具有明显的个人差异，不同的患者不同频带上的听损情况存在一定的差异。即使听力图（用来表征听力的生理状况）完全相同的两个听损患者，其认知能力的轻微偏差也会导致言语理解度上的较大差异。传统助听器主要通过放大声信号补偿患者缺失的声波能量和频率成分，并依靠听力专家的验配经验和专业技能来调配算法参数，以尽可能达到最佳的工作状态。这种基于增益补偿理念设计的助听器采用的是普适化的设计方法，缺乏对患者深层次的个性信息和共性信息的挖掘，既不能通过全面评估患者的生理和心理状态来最优化算法性能，也不能横向利用不同患者的隐性联系来加速算法的寻优过程。而依靠听力专家来调配参数的本质是听力专家通过大量的知识学习和验配工作获得经验，并达到一定的专业水准。显然，这种完全依靠专家水平的验配方法低效，而且难以有效传承，具有很大的局限性。

在语言理解度、声音的自然度及患者体验的舒适度等方面，现有的助听器言语增强算法都无法满足听损患者的需求。现有的助听器系统是一个刚性非自愈系统，它既不能按照患者认知能力差异和统计规律进行各频段语音的自适应增强，也不能从患者自身评价出发，对验配过程进行自愈的参数优化。而人类听觉系统可以在已有知识帮助下，自适应补偿各种复杂环境下的输入语音损失，并可根据自身对输入语音的评价反馈，调节认知行为达到语言理解的目的。这为我们深入研究智能型助听器的核心算法提供了新思路和新策略。

1.2 数字助听器算法概述

1.2.1 多通道响度补偿算法

由于听损患者对声音的敏感程度随频率变化而变化，故数字助听器应针对不同频率区域的声音信号设计不同的增益，使最终输出信号为不同通道放大后的综合。多通道响度补偿算法[7]的设计目标是与患者的听力损失相匹配，以提高患者的使用舒适性。

1.2.2 语音增强算法

提高听损患者在噪声环境下的言语理解度，是助听器设计的最具挑战性的任务之一[8]。语音降噪算法能够提高信噪比，是提高患者理解度的重要方法。但是，现实中的噪声往往千变万化，有用语音和噪声可能在空间或时间上存在一定交叠，使得利用降噪算法提高噪声环境下听损患者的语音理解度存在很多困难。此外，对于助听器来说，风噪声也是常见的噪声，因此如何根据环境噪声的变化，自适应抑制非平稳噪声，是数字助听器需要研究的重要课题。

1.2.3 回波抑制算法

由于助听器麦克风与受话器的距离很小，受话器输出的声音往往会经过一定路径泄漏到麦克风中，在内部增益较大时形成回声，严重时还会引起啸叫，这是助听器设计中最严重的问题之一[9]。在回波抑制算法中，自适应滤波算法是最常用且有效的算法。但是，由于语音信号本身是有色信号，而且期望信号与回声信号又是相关信号，使回声路径估计问题变得相当复杂。如何设计算法得到对回声路径的无偏估计，是当前数字助听器语音处理算法研究的难点。

1.2.4 降频算法

对于大多数听损患者来说，听力损失都是从高频开始的。但受助听器本身的限制，单纯的幅度放大并不能提高高频的感知能力。而高频辅音对语音理解度非常重要，为此有些学者提出降频助听算法。其基本原理是将高频信息转移或压缩至患者可听的低频段，然后经过语言训练，使患者重新建立语言感知习惯，进而达到理解语言的目的[10]。如何在尽可能保持语音自然度的情况下实现降频，是目前需要重点研究的方向。

1.2.5 助听器方向性技术

由于噪声和语音可能具有相同的频谱特性，因此常规的语音降噪算法很难对此进行区分。基于空间滤波器的方向性技术是改善该问题的另一个思路。其主要原理是通过声源定位与跟踪技术，针对目标声源设计空间滤波器，只增强目标声源。目前，研究的难点在于，如何在复杂的环境下有效定位声源位置，从而进行方向性增强[11]。在一些简单应用中，某些固定方向型的阵列技术也有一定的应用前景。

1.2.6 声场景识别算法

助听器使用者所处的环境通常是不可预知的，复杂多变的环境会导致助听器的性能产生偏差。为了提高助听器的算法性能，助听器通常根据环境选择不同的参数[12]。因此，助听器首先需要判断所处的环境，然后才能有效选择合适的参数，以便提高助听器的性能。考虑助听器的计算能力，通常其声场景的算法比较简单，能识别的场景也比较有限。如何在不显著增加计算量的情况下提高场景识别能力，是未来声场景识别算法的重要研究点。

1.2.7 其他算法

数字助听器中的软件算法还有很多[13]，如辅音加重和情感识别等。相关研究人员可以参考相关文献[14, 15]进行研究，这里不再详述。总之，数字助听器是面向特定应用的声学处理系统，其软件和硬件系统既有普通声学系统的共性，又有其自身独有的特点和难点。

1.3 国内外研究现状

国内外对于听损患者听力康复的研究由来已久，主要有药物、助听器[16~18]、人工耳蜗及生物学四个方面。对于听损患者来说，佩戴助听器是现阶段最有效的听力康复手段[5]。

针对目前助听器算法中的不足，本书研究主要围绕如何结合人工智能理论和仿生技术，将人类听觉感知能力融入助听器设计，从而提高听损患者的语音理解度的目标展开。为此，研究按照助听器语音增强技术、助听器降频算法、助听器验配算法及认知与助听器设计四个方面梳理分析国内外研究现状。

1.3.1　助听器语音增强技术

目前，针对这一问题的助听器技术主要有两大类：方向性麦克风技术和降噪技术[19]。方向性麦克风技术[20]基于目标语音和干扰源在空间上的差异设计，保持目标声音方向更敏感，从而抑制其他方向的声音。但是，现实中噪声可能来自不同的方向，而且目标语音和干扰源的方位也会随着时间的变化而变化。目前的商用助听器中可以实现全方向麦克风和方向性麦克风间的切换，只有当评估的信噪比低于给定门限时，方向性麦克风才开始工作。与方向性麦克风技术的原理相似，降噪技术[21]是主要利用目标语音和干扰源的时频差异对噪声进行抑制。当干扰声源相对静止时（谱内容变换缓慢），噪声抑制算法性能较好。但是，在现实情况中，声源通常是不可预测的，甚至是与目标语音近似的。因此，上述两种技术有时并不能改善语音理解度，只能减轻噪声带来的疲劳和烦躁。对于具有正常听力和认知能力的人类来说，这种听觉环境不存在任何问题。模拟人类听觉系统处理声音的能力为助听器技术发展提供了新的思路。目前在助听器设计中，人耳听觉的仿生主要是对听觉外周或听觉中枢的模拟[22]。

1.3.2　助听器降频算法

降频算法是改善高频听力损失的主要助听器技术。在国外，降频助听技术研究的较早，并形成四类主要方法，即声码器、慢速回放、频率转移和频率压缩[10]。声码器是最早的降频技术，但是生成的降频信号屏蔽了一些重要的低频信息，所以并没体现出显著的高频性能改善。最早的商业助听技术是慢速回放，其原理是以比采样速度慢的速率来播放音频信号。该技术可以保留频率成分的比例关系，但是信号在时间轴上拉伸，会造成输入输出间的不同步，引起失真。频率转移技术的原理是将高频信息转移到低频部分，并与原来低频信号相加[23]。该技术能较好地保留谐波频率间的比例关系，但是由于频率成分间存在交叠，会屏蔽有用的低频信息。与其他技术相比，比较直接的降频技术是以固定因子降低所有频率成分，称为线性压缩技术。研究显示，该技术并没有明显改善患者的高频听力[24]。与之对应的是非线性压缩技术，即保持低频信号不变，高频信号以较大比例压缩。由于频率信息间没有交叠，因此该技术保留了元音信号的理解度。降频助听技术的基本原理是通过把高频信息降低到患者可听的低频区域，使患者可以感知高频信息。此外，一些分频段处理的方法包括幅度放大低频信号、移动中频信号、非线性压缩高频信号[25]，也取得了一定的研究成果。

1.3.3　助听器验配方法

传统的助听器验配主要依靠听力专家对患者问题的解读，然后转化为正确的助听器电声特征。由于助听器的类型及其信号处理的参数数量不断增加，对听力专家的技能要求越来越高，已成为制约助听器使用的重要因素之一。使用人工智能算法替代听力专家的作用成为一种研究趋势[26]，例如，基于遗传算法对谱增强算法参数[27]和多通道补偿算法参数[28]进行优化。但是遗传算法的收敛速度慢、稳定性差，影响了算法的实用性。由于缺乏有效的认知评估方法，基于认知的参数优化算法的研究进展缓慢。近年来，有些专家提出一种自验配的助听器参数优化算法[29]，即通过患者的反馈利用智能算法取代听力专家的工作，从而变相地引入认知因素[30]。笔者所在的课题组利用患者的个人信息构建专家系统[31]，并结合交互式进化算法，构建了自验配系统，取得了一定效果。但是上述算法仍然没有充分利用患者的综合性信息（如认知能力、验配过程），因此如何基于这些数据构建新的自验配模型改善言语增强效果，有待进一步研究。

1.3.4　认知与助听器设计

在 2011 年秋季的斯达克峰会上，代表听力学、认知科学、心理学、老年康复学的专家围绕老人、认知与助听技术进行了深入的探讨，进一步推动了认知与助听器研究的发展。在近 10 年的研究中，围绕认知与助听器的研究主要集中在三个方面：①助听器的听觉认知模型。语言理解的易听模型是最全面的听觉认知模型之一[32]，可以辅助实现治疗的个性化。②认知能力对助听器设计的影响。许多研究显示，在噪声下，认知能力良好的听者的语音理解能力更强[33]。因此，在听力损失干预算法的设计和配置中引入认知的观点有助于克服当前算法的局限性。同时，还有研究表明，针对特别的认知技巧设计算法中的某些特征参数也是可能的[34]。③助听器设计能改善患者的认知能力。听力损失不但对听觉功能有负面影响，而且对认知功能也有负面影响。完整康复听觉交流过程的干预技术应该能改善认知功能。越来越多的证据显示，听力技术能影响短时认知处理，同时可以降低听损老人的认知负担，包括心理疲劳、保留空间选择性注意[35]。对认知和外周功能联系的认识使听力技术不仅仅能补偿听力损失，而且能改善个人认知能力。这些研究使恢复或增强认知功能成为可能。

相对来说，我国助听器研究起步较晚，从事数字助听器算法与人工耳蜗信号处理方面的研究单位主要有首都医科大学、中国科学院声学研究所、清华大学、华中科技大学和东南大学等。

2010 年，首都医科大学张华教授承担了国家自然科学基金项目"普通话噪声下言语测试材料的研究"，建立了我国普通话言语听力测试材料，并一直致力于听损患者的汉语听力测试的研究。在助听领域声信号处理方面，中科院声学所研究团队的课题"数字助听器中高性能语音增强算法研究"（No.60970136）在助听器增强算法优化方面做出了出色的工作。东南大学邹采荣、赵力教授研究团队的课题"汉语数字助听器语音处理核心算法研究"（No.60872073）对助听器中的一些基础算法（如回波抵消、方向性麦克风技术、等响度补偿）做了相应研究；2013 年，该团队又承担了国家自然科学基金项目"混叠声场景下的语音识别-合成补偿助听器关键算法研究"（No. 61375028）和"面向老龄听障患者的自适应降频助听器核心算法研究"（No. 61301219），主要针对中度耳聋患者初步探讨了人工听觉重建和言语增强的方法，取得了一些声场景分类、语音识别、声源定位等方面的研究成果。

1.4 目前存在的问题

当前，尽管国内外对数字助听器语音处理方面的理论研究已经取得很多成果，但是，由于数字助听器产品的特殊性，以及声学应用环境的复杂性，这些理论研究成果在实际应用时遇到很多难题，需要进一步解决。

人类听觉系统是非常复杂的，主要由声信号采集与处理、感知与转换、听觉认知三部分组成。听损患者感知声信号的能力不足，而且其感知环境、感知方位、选择性注意的能力也可能比正常人弱[35]。此外，随着患者年龄增长，其学习、存储、记忆能力也不断退化[36]，听力障碍本身也会加剧这种退化[37]。当前的助听器算法主要通过引入复杂的信号处理策略（如多频带压缩、方向性波束形成、噪声消除、回波抑制等）补偿患者的听力损失，以保证声音可听最大化及在保留语音质量的情况下改善信噪比。然而，在嘈杂场景下，这些助听器算法大都只能提高听觉舒适度，对患者语音理解度的改善非常有限[38]。因为有效的语言交流不只是被动的信息获取[35]，也是带有目的性的倾听和选择相关信息的过程。由于听力障碍影响了患者在嘈杂场景下的选择性注意能力，使其无法像正常人一样利用空间信息或时频信息来选择注意前景信息[39]，从而导致其在嘈杂环境下的语音理解度要远低于安静环境下。

为了衡量患者在听觉认知能力上的差异，研究学者通常会通过患者在噪声、多声源、多位置、多任务情况下的实验进行定量或定性判断[40]。但是，这类研究与助听器算法研究通常是互相独立的，还没有学者系统地研究这些认知指标与助听器言语增强间的相互关系。此外，缺乏有效的实验数据也使学者无法从统计学角度进行分析，从而不能建立有效的言语增强模型来显性或隐性地利用患者认知能力上的偏差改善算法性能。

目前，助听器言语增强模型的参数调节主要依靠听力专家来完成，这个过程往往需要持续几天甚至几周。传统的助听器验配方法首先由用户对自身问题进行清晰的描述[41]，然后由听力专家对问题进行正确解读，并转化为正确的助听器电声特征。但是，由于患者认知能力及个人因素（如声音偏爱性）难以被听力专家评估，可能导致验配结果出现偏差，影响助听器效果，增加验配次数和难度，使患者产生疲劳或厌烦情绪[42]。而且，助听器的类型及其信号处理的参数数量不断增加，对听力专家的技能要求越来越高，这已成为制约助听器使用的重要因素之一[17]。

综上所述，患者在生理和认知能力上的特殊性使得现有助听器算法面临多重挑战。第一，缺乏一个系统地包含患者个人信息、认知能力信息及验配信息的数据库，无法利用有效的数据分析方法来获知认知能力与言语增强的关系，从而隐性提高言语理解度；第二，缺乏对高级听觉能力的模拟，目前的助听器算法设计理念仍然以提高信噪比为主，缺乏针对认知能力补偿的言语助听模型及算法研究；第三，由于缺乏对患者认知能力的有效评估，使得基于听力专家的验配方法效率低下，进一步影响助听器算法的性能。因此，有效的助听器言语算法应该从模拟人类听觉感知与信息处理机制入手，以数据分析与建模为手段，将患者的生理状况与认知能力融入助听器的设计和验配过程。

1.5　本章小结

本章首先介绍了助听器算法研究的背景和意义，并突出了助听器算法研究的紧迫性；其次介绍了数字助听器研究所涉及的各种算法，并简述各自的特点及研究方向；再次围绕助听器研究的最新趋势，介绍了国内外助听器算法研究现状；最后针对助听器的特殊性，指出目前数字助听器研究存在的问题。

参考文献

[1] Abrams H B. An introduction to the second starkey research summit[J]. American Journal of Audiology, 2012, 21(2): 329-330.

[2] Gopinath B, Schneider J, McMahon C M, et al. Severity of age-related hearing loss is associated with impaired activities of daily living[J]. Age and Ageing, 2012, 41(2): 195-200.

[3] Chou R, Dana T, Bougatsos C, et al. Screening adults aged 50 years or older for hearing loss: A review of the evidence for the US preventive services task force[J]. Annals of internal Medicine, 2011, 154(5): 347-355.

[4] Lin F R, Thorpe R, Gordon-Salant S, et al. Hearing loss prevalence and risk factors among older adults in the United States[J]. The Journals of Gerontology Series A: Biological Sciences and Medical Sciences, 2011, 66(5): 582-590.

[5] 冯定香, 曾高滢, 张峰. 全球助听技术的应用现状和发展[J]. 中国听力语言康复科学杂志, 2012(6): 69-71.

[6] Lane K R, Clark M K. Assisting older persons with adjusting to hearing aids[J]. Clinical Nursing Research, 2016, 25(1): 30-44.

[7] 王青云, 赵力, 赵立业, 等. 一种数字助听器多通道响度补偿方法[J]. 电子与信息学报, 2009, 31(4): 832-835.

[8] Wang Q Y, Liang R Y, Jing L, et al. Sub-band noise reduction in multi-channel digital hearing aid[J]. IEICE Transactions on Information and Systems, 2016, E99D(1): 292-295.

[9] Panda G, Puhan N. An improved block adaptive system for effective feedback cancellation in hearing aids[J]. Digital Signal Processing, 2016, 48: 216-225.

[10] Simpson A. Frequency-lowering devices for managing high-frequency hearing loss: a review[J]. Trends in Amplification, 2009, 13(2): 87-106.

[11] 梁瑞宇, 周健, 王青云, 等. 仿人耳听觉的助听器双耳声源定位算法[J]. 声学学报, 2015, 40(3): 446-454.

[12] Alexandre E, Cuadra L, Rosa M, et al. Feature selection for sound classification in hearing aids through restricted search driven by genetic algorithms[J]. IEEE Transactions on Audio, Speech, and Language Processing, 2007, 15(8): 2249-2256.

[13] Edwards B. The future of hearing aid technology[J]. Trends in Amplification, 2007, 11(1): 31-46.

[14] Kates J M. Digital hearing aids[M]. Cambridge: Cambridge University Press, 2008.

[15] Schaub A. Digital hearing aids[M]. New York: Thieme, 2008.

[16] Ngo K, Van Waterschoot T, Christensen M G, et al. Improved prediction error filters for adaptive feedback cancellation in hearing aids[J]. Signal Processing, 2013, 93(11): 3062-3075.

[17] Kochkin S. MarkeTrak Ⅷ: Consumer satisfaction with hearing aids is slowly increasing[J]. The Hearing Journal, 2010, 63(1): 19-27.

[18] Ngo K, Spriet A, Moonen M, et al. A combined multi-channel wiener filter-based noise reduction and dynamic range compression in hearing aids[J]. Signal Processing, 2012, 92(2): 417-426.

[19] McPherson B. Innovative technology in hearing instruments: Matching needs in the developing world[J]. Trends in Amplification, 2011, 15(4): 209-214.

[20] Ng E H N, Rudner M, Lunner T, et al. Effects of noise and working memory capacity on memory processing of speech for hearing-aid users[J]. International Audiology, 2013, 52(7): 433-441.

[21] Hamacher V, Chalupper J, Eggers J, et al. Signal processing in high-end hearing aids: State of the art, challenges, and future trends[J]. Eurasip Journal on Applied Signal Processing, 2005, 18: 2915-2929.

[22] Farmani M, Vries B D. A probabilistic approach to hearing loss compensation[J]. IEEE/ACM Transactions on Audio Speech & Language Processing, 2016, 24(11): 2200-2213.

[23] Kuk F, Peeters H, Keenan D, et al. Use of frequency transposition in a thin-tube open-ear fitting[J]. The Hearing Journal, 2007, 60(4): 59-63.

[24] McDermott H, Dean M. Speech perception with steeply sloping hearing loss: Effects of frequency transposition[J]. British Journal of Audiology, 2000, 34(6): 353-361.

[25] Arioz U, Arda K, Tuncel U. Preliminary results of a novel enhancement method for high-frequency hearing loss[J]. Computer Methods and Programs in Biomedicine, 2011, 102(3): 277-287.

[26] Yoon S H, Nam K W, Yook S, et al. A trainable hearing aid algorithm reflecting individual preferences for degree of noise-suppression, input sound level, and listening situation[J]. Clin Exp Otorhinolaryngol, 2017, 10(1): 56-65.

[27] Chen J, Baer T, Moore B C J. Effect of spectral change enhancement for the hearing impaired using parameter values selected with a genetic algorithm[J]. Journal of the Acoustical Society of America, 2013, 133(5): 2910-2920.

[28] Takagi H, Ohsaki M. Interactive evolutionary computation-based hearing aid fitting[J]. IEEE Transactions on Evolutionary Computation, 2007, 11(3):

414-427.

[29] Keidser G, Convery E. Self-fitting hearing aids: Status quo and future predictions[J]. Trends Hear, 2016, 20: 1-15.

[30] Convery E, Keidser G, Dillon H, et al. A self-fitting hearing aid: Need and concept[J]. Trends in Amplification, 2011, 15(4): 157-166.

[31] Liang R Y, Guo R X, Xi J, et al. Self-fitting algorithm for digital hearing aid based on interactive evolutionary computation and expert system[J]. Applied Sciences, 2017, 7(3): 272(1-19).

[32] Rönnberg J, Lunner T, Zekveld A, et al. The ease of language understanding (ELU) model: Theoretical, empirical, and clinical advances[J]. Frontiers in Systems Neuroscience, 2013, 7: 31-31.

[33] Huettig F, Janse E. Individual differences in working memory and processing speed predict anticipatory spoken language processing in the visual world[J]. Language Cognition & Neuroscience, 2016, 31(1): 80-93.

[34] Ahlstrom J B, Horwitz A R, Dubno J R. Spatial separation benefit for unaided and aided listening[J]. Ear Hear, 2014, 35(1): 72-85.

[35] Rönnberg J, Lunner T, Ng E H N, et al. Hearing impairment, cognition and speech understanding: Exploratory factor analyses of a comprehensive test battery for a group of hearing aid users, the n200 study[J]. International Audiology, 2016, 55(11): 623-642.

[36] Moore B C. A review of the perceptual effects of hearing loss for frequencies above 3kHz[J]. International Audiology, 2016, 55(12): 707-714.

[37] Jorgensen L E, Messersmith J J. Impact of aging and cognition on hearing assistive technology use[J]. Semin Hear, 2015, 36(03): 162-174.

[38] Khiavi F F, Dashti R, Sameni S J, et al. Satisfaction with hearing aids based on technology and style among hearing impaired persons[J]. Iranian Journal of Otorhinolaryngology, 2016, 28(88): 321-327.

[39] Dai L S, Shinn-Cunningham B G. Contributions of sensory coding and attentional control to individual differences in performance in spatial auditory selective attention tasks[J]. Frontiers in Human Neuroscience, 2016, 10: 19.

[40] Lau S T, Pichora-Fuller M K, Li K Z, et al. Effects of hearing loss on dual-task performance in an audiovisual virtual reality simulation of listening while walking[J]. Journal of the American Academy of Audiology, 2016, 27(7): 567-587.

[41] Ferguson M A, Henshaw H. Auditory training can improve working memory, attention, and communication in adverse conditions for adults with hearing loss[J]. Frontiers in Psychology, 2015(6): 556.

[42] Greenwell K, Hoare D J. Use and mediating effect of interactive design features in audiology rehabilitation and self-management internet-based interventions[J]. American Journal of Audiology, 2016, 25(3): 278-283.

第 2 章

数字助听器相关知识

2.1 听觉生理常识

从听觉生理学角度来说，人耳的听觉系统可用从低到高的一个序列表示，一般分为听觉外周和听觉中枢两个部分。听觉外周包括位于脑及脑干以外的结构，即外耳、中耳、内耳和蜗神经，主要完成声音采集、频率分解及声能转换等功能；听觉中枢包含位于听神经以上的所有听觉结构，对声音有加工和分析的作用，主要包括感觉声音的音色、音调、音强和方位判断等功能。听觉系统的任一部分发生病变或损伤，都会造成不同程度的听力损失。

2.1.1 外耳生理

外耳包括耳郭、外耳道和鼓膜 3 部分。人们日常生活感受的"耳朵"，实质仅为外耳的一部分——耳郭。

各部分的作用包括：①耳郭具有收集声音的作用，通过双耳郭协同工作收集来自各个方向的声音，并判断声源方向；②外耳道共振频率峰值增益效应可达 11~12dB，由于鼓膜有相当的活动度，耳道共振频率为 2~7kHz，共振峰为 2.5kHz，可提高语言清晰度；③鼓膜面积约为 85mm^2，有效振动面积约 55mm^2，镫骨足面积约 3.2mm^2，比率 17:1 或 14:1。在不考虑弧形鼓膜杠杆作用的前提下，鼓膜通过力学原理可使传至前庭窗的声压提高 14～17 倍。此外，由于鼓膜振幅与锤骨振幅之比为 2:1，因此鼓膜的杠杆作用可使声压提高一倍。

外耳主要起保护内耳的作用。耳郭可阻碍外部液体、气体直接进入耳道。外耳结构使耳道底保持恒温，而且外耳分泌的耵聍还有自洁功能。

2.1.2　中耳生理

中耳位于内耳与外耳之间，是传导声波的主要部分，包括乳突小房、鼓室、咽鼓管 3 部分，容积为 1～2mL。

各部分的作用为：

- 乳突小房为乳突内的许多含气小腔，向前经乳突窦与鼓室相通。乳突窦是鼓室与乳突小房之间的小腔，向前经乳突窦口通鼓室，向后与乳突小房相通。
- 鼓室为含气空腔，通过咽鼓管与大气压保持平衡，使两侧压力相等，有利于声波作用于鼓膜时引起自由振动。鼓室后方与乳突窦和乳突气房相通，鼓膜振动时，鼓室腔内的空气传入气房，鼓室压力保持恒定，不会妨碍鼓膜的自由振动。圆窗与前庭窗形成声波的相位差，可减少声波的抵消作用。正常情况下声波振动鼓膜，使鼓室空气振动，再振动圆窗；而前庭窗通过听骨链传导振动。听骨链的固体传导比鼓室空气传导快 4 倍，所以对正常人而言同一声波到达前庭窗早于到达圆窗，产生相位差。正常情况下，因中耳增压作用使前庭窗的声压比圆窗大 22 倍，相位变化对听力的影响就显得很小，但当中耳增压作用消失时，声波同时到达两窗，产生抵消，对听力影响就较大。
- 咽鼓管具有保持中耳内外压力平衡、引流中耳分泌物、防止逆行性感染、阻声和消声的作用。

中耳的主要作用是能量增强。声波从空气进入内淋巴液，因阻抗不同，能量衰减约 30dB，由于中耳通过鼓膜与听骨链的增压作用可提高声能 30～40dB，故可使得这一损失得到补偿。

2.1.3 内耳生理

内耳又称迷路，位于颞骨岩部，内含听觉及位置感受器官，分为骨迷路与膜迷路。

内耳的主要功能包括传音功能、感音功能及平衡功能。

1．传音功能

从传导路径来说，声音传入内耳主要有空气传导和骨传导两种途径。

空气传导简称气导，指的是声音在空气中经过外耳、中耳传到内耳的过程。空气传导路径如图2-1所示。

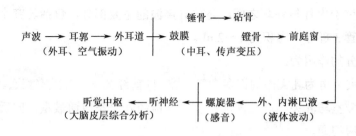

图2-1 空气传导路径

骨传导简称骨导，指的是声音激发颅骨的机械振动传到内耳的过程。由内耳淋巴液发生相应的振动而引起基底膜振动，在耳蜗毛细胞之后的听觉传导过程与气导相同。因其传入的声能微小，无实用意义，但对于鉴别耳聋有很大意义。骨导的传输路径为：声波→颅骨→骨迷路→前庭阶和鼓阶的外淋巴→蜗管的内淋巴→螺旋器→听神经→听觉中枢。

2．感音功能

基底膜上的支柱细胞、内外毛细胞及盖膜形成的柯蒂氏器，产生剪切力，使毛细胞兴奋，将机械能转化为电能，毛细胞底部的蜗神经末梢产生神经冲动上传。耳蜗感音功能体现了一定的频率特性。

3．平衡功能

在正常情况下，平衡的维持，有赖于本体感受器、视器及前庭器官的协调一致，其中前庭末梢感受器在调节身体平衡方面起着重要作用。位于前庭的椭圆囊及球囊的囊斑接受直线加速或减速运动及头位变动的刺激，位于膜半规管上的神经上皮接受角加速或减速的刺激。这些刺激使末梢感受器产生兴奋，经前庭神经传入大脑中枢，产生平衡反应，调节身体在空间的姿势及位置。

2.2　听力损失及其治疗方法

通常人们认为听损患者的听力下降与削弱的声波能量及较低的声音灵敏度有关，但是实际情况要远比想象的复杂。因此，早期单纯放大声音能量的模拟助听器往往并不能显著提高患者的语言理解度，反而会使患者感觉不舒适，甚至会损伤患者的残余听力。相对于传导性耳聋，感音性神经耳聋患者的情况更复杂，也更易被他人察觉[1]。所以，了解听力损失导致语言理解障碍的机理有助于设计真正舒适和有效的助听器，也更能满足每个患者的实际需求。

2.2.1　听力损失

1. 传导性聋

由于外耳、中耳的某些病变导致声波的物理振动不能通过空气、骨或其他组织的传递或传导，常见的病因有耳道堵塞、中耳炎、耳硬化症、听骨链中断等。一般症状都能以药物或手术治愈或减轻，通过助听器补偿听力的效果比较明显，患者一旦感知声音，其语言理解度就不受影响。

单纯传导性耳聋的听力图常常有低频下降比高频明显的特点。此类患者在噪声环境下，反而比常人听得还要清楚[2]。在噪声环境下，由于说话人常常提高嗓门说话，因此单纯传导性耳聋患者反而不感到烦躁，可以听到离得比较近的人的谈话。常见的临床表现有：①听自己的声音比往常响，甚至可以听到自己的心跳声或呼吸声；②感觉"失控"或"远离他人"，从而没有安全感或自信心。

而对于慢性传导性耳聋患者，尤其是儿童，他们一般没有上述两种表现。原因在于他们能逐渐适应自己的听觉病状，并寻找出弥补的方法。

2．感音神经性耳聋

感音神经性耳聋患者的受损部位在内耳或蜗神经。

感音神经性耳聋导致信息无法完全准确地传到大脑，具体表现有：①语言理解度低。由于患者听不见某些语音，因此对其他人的语言理解困难。②听力范围缩小。患者可以感知的频段窄，因此对高频和低频的灵敏度降低。③时间处理能力弱。由于语言中大小声音掺杂，而患者对掺杂在大声音中的小声音感知困难，因此他们对理解急速或噪声中的语言有困难。④语音选择能力差。在噪声环境中，患者分辨语言和过滤噪声的能力下降，从而难以在噪声中交谈和理解说话内容。

感音神经性耳聋患者的损伤若不可逆，则应该佩戴助听器，严重者需要植入电子耳蜗。引起感音神经性耳聋的病因较多，常见的有遗传性耳聋、过量噪声、自然衰老、耳毒性药物和听神经瘤等。

1）突发性聋

发病前多无先兆，少数患感冒，有疲劳、情绪激动史。耳聋突然发生，多为一侧，可伴耳鸣、眩晕，纯音测听显示呈高频陡降型。治疗：①急性期扩血管、改善微循环，如尼莫地平、右旋糖酐治疗；②促进局部代谢，如复方丹参等；③营养神经，如施尔康等；④高压氧吸入，改善大脑血流量，促进耳蜗螺旋器功能恢复。不经治疗有半数在 15 天内能获得不同程度的恢复。发病一周内开始治疗，80%的患者可痊愈，病程在一个月左右也应不放弃治疗。经多次复查无好转后，可停止治疗，并采用助听器干预。

2）药物中毒性耳聋

药物中毒性耳聋是指人体使用耳毒性药物致病，或人体接触一些化学制剂引起听神经系统中毒性损坏，产生听力下降或全聋。目前发现的耳毒性药物主要有氨基式类抗生素（如链霉素、新霉素、卡那霉素等）、奎宁、止痛剂、麻醉药、抗癌药、重金属（如铅、砷、汞等）。药物经口服或注射通过血行进入内耳淋巴液，或经螺旋韧带血管分泌至外淋巴液，破坏内耳通透屏障，影响毛细胞新陈代谢，最终使毛细胞萎缩变性。药物中毒性耳聋存在个体易感性，可能通过母亲传给下一代。发现后应立即停止用药，并对症治疗，经治疗无法恢复可通过助听器补偿听力损失。

3）噪声性耳聋

噪声性耳聋是指强声刺激致暂时或永久性听力损失。早期仅表现为高音调耳鸣，并由间断性耳聋变为持续性耳聋；初期是可逆的，后期发展为明显的不可逆的。损害多在 4kHz 左右，晚期可呈低平曲线或岛状听力。发现后应尽早脱离噪声环境，并积极改善微循环治疗。

4）老年性聋

老年性聋指听力随年龄增长而衰退的现象，多为双侧对称，呈渐进、感音神经性耳聋。老年性聋是衰老现象在听力方面的表现，符合新陈代谢的规律，任何治疗均无法改变。但可以从预防、调理着手延缓衰老，如保持良好的精神状态，积极治疗高血压、高血脂、动脉硬化、糖尿病等全身性疾病。当耳聋达到一定程度时，可佩戴适当的助听器，使他们能正常地参与社会生活。

5）先天性耳聋

先天性耳聋分为遗传性和非遗传性两种，后者为妊娠早期感染流感、风疹等疾病或用药不当造成。病毒或药物透过胎盘屏障，直接与胎儿听觉系统中小血管或血管纹中的红细胞发生亲和，使红细胞、血小板凝集，螺旋器缺血坏死，形成先天性耳聋。另外，糖尿病、肾炎孕妇因微血管病变导致胎儿听觉器官供血障碍，或体内毒素不能及时排出体外损害胎儿听觉系统，亦可致先天性非遗传听力障碍。

3. 混合性耳聋

混合性耳聋是指由传导性耳聋和感音神经性耳聋共同作用引起的一类听力障碍，如先天性外耳、中耳、内耳及听觉系统发育不健全等。这种病例往往结合了中耳和内耳的病变，或中耳病变累及内耳引致，此类患者的主要治疗方法为药物治疗和佩戴优质助听器。

4. 中枢性耳聋

中枢性耳聋为神经性耳聋的一种，是病变（如脑和脑干病变、听神经瘤等）导致蜗后的听觉系统异常，从而使大脑不能对语言或声音准确做出反应和识别。这种由耳部结构损伤引起的言语功能丧失，不但会导致听力损失，而且还会在很大程度影响患者的语言理解能力。治疗应在早期针对原发病积极进行，一些听神经瘤在肿瘤去除后因神经的受损，会导致永久性的"死耳"，助听器几乎不起作用。

5. 非器质性耳聋

非器质性耳聋俗称功能性听力损失。一种是由强大的精神压力或其他诱因，导致一些患者出现心因性聋，其耳部和听觉通路无任何病变，但其主观反应听力下降或完全丧失，这种情况在原发诱因解除后会自然消失。另一种非器质性聋就是我们常说的"伪聋"，可通过客观测试方式来进行排查。

2.2.2　治疗方法

综上所述并结合前沿研究，目前听力损失主要的治疗方法有 4 类[3]：

- 药物治疗。通过药物治疗某些由炎症或衰老造成的听力疾病。目前，虽然有较多中西医药物治疗老年性聋疗效满意的报道，但缺少大范围的临床应用研究。此外，这种方法还可能存在一定药物副作用。
- 助听器。对中-重度的听损患者而言，佩戴助听器是最有效的听力干预和康复的手段。助听器利用信号处理的方法补偿听损患者与正常听力者间的听觉生理和听觉心理差异。助听器作为一种康复设备，只能改善患者听力，并不能根治听力障碍；而且，在复杂情况下，助听器的听力改善效果不佳。
- 电子耳蜗。对只具有非常有限听力的成人或儿童而言，电子耳蜗移植是更适合的康复方式[4, 5]。但是电子耳蜗移植也具有一些缺点，如具有一般手术的危险性、颜面神经受伤、发炎及长时间电极刺激带来的副作用等。
- 生物学治疗。该治疗方法主要利用转基因或干细胞移植使损失的毛细胞重生，从而治愈耳聋[6, 7]。

2.3　标准测听法

2.3.1　基本概念

纯音测听：通过气导耳机和骨导耳机传声判断人耳在各个频率上能听到的最轻的声音。

耳科正常人：具有正常健康状态，耳道无耵聍堵塞，无过度噪声暴露史，无耳毒性药物史，无任何耳疾体征者。

听阈：在规定条件下，以一定规定的信号进行的多次重复试验中，对一定百分数的受试者能正确判别所给信号的最低声压。

痛阈：在规定条件下，以一定规定的信号进行的多次重复试验中，对一定百分数的受试者无法忍受的最大声压。

听域：任何一种说话声音都由高低音组成，在言语出现的最低频率为200Hz、最高频率为8kHz。小声耳语音量约为30dB水平，很大声的谈话音量平均约80dB水平，这一范围称为言语动态区域。这个区域相对人耳的听域小很多。

纯音听阈零级：纯音检测的听力计零级并非没有声音，而是正常人耳在各个频率刚好听到的听力级水平，表示为0dB HL。

掩蔽：①一个声音的听阈因另一个掩蔽声音的存在而上升的现象；②在测定一耳的听力时，常对另一耳加噪声以避免影响该耳的方法。

2.3.2　纯音检测方法

听损患者对声音的敏感程度比正常人低，而且不同听损患者不同频段听力下降的情况不同。听力测试可以获得患者是否有听力损失、听力损失的类型，并提供一些关于助听器选配的信息。听力测试类型包括骨导、气导的纯音听阈测试及言语测试。纯音听阈测试是用来测试听敏度的、标准化的主观行为反应测听，包括纯音气导听阈测试和纯音骨导听阈测试。纯音听阈测试是目前临床上最基本、最重要的听力检查方法。标准化是纯音听阈测试的前提，在测试环境、测试仪器及测试方法等方面都有相应的国际标准[2]。

1. 纯音气导测听方法

纯音气导测试前需要做好一些准备工作，如表 2-1 所示。

表 2-1 测试前准备工作

工作内容	相关说明
熟悉并检查仪器	检查听力计和助听器附件是否正常
询问病史	询问内容包括听力损失、耳鸣、眩晕、噪声接触史、用药史、家族史、助听装置使用史和身体的一般状况
耳郭及耳镜检查	检查耳道是否塌陷，以及外耳道是否有耵聍、异物；观察鼓膜是否有穿孔、中耳是否有脓液渗出等，可以对听力损失的程度和类型有初步的印象
讲解测试要求	向受试者讲解测试要求时应尽可能简短
耳机放置	将耳机的双轭拉至最伸展的位置，把头带放在头顶，拨开所有影响戴耳机的头发并把耳机膜片对准外耳道口，收紧耳机架的双轭，使耳机与耳部密合
受试者位置	保证受试者在测试时不能看到检查者，而检查者要便于观察受试者的反应

测试工作开始时首先应测试相对听力较好的耳朵。测听频率顺序为：1kHz、2kHz、4kHz、8kHz、0.25kHz、0.5kHz、1kHz，若相邻频率之间的阈值超过 15dB，则应补测中间频率（3kHz、6kHz）。频率测试从 1kHz、40dB HL 开始，因为人耳对 1kHz 最敏感，这样受试者易于了解需要听什么样的声音并做出反应（只有在高频损失较重时才从低频开始）。

测完 8kHz 以后，复测 1kHz。假如两次结果相差 10dB 以上，说明受试者在开始时还没有理解测试要求，反应不准确，需要重新测定。若两次结果重复性很好（小于等于 10dB），可继续测 0.25kHz 和 0.5kHz。

在中、高频，如果相邻的两个倍频程的阈值相差大于等于 20dB 时，应测半倍频程听阈。尤其是对噪声性听力损失或疑为噪声性听力损失者，如果不测半倍频程，就不会发现其在 3kHz 或 6kHz 处出现的切迹。此外，在助听器选配病例和涉及赔偿病例的测试频率应尽可能详细。

在每个频率以 Hughson-Westlake 法搜索阈值。Hughson-Westlake 法首先给受试者一个能听得见的声音信号（听力预估为正常者，给声 40dB），声音强度以 10dB 为一级依次降低，直至受试者听不到为止；再以 5dB 为一级依次升高，至受试者刚能听到。重复上述步骤，直至在同一强度（最小强度）上得到三次反应，此强度就是阈值。在实际操作中，只要在上升过程中同一强度得到两次反应即可。每次给声长度为 0.5～1s，给声间隔不得短于 1s，而且给声间隔应不规则，以避免规律给声。

对于极重度听力损失受试者，还应注意气导的振触觉，即受试者在给声强度还没有达到其听阈时，已感觉到振动而做出的反应。振触觉多出现于低频，气导 0.25kHz 和 0.5kHz 振触觉分别为 100dB HL 和 115dB HL。

2. 纯音骨导测听方法

骨导的测试步骤同气导大致相同，测试顺序为 1kHz、2kHz、4kHz、0.5kHz、1kHz。其测试频率比气导少，最大输出也较低。因为骨导的耳间衰减为 0～15dB，所以先测哪一侧耳不重要，但推荐先将骨导振子戴在差耳上。

3. 测听掩蔽

纯音耳间衰减，气导为 40dB、骨导为 0～5dB。

1）气导掩蔽

- 当两耳气导听阈相差大于等于 40dB 时，需要用窄带白噪声对好耳进行掩蔽，以防止出现影子曲线或镜像听力图（好耳替差耳回答，偷听）。
- 向患者说明：倾听测试音，忽略另一耳的掩蔽音。
- 掩蔽音量级：40dB 或好耳气导听阈加 10dB。
- 测试顺序：若差耳能听到测试音，增加掩蔽音 5dB，若重复 3 次（增加 15dB 掩蔽音）后差耳仍能听到，则可确定差耳的该频率听阈。

2）骨导掩蔽

- 病人戴上骨导耳机，将振荡器置于耳后的乳突，尽量接近耳郭但不能接触耳郭；将声输出模式由气导变为骨导。
- 测试方法同气导测听，但骨导测听的范围一般比气导窄，为 0.25～4kHz。
- 掩蔽：在骨导测听中，一般情况下当双耳骨导听阈值相差 15dB 时，需对较好耳进行掩蔽。掩蔽方法同气导测听掩蔽，但如果不需要精确的骨导听阈值可不使用掩蔽。
- 以下情况可不做骨导：
    - 气导正常，测听优于 20dB HL 者。
    - 除高频 3kHz 或 4kHz 凹陷外，其他频率气导听力正常。

4. 不舒适阈测试

- 从 1kHz、70dB 开始，每次增加 5dB。
- 观察病人表情，或让病人在难受时做出相应反应。
- 记录当前频点纯音级。

5. 听力图

纯音听力测试的结果用听力图表示。图 2-2 所示为正常人耳和感音神经性耳聋患者的纯音检查听力图。

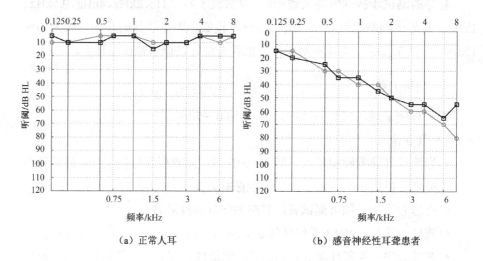

（a）正常人耳　　　　　　（b）感音神经性耳聋患者

图 2-2　纯音检查听力图

听阈测定用各项符号如表 2-2 所示。

表 2-2　听阈测定用各项符号

项　目	左 耳（L）	右 耳（R）
气导	×	○
气导，加掩蔽	□	△
气导测不出	×↘	↙○
骨导	□	□
骨导，加掩蔽	]	[
骨导测不出	□↘	↙□

2.3.3　纯音测听的临床应用

1．听力损失程度判定

听损患者的听力损失程度常以言语频率（0.5kHz、1kHz、2kHz、3kHz）的气导阈均值计算，因为该部分能较好地反映受试者听懂言语的能力[2]。一般情况下，26dB 以下为正常听力，26～40dB 为轻度听损，41～55dB 为中度听损，56～70dB 为中重度听损，71～90dB 为重度听损，90dB 以上为极重度听损。从图 2-2（b）可以看出该患者听阈随频率上升而上升，经过计算该感音神经性耳聋患者的平均听损约为 42dB，为中度听损。

2．听力损失类型及判定方法

①正常听力。气导、骨导均正常。

②传导性聋。骨导正常或接近正常，气导下降，气导、骨导间距在 20～60dB，气导一般不超过 60～65dB，气导曲线平坦或低频听力损失较高频明显且呈上升形，病变在外耳或中耳。

③感音神经性聋。气导、骨导呈一致性下降，一般高频听力损失较重，听力曲线呈渐降形或陡降形。低频处可因骨导振动出现气导、骨导间距，病变在内耳或蜗后。

④混合性聋。兼有传音性与感音性聋的特点，气导、骨导均下降，气导比骨导严重，高频较低频明显，气导、骨导间距在 10dB 以上，部分可表现为低频段以传音性聋为特点（平行）而高频段气导、骨导曲线呈一致性下降。病变同时存在于中耳及蜗后。

3．听力图形状及特点

听力图形状、特点及可能的病因如表 2-3 所示。这些分析仅可作为诊断的辅助参考，不能成为诊断的依据。在实际应用中，应结合病史、其他检查方法的配合及检测者的临床经验对病人的情况做出诊断。

表 2-3　听力图形状、特点及可能的病因

形　　状	主要特点	单耳病因	双耳病因
平坦形	各频率听阈上下波动小于10 dB	轻度：非器质性聋 中度：非器质性或梅尼埃病 重度：突聋	轻度：神经衰弱或受试者未理解 重度：功能性聋
缓降形	高频较低频下降明显	听神经瘤、听神经炎、颈椎病、外伤	老年性、药物中毒性、遗传性
陡降形	高频陡降	病毒性听神经炎	偶见于老年性聋
	中频单侧陡降	突聋、听神经瘤、脑膜炎	
	低频对称性陡降	药物中毒性	
上升形	中、低频听力下降明显，高频区正常或稍有下降	梅尼埃病、突发性聋、先天性聋	对称：原因不明，有时为遗传性，CO中毒、水杨酸中毒； 不对称：双侧梅尼埃病
V形/U形	出现在高频	爆震性、突发性、耳蜗局部缺血	对称：稳态噪声 不对称：爆震性聋
仰盂形/谷形	中频下降明显，低频、高频正常或轻度下降	突发性声损伤	先天性或噪声性聋
覆碗形/反碟形	听阈在重度聋水平，中频较好，高低频较差	突发性聋、迷路炎，也可见于非器质性聋	
碟形	各频率听阈接近听力计最大输出	突发性、非器质性聋	功能性，也可见于先天性/感染性聋
岛状听力	在重度或极重度聋水平只有1～2个频率有听力	多为突聋、感染性聋，或非器质性聋	
全聋	各频率最大输出均无反应或仅在125～250Hz，气导、骨导最大输出时有振动	腮腺炎后聋、听神经性聋、内耳发育异常、突聋、脑膜炎、颅脑外伤等	脑膜炎、抗生素中毒、感染性聋

2.4　言语测听

言语测听是一种用标准化的言语信号作为声刺激来测试受试者的言语识别能力的测听方法[8]。作为一项直观有效的技术手段，言语测听在诊断听力疾患、选择干预方案和评估康复效果等方面发挥着不可替代的作用[9]。

但是中文言语测听长期受到"测听材料匮乏"和"测听方法不规范"两个瓶颈的制约，一直未能得到很好的推广。当前，我国大力推广普通话，国内多家单位均致力于发展成人普通话言语测听材料。近年来，中文言语测听材料取得了长足进步[10]，建立了成人普通话言语（单音节字、扬扬格词、安静及噪声下短句）测听的完整体系[11]，基本能满足日常临床言语测听的需求。解放军总医院耳鼻咽喉科研究所出版了国内第一张言语测听CD[12]，经大量的全国各方言区的多中心临床验证[13, 14]，已能满足临床上对测试信度、效度和实用性的要求。此外，该研究所推出的"心爱飞扬"计算机辅助的中文言语测听平台[15]，更是将单音节字、扬扬格词、短句及噪声下语句等多种标准化的言语材料汇集在一起，为临床使用和科研分析提供了极大的便利。

言语测听的设备与场地与临床常规的纯音测听、声场测听相比，没有本质区别。测试前最重要的工作是进行输出校准，包括言语零级的校准和输入信号电平的定标两个方面。

与言语测听相关的两种测听为言语识别阈测听和言语识别率测听。

言语识别阈（SRT）测听，又称言语接受阈测试，是临床常规的言语测听内容之一，其目的是考察受试者刚好能听懂50%言语测试项时的言语强度，通常以扬扬格词（双重音的双音节词）作为测听内容。在测听方法和步骤上，美国言语听力学会1988年推荐的言语识别阈测听指南[16]给出了相关介绍。测试材料选用双重音的双音节词——扬扬格词，所选的扬扬格词都经过心理声学验证，在可懂度上具有很好的同质性。解放军总医院耳鼻咽喉科研究所推出的"心爱飞扬"中文言语测听软件[15]，也推出了具有同样制式的中文扬扬格词阶梯下降式词表，用于言语接收阈的测试。

言语识别率测听是临床常规的言语测听内容之一，其目的是考察受试者在某一言语强度或环境条件下对言语的识别能力。言语识别率通常以某一言语强度下受试者对单音节测听表内诸多测试项的正确识别率表示。言语识别率测试在临床诊断或康复、治疗成效评估方面有重要的应用价值。在临床上，与识别率测试的主要内容[17]包括：①受试者在特定言语强度（如代表日常轻声、中等、大声言语水平的50dB SPL、65dB SPL、80dB SPL）下的言语识别率；②受试者的最大言语识别率（一般对应于受试者言语识别阈或纯音平均听阈上30~40dB的强度）；③在不同言语强度下，依次使用相互等价的多张测试表，获得受试者有关言语识别率与强度的函数曲线（P-I曲线），并推算受试者的言语识别率 20%～80%所对应的言语强度动态范围。测试前对受试者讲解测试要领，使其了解言语测听的目的和测试方法。受试者的反应方式为口头复述测试项，应鼓励受试者即使没有听清楚也应大胆猜测。

2.5 助听器的基本知识

2.5.1 助听器的基本原理和特性

19 世纪末，美国著名科学家贝尔为了放大听损患者听到的声音，制造了第一个耳机，成为"第一个助听器"。作为商品并具有实用价值的电子助听器于 20 世纪初面世。进入 21 世纪之后，随着硅微型麦克风代替普通麦克风、大规模集成电路代替中小规模器件、基于 DSP 芯片的语音处理软件代替传统的硬件放大电路，现代数字助听器体积越来越微小，功耗也越来越低，功能越来越人性化，助听器设计的思想也由简单的声信号放大转变成言语识别率的提高。目前已知的助听器的种类及特点如表 2-4 所示。

表 2-4　助听器的种类及特点

类　　型	特　　点
盒式/体佩式	优点：功率大、维修方便、声反馈较小、适合老人使用。 缺点：高频放大效果差、隐蔽性差、与衣服摩擦会影响语言的辨别
耳背式（BTE）	优点：隐蔽性好、减少人体躯干对低频的反射，频响效果比同等规格的盒式助听器好，双耳佩戴可产生双耳效应，可以提高听觉效果。 缺点：①传声器与受话器很近，会产生反馈，且需要专门定制一个与耳道和耳甲腔一致的耳膜，并用导声管连接助听器。而耳膜和导声管使外耳道的共振峰值移到 1kHz 附近，使聋人听觉不习惯。②其长导声管与耳道及中耳高频阻抗不匹配，使高频增益减少

续表

类　型	特　点
定制助听器	主要分为 4 类：耳甲腔式（ITE）、耳道式（ITC）、深耳道式（CIC）和隐形式（IIC）。共同特点为：①耳内、耳道式助听器使麦克风口接近或位于耳郭集音点，声波传递通过耳郭反射到麦克风，从而保持了耳郭的集音和声源定位的两大功能；②助听器位于耳道的深处，使声音传递到耳膜的距离大大小于盒式、耳背式助听器，从而可有效降低声音在传递过程中产生的失真度和能量损耗，提高清晰度和音量；③高清晰度、收听方位感强、美观舒适、体积小；④价格较贵，体积较小导致增益较小，只适用于中重度患者，电池寿命短需较频繁更换
A.耳甲腔式（ITE）	耳内式助听器是助听器中最大的一种，充满耳甲腔，增益较大。价格相对便宜，适合有一定经济能力的老年人使用
B.耳道式（ITC）	价格适中，隐蔽性更好，由于去除耳甲腔部分，外耳道的共振效应得以发挥，有利于高频的补偿
C.深耳道式（CIC）	体积小，更加隐蔽，处于耳道深部，靠近鼓膜，更清楚，更逼真；可直接听电话或听诊器；因为置于耳道内部，受风噪声的影响小
D.隐形式（IIC）	体积最小，完全隐形，主体部分的佩戴位置处于第二耳道弯内，且面板处于第一耳道弯以内。在佩戴者侧方 90°观察可达到 100%隐形，在声学上有一系列的优势
骨导式	将声音信号转换为机械能后，通过颅骨的振动使患者听到声音，通常用于传导性耳聋患者
眼镜式	不方便，技术老化，已近淘汰
对侧环路信号传输系统	麦克风、受话器分别置于患耳、好耳。麦克风从患耳处拾音，通过环路传导给好耳上的受话器。通常用于患耳为"死耳"，好耳有轻度听损的患者
双侧环路信号传输系统	两只麦克风分别置于左右耳，一只受话器置于较好耳，麦克风收集声音后通过放大再传入耳内。通常用于"死耳"与有助听听阈的患者

　　与其他声学应用系统类似，助听器系统也由声音的采集、处理和播放单元组成。不同于模拟助听器使用模拟器件处理信号，数字助听器将传声器采集的模拟信号经过 A/D 转换成数字信号，用软件编程实现听力补偿功能，经过处理的信号再经 D/A 变换驱动受话器输出。早期的助听器系统由传声器、信号处理模块、音频输入输出接口电路、存储模块、电源管理模块和受话器（耳机）组成[18]。随着芯片设计技术的发展，现在信号处理模块、音频输入输出接口电路和存储模块都可集成在一块专用芯片上。

　　在数字助听器中，最关键的组件是高性能数字信号处理模块。该模块能快速实现快速傅里叶变换、卷积等相关算法，保证了语音增强、噪声抑制、回声抵消、声源定位等语音处理算法的实现。除对功能的要求以外，数字助听器中的数字信号处理芯片要求功耗低、尺寸小。目前国外的高端数字助听器都采用专用数字信号处理芯片，在一颗芯片内部集成预处理、A/D、DSP、D/A 等功能，但是国内厂家目前还不具备此类专业芯片的设计能力。

2.5.2 助听器性能指标

（1）频率范围。在频响曲线 0.5kHz、1kHz 和 2kHz 三点增益平均值下降 15dB 的水平线与频响曲线有两个交点，两个交点之间范围为该助听器的频率范围。

（2）最大声输出（饱和声压级 SSPL）。

①声输出：输入的声压级与增益的和。

②最大声输出：当输入的声压级增加到 90dB SPL 时，助听器输出的声压不再增加（音量开到满挡），而是稳定在一个声压级水平。

（3）增益。

①增益：在某一个频率上的放大量，是输出声压级与输入声压级之差。

②最大声增益：在最大输入声压级 60dB 下，助听器耳机输出的声压级与输入的差。

③高频平均增益（HFA）：三点频率的平均增益，(1/3)×(1kHz+16kHz+2kHz)。

④平均增益：(1/3)×(0.5kHz+1kHz+2kHz)。

（4）等效输入噪声。在无输入（静态）情况下机器本体的噪声，国标规定小于等于 30dB 为合格。

（5）信噪比。在动态情况下，信号与噪声的声压级之比，国标规定小于等于 30dB 为合格。

（6）谐波失真。谐波失真为助听器的失真度，即输入与输出的信号谐波差，国标规定小于等于 10%为合格。大多数新型的全数字助听器小于等于 5%，如西门子助听器标准为小于等于 5%，锋力为小于等于 3%，爱可声为小于等于 1%。

（7）参考测试增益状态。正常情况下客户使用的状态，不是开在满挡状态下的，而是设定在最接近使用的状态，即某个点（1.6kHz）的最大增益下降 15dB 的状态。

2.5.3　主要性能指标的应用

1. 增益

增益选择的发展过程如下：

- 镜像选择。最原始的方法是损失多少补偿多少，目前已淘汰。理论上可矫正患者听力至正常区域，但导致放大过度。
- 1/2 增益法。真耳所需的增益在 1~4kHz 上，只要达到听力损失的一半，再加 10dB、15dB 的保留增益即可。这种方法是现代许多增益公式的基础。
- 比较技术。由患者比较，选择最好的。
- 处方技术。根据听力补偿的原则，计算助听器理想的频响和增益特性，得出适合听力补偿需要的助听器处方。但是应用处方公式需要考虑一些因素。①语言频谱：普通说话的音量在 65~70dB SPL，不同的语言有不同的频率范围，且强度不一样，因此语言频谱在不同频率上的增益是不同的；②重振：神经性耳聋患者在听阈和不适阈之间的动态范围较小，大声会使患者不适；③背景噪声：噪声频率在 125~400Hz，噪声过大会掩盖高频的语言，降低语言清晰度。

下面介绍几种处方增益公式[3]。

（1）Berger 公式。Berger 公式的处方增益如表 2-5 所示，其主要设计依据与特点包括：①理想的增益应比听力损失的 1/2 稍大一些；②低频的放大较少；③考虑言语频谱，中频增益多一些；④适用于耳背式助听器。

表 2-5　Berger 公式的处方增益

频率/kHz	0.5	1	2	3	4
增益/dB SPL	听力损失/2 +10dB	听力损失/1.6 +10dB	听力损失/1.5 +12dB	听力损失/1.7 +13dB	听力损失/1.9 +10dB

（2）POGO I 。POGO I 公式的处方增益如表 2-6 所示，其主要设计依据与特点包括：①在 1/2 法上将低频增益减少，以降低背景噪声的放大和向上掩蔽的可能性；②未考虑言语频谱；③简单实用。

表 2-6　POGO I 公式的处方增益

频率/kHz	0.25	0.5	1	2	3	4
增益/dB SPL	$\dfrac{听力损失}{2}-10$	$\dfrac{听力损失}{2}-5$	$\dfrac{听力损失}{2}$			

（3）POGO II。POGO II 公式是对 POGO I 公式修正，主要用于重度、极重度耳聋患者。对于超过 65dB 的听力损失，每个频率的增益值再加超过 65dB 的一半。例如，1kHz 的听损为 95dB，所需助听器的增益应为

$$95/2+(95-65)/2=62.5dB$$

除此还有 NAL，FIG6，DSL I/O 等计算公式，各种处方公式的特点可参见文献[3]。许多著名的验配软件也都以很多验配公式为基础，推出了自己的自验配算法，如西门子、爱可声等品牌的助听器验配软件的自验配算法就是综合了 NAL_NL2 及 DSL 等公式。无论选择哪些公式，重要的是要证明选配是成功的，即使根据某个公式达到了规定的目标增益，也不一定能获得明显好处。对于患者而言，听损情况、佩戴助听器史、习性、工作生活环境等都是影响选配的因素。因此，要获得良好的听觉效果，就需进一步调节助听器频响与增益。

2. 最大输出

为确保助听器放大的音量不会超过患者的不适应度，保护患者的听力，一般都必须设置最大输出。最大输出调得过高，会放大噪声导致听力损伤，加重听损。此外，助听器功率增加，电池消耗量也增加。而最大输出调的过低，则会产生失真，使助听器输出不够响，人为缩小动态范围。

设置最大输出的方法是直接测试患者的不舒适阈（UCL），或根据纯音听阈估计响度不适阈。其中，后者的具体做法如下：①当平均听损（0.5kHz、1kHz、2kHz）小于 60dB SPL 时，最大输出为平均听阈+89dB SPL；②当平均听损（0.5kHz、1kHz、2kHz）大于 61dB SPL 时，则最大输出为 0.53×平均听阈+75dB SPL。

最大输出的评估包括：①用真耳测试法探测配助听器后鼓膜处的声压，是否超过患者的不适阈；②助听器音量调得较大，大声说话（90dB SPL 以上），

看患者是否能够忍受。

3. 助听器频响的调节

除根据患者的听损选择适宜的增益、最大输出外，还需要根据听力曲线的特点选择适合的频响曲线，通过调节助听器的微调或改变耳膜的声孔、通气孔，加以阻尼等来改变助听器的频响，达到有针对性地进行补偿的目的。

频响曲线：音量控制在参考测试点，输入 60dB SPL，得到频率响应曲线。

参考测试点（RTP）=HFA-SSPL90-17dB（患者使用应小于或等于参考点）。

参考测试增益（RTG）=HFA-SSPL90-17dB-60dB。

此处，HFA-SSPL90 指的是高频平均饱和声压级，是 1kHz、1.6kHz 和 2.5kHz 饱和声压级的增均值。

2.6　产品级全数字助听器

由于数字助听器体积非常微小，因此其内部电子器件集成度非常高。中国助听器产业落后的原因主要是关键技术受制于国外，没有自主知识产权。一方面，数字助听器使用的专用芯片还不能国产，没有高集成度的芯片，想生产体积微小的耳道式和深耳道式数字助听器是不可能的；另一方面，缺少对听损患者听力矫正需要的语音处理算法的研究。这两个方面的因素制约了我国助听器产业的发展。下面以安森美半导体专门为助听器设备应用而设计 RHYTHM R3920 芯片为例，介绍一下助听器专用芯片的特点。RHYTHM R3920 是一款 16 通道芯片，配备了针对高端助听器应用的先进算法，芯片的功能结构如图 2-3 所示。

如图 2-3 所示，进入芯片的信号路径主要有两条：一是前向麦克风；二是后向麦克风、感应线圈或直接语音输入。两条路径通过可编程多路选择器选择。对单麦克风应用来说，前向麦克为主要输入。在自适应方向性麦克风或自动自适应方向性麦克风操作中，多路麦克风信号用于产生方向性听觉响应。双路语音的采样率为 32kHz 或 16kHz，位长 20 位。

芯片的主要算法模块包括环境感知模块、自适应回波抵消模块、自适应噪声抑制及自适应方向性麦克风。

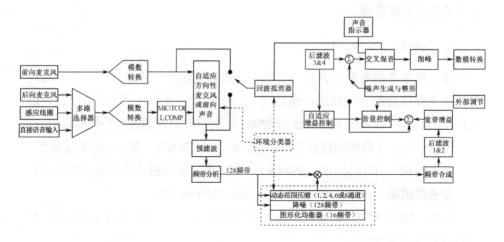

图 2-3　R3920 助听器专用芯片的功能结构

（1）环境感知模块。环境感知模块能感知环境，并自动调节算法参数，不需要人的干预。对于助听器来说，常见的声信号包括安静环境下的语音、噪声环境下的语音、音乐声及风噪声。该模块能根据环境对算法参数做最优化调整，涉及的算法模块包括宽动态范围压缩、自适应噪声抑制、自适应方向性麦克风和回波抵消。该模块缓慢调节，以保证输出是平滑的、不易察觉出变化的，这可使助听器佩戴者只靠简单的存储器就能适应各种环境。

（2）自适应回波抵消模块。自适应回波抵消模块通过回波抵消算法评估助听器回波信号，并从助听器输入中减去此信号。不同于自适应陷波器，自适应回波抵消模块不削弱助听器增益。在最小化音乐和声调信号的同时，自适应回波抵消模块能增加稳定增益。

助听器路径测量工具使用内建的回波抵消算法和噪声生成器来测量设备的声反馈路径。噪声生成器生成助听器的声输出信号，其中一部分通过反馈路径泄漏回助听器。自适应回波抵消算法通过分析输入和输出信号自动计算反馈路径的脉冲响应。经过一段合适的自适应时间，回波抵消系数能从设备中读出并用于评估反馈路径的脉冲响应。

（3）自适应噪声抑制。噪声抑制算法建立在高分辨率的 128 带的滤波器组的基础上，以保证能精确去除噪声。算法监控每个带中的信号和噪声活动，并独立计算每个带的衰减增益。指定频带的噪声抑制增益由三个因素联合决定：信噪比、屏蔽门限和每个频带信噪比，并通过削弱噪声带的能量到低于屏蔽门限达到噪声抑制目的。噪声抑制算法能在保证自然语音质量和级别的同时，有效地去除多种噪声。

（4）自适应方向性麦克风。自适应方向性麦克风算法是指一种双麦克风算法，自动抑制来自助听器佩戴者后边或旁边的声音，而不影响来自前方的声音，即通过调整麦克风极性模型中的空点来最小化噪声。其区别期望信号和噪声的方法完全基于方向，即保持前方声音不变，削弱后部声音。

当环境声音级别高于特定值时，自适应方向性麦克风启动；否则，启动全向性麦克风。当助听器处于全向性麦克风时，算法将周期性检测环境声音级别，以保证自适应方向性麦克风模式的切换。

2.7　汉语助听器语言策略

与其他以拼音字母为主的语系（如斯拉夫语系等）相比，汉语具有很明显的语音学差别。这种差别不仅体现在语言特征上，在具体使用时，区别也很大。不同语系的不同语音特征是否会影响听觉受损患者对言语的理解，尤其是在使用基于不同语系研究成果制成的助听器时，这种语音的差异是否起到重要作用，最近已成为学术和科研的一个热门课题[19]。

汉语和英语的言语差异主要有三点[3]：①音位对比。英语和汉语在语音和口语上有重要区别，汉语的词、字、音节和声母、韵母分别含有不同层次的信息，而且它们之间又有复杂的关系。在口语中，汉语的发音差异很大，在不同会话条件下，会受到不同层次信息的影响。由于汉语比英语有更多的清辅音，因此高频听损患者理解汉语要比相同程度的患者理解英语困难。②重音。汉语普通话中一般存在两类重音：词重音和句重音。重音和语义、语法有密切关系，如汉语中的词重音。如果词的含义不同，重读音节的位置也不同，因此重音对理解语义有重要的作用。此外，在汉语中，重音对韵律特征参数的影响也备受关注。③声调。不同于英语，汉语语系最突出的一个特点就是声调。汉语音节除包括由元音和辅音排列成的音质单位以外，还包括一定的音高、音强和音长。音高在音节中起的作用和元音、辅音同样重要，这种能区别音节意义的音高就是"声调"。

　　根据汉语和英语的区别，对语音信号中不同性质的信号进行识别并有针对性地处理可强调其中对人的感知起作用的特征，从而达到提高言语清晰度的目的。助听器汉语助听策略及方法包括：①声调感知与加强。声调的增强不是简单地对主要元音进行放大，而应针对不同的声调在音高和音强上做不同的处理[3, 20]。②重音增强。重音的识别主要依靠汉语语音的韵律特征参数，如音高和时长等。对重音进行加强可以有效提高听损患者对语义的理解。音高升高和加大时长是两种主要的强调重音的方法，音强没有明显的作用。③情感增强。情感信息对于言语识别率具有正面的影响，语音情感识别与加强在数字助听器语音处理领域的研究是一个崭新的研究课题，已经引起研究者的关注。

2.8　本章小结

　　本章主要介绍了数字助听器的研究基础。首先介绍了人耳的听觉生理和听力损失疾病及其临床表现，并简要总结、比较了当前常用的听力康复方法；其次介绍听力标准检测法和言语测听的原理、步骤及注意事项；再次简要介绍了数字助听器的基本知识、性能指标和产品级的数字助听器；最后针对汉语特征的助听器言语增强策略进行了总结和展望。

参考文献

[1]　Dillon H. Hearing aids[M]. New York: Thieme Medical Publishers, 2001.

[2]　张华. 助听器[M]. 北京: 人民卫生出版社, 2004.

[3]　邹采荣, 梁瑞宇, 王青云. 数字助听器信号处理关键技术[M]. 北京: 科学出版社, 2016.

[4]　James C, Albegger K, Battmer R, et al. Preservation of residual hearing with cochlear implantation: How and why[J]. Acta Oto-Laryngologica, 2005, 125(5): 481-491.

[5]　Kiefer J, Pok M, Adunka O, et al. Combined electric and acoustic stimulation of the auditory system: Results of a clinical study[J]. Audiology and Neurotology, 2005, 10(3): 134-144.

[6]　Izumikawa M, Minoda R, Kawamoto K, et al. Auditory hair cell replacement and hearing improvement by Atoh1 gene therapy in deaf mammals[J]. Nature Medicine, 2005, 11(3): 271-176.

[7]　Chen W, Johnson S L, Marcotti W, et al. Human fetal auditory stem cells can be expanded in vitro and differentiate into functional auditory neurons and hair cell-like cells[J]. Stem Cells, 2009, 27(5): 1196-1204.

[8]　郗昕. 言语测听的历史与现状[J]. 中国听力语言康复科学杂志, 2005(1): 20-24.

[9]　韩东一, 杨伟炎. 普及言语测听提高耳科学诊疗水平[J]. 中华耳科学杂志, 2008, 6(1): 7-7.

[10]　郗昕. 汉语言语测听材料的新进展[J]. 中国眼耳鼻喉科杂志, 2008, 8(6): 341-343.

[11]　张宇晶, 郗昕. 成人人工耳蜗植入相关的中文言语识别评价体系的建立[J]. 听力学及言语疾病杂志, 2012, 20(4): 387-389.

[12]　郗昕, 冀飞. 普通话言语测听 CD: 单音节识别率测试[M]. 北京: 解放军卫生音像出版社, 2009.

[13]　郗昕, 冀飞, 陈艾婷, 等. 汉语普通话单音节测听表的建立与评估[J]. 中华耳鼻咽喉头颈外科杂志, 2010, 45(1): 7-13.

[14]　冀飞, 郗昕, 韩东一, 等. 汉语普通话单音节测听表的多中心复测信度研究[J]. 中华耳鼻咽喉头颈外科杂志, 2010, 45(3): 200-205.

[15]　蔡莲红, 郗昕, 黄高扬, 等. 计算机辅助的中文言语测听平台的建立[J]. 中国听力语言康复科学杂志, 2010: 31-34.

[16]　Association Speech-Language-Hearing Association. Guidelines for determining threshold level for speech[J]. ASHA, 1988, 29: 141.

[17]　郗昕. 言语测听的基本操作规范（下）[J]. 听力学及言语疾病杂志, 2012, 19(6): 582-584.

[18]　王青云. 数字助听器语音处理核心算法研究[D]. 南京: 东南大学, 2011.

[19]　Jiang D. 中文语音处理技术在数字助听器中的开发和应用[J]. Chinese Scientific Journal of Hearing and Speech Rehabilitation, 2005(3): 49-54.

[20]　杨琳, 张建平, 颜永红. 单通道语音增强算法对汉语语音可懂度影响的研究[J]. 声学学报, 2010(2): 248-253.

第 3 章

数字助听器响度补偿
原理与算法

· · · · · · · ·

3.1　引言

　　由于听损患者对声音的敏感程度随频率变化而变化，因此，数字助听器应针对不同频带的声音信号设计不同的增益，使最终输出信号为不同频带放大信号的综合。响度补偿算法的最终期望是使患者既能够听到未佩戴数字助听器时听不到的语音，又不会因补偿后的声音太大而产生疼痛，提高听损患者的言语理解度和舒适度。由于不同听损患者的听损情况不同，因此，助听器使用前都需要单独验配，以使其助听效果达到最佳。

　　处方公式是验配师对患者进行助听器验配时常用的方法，根据患者的听力图及处方公式，可以计算患者需要的压缩比、增益值等助听器的最主要参数，从而得到患者所需的输入输出曲线（I/O 曲线），帮助验配师将助听器的频响设置在最接近理想的初始状态下，便于验配师在此基础上对频响曲线进行更进一步的调节。处方公式的选取直接影响最终的压缩补偿效果，它是数字助听器响度补偿算法的基础。

目前，数字助听器基本都采用了多通道补偿技术。早期主要使用的是等宽多通道滤波器组，但是目前非等宽滤波器[1,2]已成为主流。多通道响度补偿算法研究的内容包括频带的划分、不同频带的增益量的设置及信号综合后的性能等。目前，多通道响度补偿方法的研究主要集中在频带的划分上。

本章主要介绍助听器响度补偿的基本原理和相关算法。首先，简要介绍了助听器信号放大方案，包括声信号受到的影响、线性助听器、宽带压缩及双通道宽动态范围压缩（wide dynamic range compression，WDRC）[3,4]；其次，重点介绍 WDRC 的背景与意义、实现方法、动态特性与研究方向[3,4]；再次，介绍一种基于多次折线的非等宽响度补偿方法[5]；最后，通过主客观实验对算法进行了验证和总结。

3.2　助听器基本放大方案

3.2.1　声信号受到的影响

1. 外耳的影响

外耳包括耳郭和外耳道。当声音从自由场传播到鼓膜时，外耳会放大信号。但是，不同频率信号的放大程度不同。图 3-1 所示为成年人的开耳响应，图中的增益曲线表示信号在每个频率上放大或衰减的量，其频率为 0.25～8kHz。

由于耳朵的大小和形状差异，每个人的开耳响应是不同的。但是，通常 3kHz 处的增益会迅速上升；而到达 15dB 的峰值后，增益又会逐渐下降。

2. 耳道内设备的影响

图 3-2 所示为耳道中带内置通气孔助听器的内部构成。由图 3-2 可知，从自由场到鼓膜有两个信号路径：一种是经由助听器进行放大；另一种是通过通气孔直接进入耳道。此外，放大后的声音也会通过通气孔离开耳道，从而带来回声问题（详见第 5 章）。

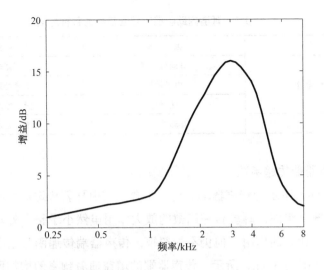

图 3-1　成年人的开耳响应

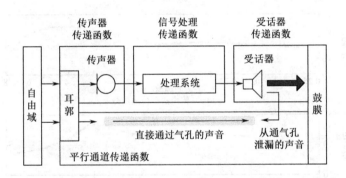

图 3-2　耳道中助听器的内部构成

　　表 3-1 总结了耳道内助听器对语音信号的各种影响。此处，假设信号处理系统是一个全通滤波器，相当于传声器和受话器的连线。因此，耳道内助听器对信号的影响主要有传声器端传递函数、受话器端传递函数（包括语音离开耳道的通气孔）、平行通道的传递函数（包括语音进入耳道的通气孔）、联合作用的传递函数、插入损耗的额外作用。

表 3-1　耳道内助听器对语音信号的各种影响

信号通道	因　素	传递函数
	耳郭传声器	传声器端
主要通道	电子模块	信号处理
	通气孔	受话器端
平行通道	耳郭通气孔	平行通道

1）传声器端传递函数

图 3-3（a）所示为传声器端的传递函数，它由耳郭传递函数和传声器端传递函数两部分组成。耳郭传递函数的放大作用虽然小于整个外耳（耳郭和外部耳道的总和）的作用，但仍不能忽视；传声器端传递函数主要取决于传声器类型。如图 3-3（a）所示，传声器端的增益随着频率的增加而放大，并在 5kHz 左右达到最大；考虑耳郭的作用，5kHz 处的传递函数的增益将略高于 10dB。

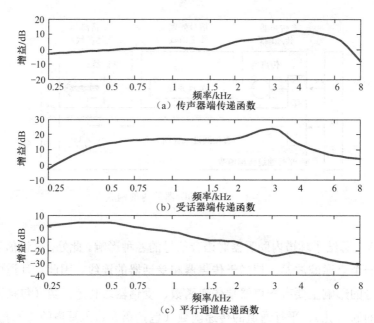

（a）传声器端传递函数

（b）受话器端传递函数

（c）平行通道传递函数

图 3-3　助听器不同部分的传递函数

2）受话器端传递函数

图 3-3（b）所示为受话器端传递函数（通气孔直径为 2mm），同样由两部

分组成，即受话器端传递函数和通气孔的影响。受话器端传递函数同样取决于传声器类型。如图 3-3（b）所示，受话器端的传递函数在 3kHz 时超过 20dB。因为通气孔主要影响传递函数的低频增益，所以当频率低于 500Hz 时增益是逐渐减少的。通气孔越小衰减越少，但堵耳效应越严重。

3）平行通道的传递函数

图 3-3（c）为平行通道传递函数。当声音从自由场经过通气孔到达耳道时，主要受耳郭和通气孔影响。对照图 3-1 可知，在 0.5kHz 以下时，传递函数的增益变化与自由场下的增益变化相同。

4）联合作用的传递函数

图 3-4 显示了上述三个因素共同作用时的传递函数（又称为基本增益）。在信号处理模块不改变增益的假设下，基本增益是相对不变的。

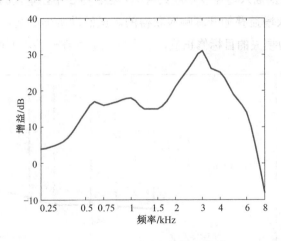

图 3-4 助听器的基本增益

实际上，为了弥补个人的听力损失，信号处理模块必须提供合适的增益。基于患者的听力数据，验配软件首先计算目标增益，然后由听力学家根据需要进行修改。为了实现预期的增益，验配软件必须综合考虑信号处理模块设定的增益和助听器的基本增益以满足放大要求。综上所述，验配软件要想获得正确的基本增益，需要知道助听器的传声器参数和受话器参数、通气孔直径等。

5）插入损耗

虽然外耳本身可以放大来自自由场的声音，但是当助听器插入耳道时，开耳响应就会失效，该效应被称为插入损耗；此外，耳道中的耳膜也会导致插入损耗。插入损耗可以用来修正信号增益。

由上可知，基本增益指的是鼓膜和自由场声压级之间的差值，那么对听损患者来说，插入增益与基本增益和开耳响应的计算关系为：

$$插入增益=基本增益-开耳响应 \qquad (3-1)$$

由图 3-4 可知，3kHz 时的基本增益为 31dB。未佩戴助听器时（见图 3-1），开耳响应本身会产生 16dB 的增益，所以助听器只需提供 15dB 插入增益。

3.2.2 线性助听器

线性助听器为所有声压级的输入信号提供相同的放大，不管是轻柔的声音还是响亮的声音。图 3-5 所示为根据早期 NAL-RP 验配原理[6]建立的目标增益。NAL-RP 依据插入增益设定放大目标。在图 3-5 中，垂直的线条显示出基本增益是由插入增益叠加开耳响应获得的。虽然助听器的基本增益的频响非常接近倾斜听力损失的目标修正值，但是依然会存在一些不匹配情况。

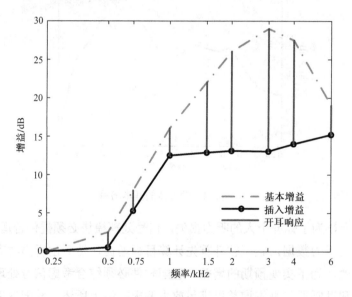

图 3-5 倾斜听力损失的 NAL-RP 目标增益

为了修改基本增益，模拟助听器通常使用一些可配置滤波器。图 3-6 所示为高通滤波器修正基本增益的例子。虽然该滤波器可以提高 0.5kHz 处的增益 6dB，但是，1.75kHz 处的不匹配增益增加 2dB。理论上，使用更多的滤波处理可以进一步提高目标匹配[7]。

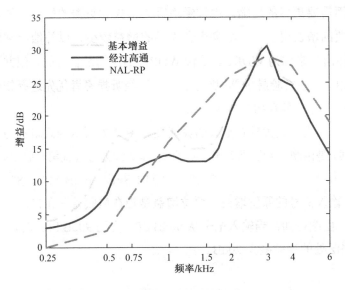

图 3-6　不同情况下的增益曲线对比

3.3　宽动态范围压缩

3.3.1　背景与意义

感音性神经性耳聋通常具有缩小的动态范围。虽然听力正常者和轻度-中度感音神经性耳聋都感觉到 100dB 的声音"太响"，但是他们对于轻声的感知差异明显，听损患者的听阈要比听力正常者高。而且，与听力正常的人相比，听损患者的响度感觉从"勉强能听见"到"太响"的增长更迅速或陡峭。

由于线性助听器对于各种输入声音都给予相同的增益放大，因此增益只需要根据听损的阈值进行推算。对于高强度的输入声音，线性助听器的输出可能会超过听损患者的响度不舒适阈，因此必须采用削峰技术抑制最大输出，但会带来音质失真。

与线性助听器不同的是，压缩助听器通过压缩来限制最大输出功率，即输入声音越大，提供的增益越少。动态范围缩小，响度增长的感觉就会变得更快，因而需要更多的压缩。由神经性听力损失和重振的知识可知，通常柔和声音需要的增益更多，而响亮声音需要的增益较少，以补偿异常的响度增长。这种补偿策略称为 WDRC。尽管 WDRC 的逻辑是合理的，但并不是对每个人都适用。一些实验显示[8]，仍有 10%的神经听损患者优先选择线性放大策略（所有输入电平具有相同的增益）。

WDRC 比线性放大具有更大的灵活性。图 3-7 所示为倾斜听力损失的目标增益曲线，是由澳大利亚国家声学实验室-非线性处方公式第一版（NAL-NL1）拟合出的[10]。图 3-7 显示了 50dB SPL、60dB SPL、70dB SPL、80dB SPL 和 90dB SPL 输入信号的原位增益。原位增益是指在鼓膜处和在自由场下测得的声级差异。由图可知，当输入电平从 50dB SPL 变为 90dB SPL 时，NAL-NL1 建议在 3kHz 处的增益减少 20dB。

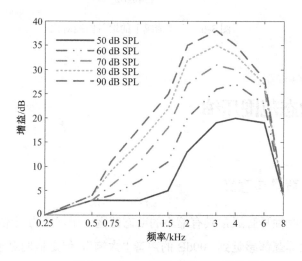

图 3-7　WDRC 系统的目标增益曲线

20 世纪 90 年代，WDRC[11]助听器极为普遍。WDRC 旨在弥补感音神经性听损患者异常的响度增长，即多放大轻声，少放大响声。虽然思路似乎很清晰，但实现策略存在两个关键点：增益的设定、输入声压级变化时对应的补偿速度。

1. 增益设定的差异

增益设定通常遵循以下两个原则。

（1）响度标准化旨在将每个等级和频率的声音进行放大，使听损患者听放大后声音的响度感受与正常听力者相同，如助听器选配独立论坛（Independent Hearing aid Fitting Forum，IHAFF）推荐的方法。

（2）澳大利亚国家声学实验室的 NAL-NL1 验配算法的目标是最大化语音清晰度[12]，即算法对响度的要求为听损患者对放大后语音信号的感受应该最大限度逼近正常人对原始语音信号的感受。为了实现这个目的，NAL-NL1 通常依照频率将正常的语音进行等响度增益补偿[13]。因此，响度均衡是区分 NAL-NL1 与基于响度标准化的验配程序的关键。

2．输入声压级变化时的响应差异

当输入信号的声压级上升时，WDRC 通常会快速减少增益。这种方式可防止信号过冲（避免输出过响的信号）。但是，当信号声压级下降时，再次放大语音的反应时间会较长。

（1）自动音量控制只能逐渐提高增益。当信号的声压级不断在大与小之间变化时（如说话时），听力仪器只会追踪峰值。当由一个吵闹的环境到一个安静的环境时，助听器需要花几秒钟慢慢地调整增益。

（2）当输入信号的声压级下降时，音节压缩会加快增益增加的速度。顾名思义，音节压缩是分别处理语音的每个音节。

有关 WDRC 速度研究的报道都是模棱两可的：Hansen[14]发现慢变多通道 WDRC 的语音清晰度和声音质量最好，此时释放时间为 4s；Bentler 和 Duve[15] 则称大多数 WDRC 系统的语音感知并没有什么不同，不管是自动音量控制还是音节压缩；Marriage 和 Moore[16]研究显示，与线性放大相比，轻-重度听损儿童明显受益于快变 WDRC。当然，不同的人会有不同的感受。

3.3.2　基本原理

WDRC 有低门限拐点（低于 60dB SPL）和低压缩比特点（小于 4:1）。WDRC 助听器几乎总是在压缩中，因为所有的输入声音，从轻声的说话到尖叫，都会使助听器进入压缩状态。放大的正确目标是恢复正常的响度增长感觉；为了完成此目标，助听器必须多放大轻声音，稍微放大略响声音或不放大。这些研究构成了 WDRC 的基础。

WDRC 的输入输出声压级曲线用于计算对应输入声压级值所需要的补偿增益值[17]，其原理如图 3-8 所示。

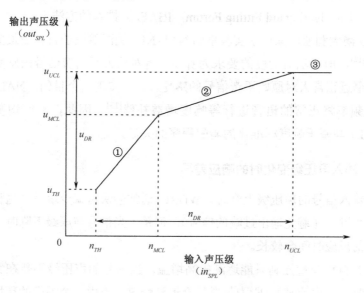

图 3-8　WDRC 的输入输出声压级曲线

设 n_{TH}、n_{MCL}、n_{UCL} 和 n_{DR} 分别为正常人耳的听阈值、最适阈、痛阈值及听觉动态范围，而 u_{TH}、u_{MCL}、u_{UCL} 和 u_{DR} 分别为听损患者的听阈值、最适阈、痛阈值及听觉动态范围。由图 3-8 可知，为了使患者的听觉动态范围能与正常人耳对应，曲线被分为多段折线，因此输入声压级值 in_{SPL} 与补偿后的输出声压级值 out_{SPL} 并不呈线性关系：

（1）当 $in_{SPL} < n_{TH}$ 时，此时输入语音处于患者的听阈值下，I/O 曲线不起作用，患者听不到声音；

（2）当 $n_{TH} \leqslant in_{SPL} < n_{MCL}$ 时，①段曲线开始启动，其压缩比 $\gamma_1 = \dfrac{n_{MCL} - n_{TH}}{u_{MCL} - u_{TH}}$，为曲线斜率的倒数，此时患者开始听到较小的声音；

（3）当 $n_{MCL} \leqslant in_{SPL} < n_{UCL}$ 时，②段曲线开始启动，其压缩比 $\gamma_2 = \dfrac{n_{UCL} - n_{MCL}}{u_{UCL} - u_{MCL}}$，此时患者开始听到较大的声音；

（4）当 $in_{SPL} \geqslant n_{UCL}$ 时，输入声音声压级已经超过患者的痛阈，此时为保护患者的听力，③段曲线开始启动压缩限幅，即使 in_{SPL} 继续增大，输出语音声压级也不再增加。

根据以上分析，期望补偿得到的输出声压级值可通过式（3-2）计算。

$$out_{SPL} = \begin{cases} 0, & in_{SPL} < n_{TH} \\ u_{TH} + \dfrac{in_{SPL} - n_{TH}}{\gamma_1}, & n_{TH} \leqslant in_{SPL} < n_{MCL} \\ u_{MCL} + \dfrac{in_{SPL} - n_{MCL}}{\gamma_2}, & n_{MCL} \leqslant in_{SPL} < n_{UCL} \\ u_{UCL}, & in_{SPL} \geqslant n_{UCL} \end{cases} \tag{3-2}$$

最终的助听器增益值可通过式（3-3）计算。

$$G = out_{SPL} - in_{SPL} \tag{3-3}$$

在得到各个频率特征点的增益值后，助听器可根据线性插值算法得到所有频谱点所需的增益值。相邻两个频率特征点之间的增益值 $G(f)$ 可通过式（3-4）计算。

$$G(f) = G(f_{n-1}) + (f - f_{n-1})\frac{G(f_n) - G(f_{n-1})}{f_n - f_{n-1}} \tag{3-4}$$

式中，$G(f_n)$ 与 $G(f_{n-1})$ 分别表示频率特征点 f_n 与 f_{n-1} 的增益值。

由上述可知，WDRC 主要根据听损患者的需要，将整个听觉动态范围按照一定的比例压缩到患者的残余听觉动态范围之内。例如，当输入的声音声压级为 50dB SPL（轻声）时，WDRC 模块开始启动压缩，患者得到 35dB 的助听器增益；当输入的声音声压级为 65dB SPL（舒适声）时，患者得到 25dB 的助听器增益；而当输入声音声压级增大至 80dB SPL（强声）时，患者只能获得 15dB 的助听器增益。从以上例子可以看出，随着输入声压级从 50dB SPL 增加至 80dB SPL，增益值却从 35dB 减少至 15dB，输出声压级只从 85dB SPL 上升至 95dB SPL，从而保证经过压缩后的声压级始终处于患者的听觉动态范围内。

图 3-9 所示为响度增长感觉与 WDRC 的关系，其中与听力正常人的响度增长感觉重合的是 WDRC 曲线。如果正常响度增长感觉是要达到的目标，那么 WDRC 提供的低拐点和低压缩比明显是一个更好的适配，因为轻的声音感觉到是更响，而太响的声音没有超过听者的舒适声级。换言之，WDRC 的低拐点和低压缩比减少了正常的大动态范围，反而成为与轻-中度感音神经性耳聋（SNHL）患者相适应的更小动态范围。

但是，这并不意味着所有轻-中度 SNHL 的患者都应该像老龄患者那样适配。如果一个有轻-中度 SNHL 的患者已经习惯于峰值箝位的线性助听器，或用输出限幅压缩来限制 MPO 的线性助听器，那么其对于 WDRC 助听器的感觉必然是不够"响"，从而可能拒绝选用。虽然 WDRC 将更多地放大轻声 SPL 的输入，但它不会同样放大普通音量 SPL 的输入，从而导致习惯于线性放大的患者不满意。

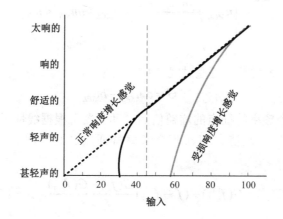

图 3-9　响度增长感觉与 WDRC

3.3.3　实现方法

1. 基于频域变换的 WDRC

通过离散傅里叶变换，助听器可以计算采样信号的频谱，进而可以实现每个频率点上的精确增益，从而获得更好的增益曲线。除了频率低于 0.5kHz 的范围，该技术可以补偿基本增益中所有的峰和谷，因为频率低于 0.5kHz 的声音，主要来自排气孔的直接输入。

基于频域变换的 WDRC 也存在一个小的问题。当进行最优目标匹配时，处理方案可能会产生不合适的处理延迟[18]。助听器佩戴者往往不希望声音的延迟超过 10ms。减少频率分辨率，如以 0.25kHz 或 0.5kHz 对频谱进行采样，将会缩短处理延迟，从而察觉不到干扰。因此，傅里叶变换虽然存在一些问题，但仍然是一个很有价值的技术。

2. 基于滤波器组的 WDRC

许多数字信号处理策略与旧的模拟策略很相似，如采用数字滤波器代替模拟滤波器分解信号。即使针对原先的方法，数字信号处理偶尔也会带来新的变化。例如，通过滤波器组将输入信号分为多子带信号，从而将双通道WDRC 变成多通道 WDRC。

滤波器组的方法有更大的潜力，通过将输入信号分成更多的频带可直接扩展处理方案。该扩展能逐渐增强增益扩展的能力，直至接近基于傅里叶变换方法的性能。基于滤波器组的 WDRC 处理延迟随滤波器组产生的子带信号个数而增加。延迟可以维持在 3ms 以内，从而使助听器佩戴者不可察觉[18]。因此，基于滤波器组的 WDRC 也是一个有价值的选择。

3. 基于可控滤波器的 WDRC

基于频域变换的 WDRC 和基于滤波器组的 WDRC 都是将声音信号以一些严格的、也可能是不必要的方式进行分割，例如，通过离散傅里叶变换将信号分成等长的连续段，或滤波器组以固定的带宽将其分割为固定数量的频带。可控滤波器的思路与此不同，其生成连续的增益函数且连续地处理信号，并不以固定的方式分割它。

图 3-10 和图 3-11 所示为两个包含可控滤波器的框图[9]。在这两个图中都有两个并行的信号路径：一个主路径和一个次路径。在主路径上，输入信号首先经过同步模块。同步模块的功能是保证两条路径的信号序列保持同步。然后，可控滤波器依据信号频率和声压级放大输入信号，使助听器能继续尽可能接近放大目标。可控滤波器的设计是处理方案中最难的，在输入信号声压级持续变化的过程中，要求它能快速修正可控滤波器的增益曲线。

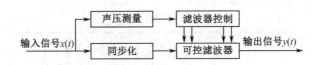

图 3-10　可控格型滤波器的 WDRC 框图

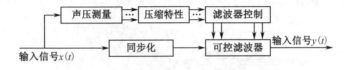

图 3-11　可控有限冲激响应滤波器的 WDRC 框图

在没有额外条件实现实时运行的情况下，滤波器的设计是非常困难的。

在图 3-10 所示的系统中，滤波器控制模块连续不断地更新滤波器增益曲线，图中的平行箭头代表多个参数的同时更新。滤波器控制模块直接处理声压级测量模块计算的输入信号声压级。但是在图 3-11 中，声压级测量模块与滤波器控制模块之间有一个附加的压缩特性模块。该压缩特性模块与前一节所描述的有同样的功能，即规定了给定的输入声压所要放大的量。图 3-11 中所示的系统是可配置的，它可以通过独立的压缩特性模块改变频带的数量。格型滤波器和有限冲激响应滤波器具有各自的验配灵活度。

1）可控格型滤波器

可控格型滤波器将输入信号声压分为有限个等级，然后根据每个等级计算滤波器参数。通常，该步骤由验配软件根据患者的听力损失和仪器的基本增益计算完成。可控格型滤波器的增益曲线的目标匹配，很接近基于频域变换的方法。但是，该方法仅产生 1～1.5ms 的处理延迟，以让助听器佩戴者觉察不到[18]。

基于可控格型滤波器的 WDRC 是一个有价值的选择，避免了将输入信号分成多个频带或通道。因此，该方案又称为无通道方案。使用此技术的音质测试[19]结果显示，听力受损患者对该技术生成的男性语音、女性语音及钢琴音乐的表现评价最高。

2）可控有限冲激响应滤波器

可控有限冲激响应滤波器对应于一组有限冲激响应带通滤波器。每个带通滤波器幅度响应如图 3-12 所示，组合起来为 0dB 的增益。为了实现特定的增益曲线，有些带通滤波器需要放大得更多或更少。

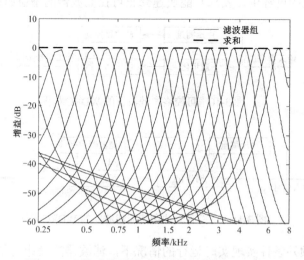

图 3-12　可控有限冲激响应滤波器的部分传递函数

尽管图 3-12 像滤波器组，但此处的滤波器个体是以不同的方式组合的。此处可控有限冲激响应滤波器使用的方法是：合并不同的滤波器到一个滤波器中，并将信号作为一个整体进行处理。

目标匹配的效果与基于频域变换的方法非常接近，且处理延迟只有 2.4ms，可让助听器佩戴者觉察不到[18]。可控有限冲激响应滤波器的更新原理同可控格型滤波器不同，但是基于可控有限冲激响应滤波器的 WDRC 同样是一个有价值的选择。

3.3.4　动态特性

WDRC 的时间行为指的是当输入信号的声压级改变时，助听器调节增益的速度，包含两个方面：①当声压级增加时，助听器降低增益的速度——通常称为攻击时间；②当声压级下降时，助听器增加幅度的速度——通常称为释放时间。

矛盾的是，WDRC 不仅应该是一个快速变化的系统，而且还应该是一个慢速的自动音量控制系统。研究显示[7]，不同的助听器制造专家也对攻击时间和释放时间的设置存在争议，如释放时间的设置从 20ms 到 20s 都有。产生如此极端差异的原因是多方面的。声压级是一个明确的物理量，IEC 61672-1 标准规定了如何测量声压级。对于该标准来说，125ms 是一个快的时间常量。这样的攻击时间对于测量仪器来说没什么问题；但是，对助听器来说，这是一个相当长的时间。为了避免脉冲噪声，助听器必须以相当快的速度降低幅度，从而避免发出一个很大的响声。

助听器制造商使用不同的策略，来应对语音中时变的声压级。释放时间越长，WDRC 系统响应越慢，在不同的声压级（从轻声细语到大喊大叫）下仍然表现出稳定的语音识别能力[20]；但为了弥补耳蜗的损伤，WDRC 应快速变化[21]，以便增加持续语音中的辅音识别率[22]，偶尔也会带来其他一些益处[16]。WDRC 系统工作得越快，越能避免语音失真和信号衰减。

双通道 WDRC 系统包含 3 个模块，即声压级测量模块、压缩特性模块及可变增益放大器。因此，系统完成的功能包括测量输入声压级、运用压缩特性将输入声压级转化为需要的增益及持续地调整增益来放大信号。事实上，后两个功能并没有多少延迟，只有声压级测量存在延迟。因此，真正决定

WDRC 时间特性的是声压级测量。

1. 声压级测量

声压级以一定的周期的声压振荡为基础进行计算。时间间隔（观察窗）的长度决定了系统是慢速自动音量控制，还是快速 WDRC。一个短的观察窗意味着测量值变化很快，因此 WDRC 的幅度变化也快。相对地，一个长的观察窗得到一个缓慢改变的平均测量值，从而使 WDRC 以同样长的时间进行放大。

由前述可知，数字 WDRC 分为三类，即基于频域变换的、基于滤波器组的和基于可控滤波器的。针对不同的方法，测量输入声压级的程序也各不相同。例如，如果一个助听器对连续输入信号进行分帧处理，那么对分帧信号进行频域转换时，这些分帧信号就形成声压级测量的自然观察窗。对于每帧信号，助听器都会得到一个新的测量值，并确定不同频率的信号分量所需增益量，通常观察窗设为 10ms。

基于短信号帧计算声压级的方法，既有优点也有缺点。优点是因为信号帧的长度比音位要短，可追踪测量语音中连续音位的短时声压级；同时，在计算下一段语音信号的声压级时，上一段的数值可作为参考值来使用。缺点是有时段间数值会以大的步长变化，步长的大小依赖信号波形。计算重叠段的声压级可以削弱该影响，并保持追踪短时声压级的优点。

基于滤波器组和基于可控滤波器的 WDRC 的观察窗，与基于频域变换的WDRC 不同。这些系统以很小的步长进行持续的增益调整。通过测量每个采样间隔的声压级值，系统计算增益并应用在信号上。

由上可知，测量值的快速获取似乎仅取决于选择一个足够短的时间常量。但是，这是个谬论。对 IEC 60118-2 标准中的简单正弦测试信号来说，短的时间常量可以快速获取测量值。但是，对于实际信号来说，如果时间常量过短，则会产生有害的测量误差。因此，采用较长的时间常量可以很容易避免这类测量误差。然而，较长的时间常量也有其风险。当声压级增加很快时，声压级测量可能滞后，从而导致助听器需要较长时间来放大信号，引起输出信号过放。因此，通常的做法是在一个测量方案中使用两个不同的时间常量，分别用于声压级上升和下降的情况，该方法称为非对称时间常量的声压级测量。它的缺点是仅能记录缓慢变化的声压级，而且会引入新的测量误差。因此，为了得到一个精确的瞬时声压值，需要其他测量方案。

2．不希望得到的副作用

不合理的时间行为会严重影响 WDRC 系统的音质，主要影响如下。

（1）谱对比度损失，发生在快速的多通道 WDRC 中。谱对比度损失也称为频谱模糊，它会严重影响语音识别[23]。助听器的通道数越多，信号压缩的速度越快，信号频谱对比度削减的就越多。系统在高频通道放大齿擦音的增益量与多频带 WDRC 系统几乎相同。在低频通道，由于声压级更低，因此需要更多的增益。对于元音来说，情况正好相反。此时，双通道 WDRC 系统放大低频的量与多频带 WDRC 相同。综上可知，双通道 WDRC 如果以一种方法来放大两个音位，那么实际结果会不适合于任何一个目标。实际上，系统总是给含有较少信号能量的频率通道提供太多的增益。这种做法会消除谱对比度，很难分辨不同的音位。

多通道快速 WDRC 的失真比较明显，常采用的改善办法有通道融合、较慢的声压级测量或兼而有之。通道融合是将窄带信号的多个信号声压级连接起来，从而减少对应更广频率范围的有效信号声压级。无论通道融合以何种方式实施，它总能减少独立压缩通道的数量。较慢的声压级测量是指使用不对称时间常量获得的声压级峰值。双通道 WDRC 与宽带声压级缓慢变化的多通带 WDRC 差异很小。

（2）在声压突然上升后增益缓慢减少时，信号会发生过冲。观察窗越长，历史样本对声压级测量的影响就越大，测量值的延迟也越大。WDRC 系统将测量声压级应用于压缩特性模块，并由此确定需要提供的增益量。如果声压级突然升高，输出信号就会过冲，这是由信号与声压级测量之间的时延造成的。测量值在声压级跳变后再过一定时间才会改变。在该时间内，助听器会提供过多增益，最初是在跳变前补偿较低声压级的增益，然后增益逐渐减小。

如果没有信号同步，快速 WDRC 对每个元音都会产生信号过冲，从而影响音质。基于可控滤波器的 WDRC 系统提供了同步模块实现附加延迟，以保持音质。对于采用不对称时间常量的声压级测量，信号过冲不是那么关键。通过使测量声压级始终保持在最大值的方法，可避免信号峰值过冲，但会使 WDRC 系统减慢到几乎变为一个线性放大器。

3.4 多通道响度补偿算法

3.4.1 非均匀余弦调制滤波器组设计

在多通道响度补偿算法中，滤波器组的设计既是基本步骤，又是关键步骤。现有的商用数字助听器产品绝大多数都实现了多通道补偿技术，然而大多数多通道响度补偿算法都是基于等宽的频率间隔实现的，这并不符合人耳耳蜗的听觉特性。因此，最新的研究是基于非等宽的频率间隔设计滤波器组[3]，以获得更加符合患者实际需要的补偿效果。

目前有限长单位冲激响应（Finite Impulse Response，FIR）数字滤波器仍是大部分设计者的首选。FIR 数字滤波器具有严格的线性相位、任意的幅度特性、非递归的实现结构，其有限精度运算的误差也较小。FIR 数字滤波器设计方法主要有窗函数设计法和频率抽样设计法两种，其中前者因设计思路清晰易懂而成为使用最多的方法。

动态范围压缩早期采用可控滤波器实现，其优点是只用一个 FIR 数字滤波器就可以实现对不同频率信号的放大和衰减，原理简单；其缺点是滤波器系数必须根据声压级实时更新，计算量大。而多通道响度补偿算法基于滤波器组设计，由于滤波器组系数可以事先计算，在应用中只需要根据变化的声压级更新每通道的线性增益，因此其实时性更好[24]。

近年来，余弦调制滤波器组受到了极大的关注并且被广泛使用。它是一种特殊的多速率滤波器组，其分析和综合滤波器是由一个或两个低通原型滤波器经过余弦调制得到的[3]。由于设计简单且效率高，余弦调制滤波器组成为多速率滤波器组的研究热点之一。

由于分解滤波器组和综合滤波器组的设计是基于余弦调制低通原型滤波器的，故整个系统的设计量可以减少到设计一个 FIR 的低通原型滤波器。假设有如下的 FIR 低通原型滤波器：

$$H_p(z) = \sum_{n=0}^{N} h_p(n) z^{-n} \tag{3-5}$$

式中，$h_p(n)$ 为单位脉冲响应。

采用余弦调制方式可产生 M 通道的最大抽取余弦调制滤波器组，其分析和综合滤波器组 $G_k(z)$ 和 $P_k(z)$ $(k = 0,1,\cdots,M-1)$ 的单位脉冲响应为：

$$g_k(n) = 2h_p(n)\cos\left[\frac{\pi}{M}\left(k+\frac{1}{2}\right)\left(n-\frac{N}{2}\right)+(-1)^k\frac{\pi}{4}\right] \tag{3-6}$$

$$p_k(n) = 2h_p(n)\cos\left[\frac{\pi}{M}\left(k+\frac{1}{2}\right)\left(n-\frac{N}{2}\right)-(-1)^k\frac{\pi}{4}\right] \tag{3-7}$$

式中，$n = 0,1,\cdots,N-1$；$k = 0,1,\cdots,M-1$。

算法选用线性迭代的方法设计低通原型滤波器，并利用标准的 Parks-McClellan 算法[25]对原型滤波器进行初始化。设计出满足要求的原型滤波器之后，即可根据余弦调制滤波器组的原理公式进行滤波器组的设计。通过 Parks-McClellan 算法设计得到的滤波器的阻带衰减比用传统方法设计得到的滤波器的阻带衰减高。

3.4.2　动态非线性滤波器组设计

在均匀余弦调制滤波器组的基础上，通过合并相邻通道可近似重构非均匀余弦调制滤波器组[26]。非均匀划分的分解滤波器组与综合滤波器组的各子带滤波器可通过合并相邻的分解滤波器和综合滤波器得到[27]。首先考虑分解滤波器的系统函数 $\hat{G}_i(z)$，它可以通过合并 l_i 个相邻的子带分解滤波器得到：

$$\hat{G}_i(z) = \sum_{k=n_i}^{n_i+l_i-1} G_k(z) \tag{3-8}$$

式中，n_i 为带通滤波器的上边界（$n_i \in [0,M]$）；l_i 为待合并的通道数。

综合滤波器 $\hat{P}_i(z)$ 也可由同样的方法得到：

$$\hat{P}_i(z) = \frac{1}{l_i}\sum_{k=n_i}^{n_i+l_i-1} \hat{P}_k(z) \tag{3-9}$$

相应的抽取因子 M_i 可由 $M_i = M/l_i$ 确定。为了消除相邻通道间的带间干扰，应保持 n_i 为 l_i 的整数倍。

相较于均匀分解的滤波器组，在误差允许的条件下，使用非均匀分解的滤波器组需要更少的子滤波器，这可以减少硬件设计的复杂度。同时，非均匀余弦调制滤波器组保留了很多均匀余弦调制滤波器组的性质，如高阻带衰减特性。

为了改善增益补偿效果，算法提出一种自适应的均匀滤波器组的相邻子带合并方法。该方法能根据听损患者的听力图，对比不同频带间的听损差异，将听力阈值相等或波动较小的连续频段进行合并，从而形成非均匀滤波器组。听力图是用于刻画声音频率与强度的曲线图，是进行助听器验配和了解听力情况的最直接的依据。通过合并相邻通道的方式设计非均匀滤波器组，不仅保留了均匀滤波器组的部分性质，还可以减少子带滤波器的数量，降低硬件实现复杂度。

算法首先在原型滤波器的基础上设计 32 通道均匀滤波器组；然后按规则对不同通道进行合并。相邻子带合并的基本原则为：①相邻特征频率点对应声压级阈值差不超过 5dB SPL 时，两特征频率点间频段可合并为同一通道；②1～3kHz 频段对应通道不合并，因为这一频段内包含主要语音音区，所含信息较多；③针对连续变化的听力图，不满足合并原则①、②的可选择不合并。

以药物性耳聋患者的听损（从 125Hz 到 8kHz 的 11 个频点的听力阈值为 30、35、30、35、35、45、85、100、110、115 和 120）为例，其听力图如图 3-13 所示。

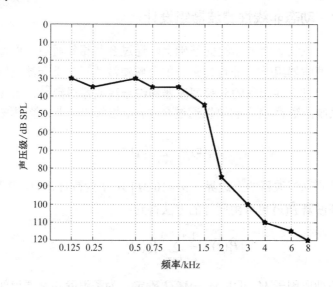

图 3-13　感音神经性听损患者听力图

按照合并原则，相应的非均匀余弦调制滤波器组的通道数 $M=7$，其频带划分如表 3-2 所示。

表 3-2　相邻子带合并后的 7 通道滤波器组频带划分

频 带 号	1	2	3	4	5	6	7
频带上限/kHz	0.75	1	1.5	2	3	4	8

3.4.3　改进的多段处方公式

在响度补偿算法中，非线性处方公式可以看成是对几个特定频率的输入-输出曲线（I/O 曲线）。对于多通道助听器来说，每个通道都有对应的 I/O 曲线。由于听损患者对声音的敏感程度一般比正常人低，而且不同的听损患者在不同频段听力下降的情况也不尽相同，因此响度补偿不仅要考虑患者本身的听力敏感程度（听阈），还要考虑输入语音信号的强度（输入声压级）。根据各通道内语音信号的实时输入声压级值及患者期望得到的输出语音信号声压级值，可以得到患者在各通道内实时所需要的增益值。

在传统的多通道响度补偿算法设计中，研究者的主要关注点都集中在多通道的划分上；而对于补偿增益值的计算，多是笼统地分低、中、高三段输入声压级来进行。对于低输入声压级段，数字助听器提供线性增益。低声压级段与中声压级段的交点被称为"拐点"，在拐点之下，数字助听器提供线性增益；而在拐点之上，数字助听器启动压缩，即提供比低声压级段小的增益变化率。在压缩段，通常使用压缩比来描述压缩的程度，它的值为压缩段斜率的倒数。而在高声压级段，由于输入的声音强度已经比较接近患者的痛阈，此时通常进行输出限幅压缩。高声压级段的压缩比通常都较高，一般为 10:1，以限制输出声压级的大小，使输出始终在患者的听觉动态范围内。

但是，将声压级分为三段进行补偿的方法很难达到最佳效果。如在使用助听器的过程中，麦克风和放大器等助听器的内部组件会产生较大的内部噪声，当处于比较安静的环境时，这种噪声有时可以被患者听见，特别是对于那些低频听力较好的患者。上述噪声通常为 15~30dB SPL，因此若是简单地对其使用线性增益补偿，则会导致患者的语音可懂度、辨识率及舒适度的下降。

因此，研究提出一种基于多段声压级的多通道响度补偿算法。按照不同声压级声音的特点，该算法将人耳正常所能接受的 0~120dB SPL 的输入声压级分为 5 段，并且根据"小声多补偿，大声少补偿"的原则，同时结合常用的 DSL[I/O]和 FIG6 等非线性处方公式,选取各段声压级区间内具有代表性的特定输入声压级。输入声压级分段如表 3-3 所示。

表 3-3 输入声压级分段(5 段)

段 数	1	2	3	4	5
声压级范围/dB SPL	0~30	30~50	50~75	75~95	95~120
特定声压级/dB SPL	25	45	65	80	110

声压级分段的理由如下:在典型的语音声级以下(约 25dB SPL 处)进行低声压增益扩展,其目的是要减少可听见的、烦人的内部噪声;在 25dB(第一拐点)和 45dB(第二拐点)之间,实现宽 WDRC 来增加轻声语音和远处来得更轻的声音的可听性;在 45dB(第二拐点)和 65dB(第三拐点)之间,因为这些输入声级的可听性很好,所以增加压缩比,减少这些输入声音的增益;在 65~80dB,实现线性增益,以提高语音和噪声混合情况下的语音可听性;超过 80dB SPL 输入时,为了限制 MPO,压缩比显著地增加。

基于各特定输入声压级和患者的听力阈值,任一通道内的处方公式如下:

(1)针对 25dB SPL 的输入声压级:

$$i_g = 0.75h_t \tag{3-10}$$

(2)针对 45dB SPL 的输入声压级:

$$\begin{cases} i_g = 0, & h_t < 20 \\ i_g = 0.9h_t - 18, & 20 \leqslant h_t \leqslant 60 \\ i_g = h_t - 20, & h_t > 60 \end{cases} \tag{3-11}$$

(3)针对 65dB SPL 的输入声压级:

$$\begin{cases} i_g = 0, & h_t < 20 \\ i_g = 0.6h_t - 12, & 20 \leqslant h_t \leqslant 60 \\ i_g = 0.8h_t - 24, & h_t > 60 \end{cases} \tag{3-12}$$

(4)针对 80dB SPL 的输入声压级:

$$\begin{cases} i_g = 0, & h_t < 40 \\ i_g = 0.3(h_t - 40)^{1.2}, & h_t \geqslant 40 \end{cases} \tag{3-13}$$

(5)针对 110dB SPL 的输入声压级:

$$\begin{cases} i_g = 0, & h_t < 40 \\ i_g = 0.04(h_t - 40)^{1.5}, & h_t \geqslant 40 \end{cases} \tag{3-14}$$

式中，i_g 为患者在指定输入声压级下所需的增益值，单位为 dB；h_t 为当前通道中心频率处患者的听阈值，单位为 dB HL，它可以根据患者的听力图通过线性插值得到。

3.4.4　多通道响度补偿算法的步骤

图 3-14 所示为设计的 M 通道响度补偿算法。输入语音信号 $x(n)$ 经过 M 通道的分解滤波器组分解后，得到了 M 个子带信号 $x_i(n)$（$i=1, 2,\cdots,M$）。在每个通道内，首先进行当前帧信号声压级的计算；与此同时，根据患者的听力图通过线性插值的方法，获得患者在当前通道中心频率处的听阈值；再计算当前通道的 I/O 曲线，即可得到患者在当前帧所需要的非 dB 域增益值；继而得到当前帧期望的输出信号；最后将此 M 个通道的输出信号通过综合滤波器组，得到最终补偿后的输出语音信号 $y(n)$。

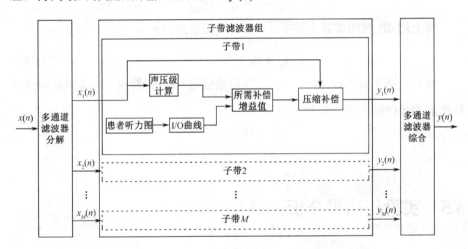

图 3-14　M 通道响度补偿算法

综上所述，基于声压级分段的响度补偿算法步骤如下：

（1）将第 i 个子带输入信号 $x_i(n)$（$i=1,2,\cdots,M$）分帧，帧长为 256 点。

（2）分子带计算信号声压级：首先，计算当前帧的有效声压 $p_{e,i}$：

$$p_{e,i}=\sqrt{\frac{1}{T}\sum_{n=1}^{N}[x_i(n)]^2\Delta t}=\sqrt{\frac{1}{N\Delta t}\sum_{n=1}^{N}[x_i(n)]^2\Delta t}=\sqrt{\frac{1}{N}\sum_{n=1}^{N}[x_i(n)]^2} \tag{3-15}$$

式中，声音的长度为 T；离散点数为 N。

只要保证所取的点数 N 足够大，就可保证计算准确性。

然后，计算信号声压级 in_{SPL_i}：

$$in_{SPL_i} = 20\lg \frac{p_{e,i}}{p_{ref}}$$ （3-16）

式中，p_{ref} 为基准声压，在空气中基准声压一般取 2×10^{-5} Pa，即人耳的可听阈声压值；声压级的单位为 dB SPL。

（3）根据患者的听力图及设计的滤波器组的各通道中心频率值，通过线性插值的方法，得到各通道中心频率对应的听阈值 h_{t_i}。

（4）将步骤（3）得到的 h_{t_i} 分别代入式（3-10）～式（3-14），获得该患者所需的三维 I/O 曲线。

（5）根据步骤（2）得到的当前帧声压级 in_{SPL_i} 及步骤（4）得到的患者所需 I/O 曲线，可得患者期望的输出声压级 out_{SPL_i}。然后，根据患者当前所在第 i 通道的实时输入声压级，计算得到患者所需的增益值 i_{g_i}：

$$i_{g_i} = out_{SPL_i} - in_{SPL_i}$$ （3-17）

将上述 dB 域的增益值转换成非 dB 域的增益值 r_{g_i}：

$$r_{g_i} = 10^{i_{g_i}/20}$$ （3-18）

（6）根据步骤（5）得到的 r_{g_i} 及当前帧信号 $x_i(n)$ 计算第 i 通道当前帧经过补偿后的最终输出语音信号 $y_i(n)$。

$$y_i(n) = r_{g_i} x_i(n)$$ （3-19）

3.5 实验与结果分析

3.5.1 实验设置

测试信号来自专业测听软件 OTOsuite，包括中文和英文样本。英文样本包括 AB（Arthur Boothroy）词表、BKB（Bamford-Kowal-Bench）句子[28]及 IHR（International Health Regulations）句子[29]，中文样本[30]包括单音节词、双音节词和句子。

8 名成人听损患者包含女性 2 人和男性 6 人，平均年龄 52.4 岁（标准差

16 岁）。听力测量采用丹麦国际听力 AD226 型听力计，在气导和自由声场情况下，11 个标准频率（0.125～8kHz），骨导 0.25～6kHz，误差小于±1%。图 3-15 所示为测试的 8 名听损患者经过纯音测试后得到的平均听力图。其中，轻度听损 2 人，中度听损 2 人，中重度听损 3 人，重度听损 1 人。

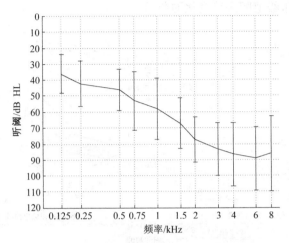

图 3-15　听损患者的平均听觉门限和标准差

为了体现滤波器性能，实验比较了非均匀余弦调制滤波器组、均匀余弦调制滤波器组及 Gammatone 滤波器组[31]三种滤波器。其中，n 阶伽马通滤波器的时域为

$$g(t) = t^{n-1}\mathrm{e}^{-2\pi bt}\cos(2\pi ft + \phi), \quad t \geqslant 0 \qquad (3\text{-}20)$$

式中，ϕ 为相位；b 为带宽；n 为滤波器阶数；f 为中心频率。

仿真实验选择 $n=4$，因为此时伽马通滤波器的幅度特征与人耳听觉滤波器形状更匹配[31]。本次实验利用线性迭代的方法设计余弦调制滤波器组的低通原型滤波器，并采用标准的 Parks-McClellan 算法对低通原型滤波器进行初始化。低通原型滤波器输入参数设置如下：滤波器长度因子 $m=8$，频率离散因子为 10，迭代截止参数为 1×10^{-8}，阻带衰减因子为 1×10^{5}，滤波器平滑参数为 0.25，滤波器长度 $N=32m$。

3.5.2　输入输出曲线分析

首先以图 3-13 所示的听力图为例，比较 3 段补偿算法和多段补偿算法的效果。测试语音采用 BKB 测听词表的"bkbf0101.wav"。传统 3 段补偿算法和提出的 5 段补偿算法生成的输入输出曲线对比如图 3-16 所示。图 3-16（a）和图 3-16（b）为三维的多通道 I/O 曲线，其 X 轴与 Y 轴分别为频率和输入声压级，Z 轴为输出声压级。图 3-16（c）为在表 3-2 所示的通道 4 所在频率区间的输入输出曲线；图 3-16（d）是在输入声压级为 45dB SPL 的情况下，患者期望的输出声压级值随频率变化的曲线。

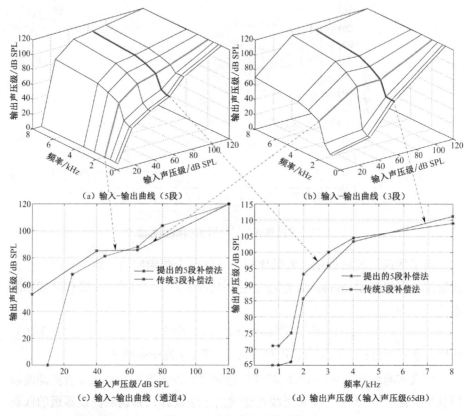

图 3-16　输入输出曲线对比

对比图 3-16（a）和图 3-16（b），图 3-16（a）所示的曲线在输入声压级值轴上被分成了 5 段，且每段的曲线压缩比（该段直线斜率的倒数）均不一样，与图 3-16（b）所示的传统的低、中、高三段曲线相比，它更能根据患者的实际需求对每个声压级段进行有效的补偿。图 3-16（c）是两种方法的第 4 通道的输入输出曲线对比。由图 3-16（c）可知，传统的算法只有两个拐点，分别为 40dB SPL 和 65dB SPL。在 40dB SPL 之下，直接提供线性增益；而在两个拐点之间，也并没有针对大多数患者在某段声压级内的情况进行单独的处理，只是进行简单的压缩；对于超过 75dB SPL 的输入，也只是直接进行输出限幅。而本章算法则根据患者的实际需求对输入语音进行更加细致的补偿：0～25dB 段，为了减少可听见的、烦人的内部噪声，采用低声压增益扩展；25～45dB 段，为了增加轻声语音和远处来得更轻的声音的可听性，实现 WDRC；45～65dB 段，因为这些输入声级的可听性很好，所以增加压缩比，减少这些输入声音的增益；65～80dB 段，语音和噪声常混合在一起，为了以提高语音和噪声混合情况下的语音可听性，采用线性增益；超过 80dB 输入后，为了限制 MPO，压缩比显著地增加。图 3-16（d）是输出声压级值随频率变化的曲线。由图 3-16（d）可知，两种算法均满足"低频少补偿，高频多补偿"的补偿原则，总体补偿趋势是相似的。

3.5.3 响度补偿前后的语音对比

本节测试语音同样采用 BKB 测听词表的"bkbf0101.wav"。补偿算法同样采用传统的 3 段补偿算法与本章设计的 5 段补偿算法进行比较。补偿前后的语音波形和语谱图如图 3-17 所示。

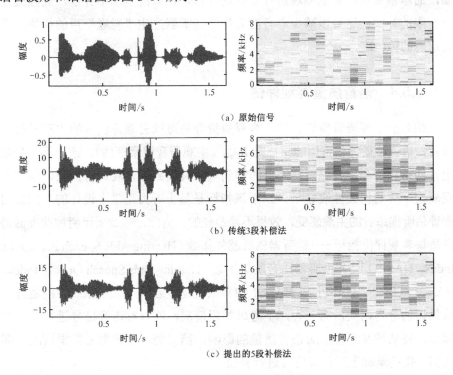

图 3-17 补偿前后信号波形及语谱对比

由信号的波形图可知，传统算法和本章算法的输出语音的振幅相对于原始语音均有了一定的提高，只是幅度略有差别。如图 3-17（c）可知，本章算法生成的信号幅度偏低的原因有两个：①在低声压情况下，为了降低麦克风和放大器等助听器内部组件的较大内部噪声，算法降低了 15dB SPL 以下的声音信号；②在高声压情况下，为了减少限幅的失真，调整了输出压缩率，进一步降低了输出的声压级。虽然信号幅度不同，但是两种算法补偿前后的语音包络基本相似，表明两种算法都补偿了感音神经性听力损失患者的听力损失。

此外，从语谱图中可以看出，原始语音能量主要集中在低频段（语谱图颜色深），高频段的语音能量较少（语谱图颜色浅），经过补偿后，中频段语音能量要明显比高频和低频段大。说明算法在语音所处的中频处补偿较多，符合感音神经性听力损失患者的语音补偿要求。对比两种算法可知，本章算法产生的语谱图色彩要略淡于传统算法，这与波形反映的情况类似。此外，传统算法对低声压级帧依旧按照"低频补偿少，高频补偿多"的原则进行补偿，而本章算法则对全频域进行较低的补偿，低频段基本不补偿，高频处进行有限的补偿，这可以减少患者对安静时助听器产生"咝咝"声的抱怨，提高患者的体验度。

3.5.4　语音质量客观评估

相对于主观语音质量评估，客观质量评估可以去除评估者的主观干扰。目前，语音质量评估常用的指标是 P_{ESQ}（主观语音质量评估）。该指标是窄带电话网络评价和语音编码解码器的端到端语音质量的客观评价方法，其与主观质量评估的相关性较好[32]。由于该指标是基于听力正常者设计的，因此用来评估听损患者的主观感受，效果不是最佳的。为此，本章采用两种助听器语音质量客观评价指标——助听器语音感知指数（Hearing Aids Speech Perception Index，HASPI）[33]和助听器语音质量指数（Hearing Aids Speech Quality Index，HASQI）[34~36]。HASPI 和 HASQI 的参数值越接近于 1 表示系统性能越好。质量评估分为两类：第一类，不考虑听损情况，即只对语音信号进行分解和综合，评估滤波组分解对语音质量的影响；第二类，考虑患者听损情况，即在第一类的基础上对语音信号进行补偿。

1. 不考虑听损情况

在不考虑患者听力的情况下，评估非均匀余弦调制滤波器组、均匀余弦调制滤波器组及 Gammatone 滤波器组[31]三种滤波器的分解与综合操作对语音质量的影响。评估指标包含 P_{ESQ}、HASPI 和 HASQI。三种滤波器的比较结果如表 3-4 所示。由表 3-4 可知，余弦调制滤波器组的 PESQ 值和 HASQI 明显高于传统 Gammatone 滤波器组，说明余弦调制滤波器组的分解和综合操作对语音影响较小；而三种滤波系统输出语音的 HASPI 都十分接近于 1，表明各输出语音的可懂度都比较好。

表 3-4　不考虑听损情况下的语音质量指标对比

参　数	Gammatone	均匀 CMFB	非均匀 CMFB
P_{ESQ}	2.704 6	4.499 9	4.500 0
HASPI	0.999 7	0.999 8	0.999 9
HASQI	0.484 1	0.901 4	0.916 2

2. 考虑患者听损情况

在考虑患者听力的情况下，对三种滤波器下的 3 段和 5 段补偿后的语音质量进行评估。6 位听损患者响度补偿后的平均语音质量指标对比如表 3-5 所示。

表 3-5　6 位听损患者响度补偿后的平均语音质量指标对比

方　法	患　者	HASPI	HASQI
3 段补偿	S1	0.33/0.85/0.85	0.365/0.823/0.81
	S2	0.366/0.86/0.84	0.232/0.797/0.8
	S3	0.365/0.72/0.72	0.335/0.769/0.77
	S4	0.329/0.73/0.7	0.21/0.79/0.81
	S5	0.333/0.74/0.74	0.262/0.885/0.88
	S6	0.371/0.81/0.98	0.236/0.757/0.77
5 段补偿	S1	0.423/0.75/0.96	0.371/0.895/0.91
	S2	0.471/0.75/0.94	0.338/0.842/0.9
	S3	0.439/0.76/0.82	0.327/0.848/0.87
	S4	0.428/0.74/0.8	0.311/0.899/0.86
	S5	0.422/0.73/0.84	0.372/0.879/0.92
	S6	0.453/0.78/0.97	0.333/0.832/0.87

注：表中的数值表示方法为 Gammatone/UCMFB（Uniform cosine modulated filter banks）/NCMFB（Non-uniform cosine modulated filter banks）。

对比表 3-4 和表 3-5 可知，两种参数指标都有所下降，但是余弦滤波器组的语音质量指标要明显优于 Gammatone 滤波器组。对比两种响度补偿方法可知，5 段补偿方法的 HASPI 的平均值为 0.689/0.752/0.888，3 段补偿方法的 HASPI 的平均值为 0.649/0.785/0.805。由此可知，除 UCMFB 滤波器外，其他两种滤波器的 HASPI 指标分别改善 0.04 和 0.083。而对于 HASQI 指标来说，相比于 3 段补偿方法，5 段补偿方法的指标分别改善 0.002/0.062/0.082。由此可知，在 5 段补偿方法下，虽然三种滤波器的性能指标都有所改善，但以 NCMFB 的性能改善最明显。此外，对比不同听损患者的指标可知，虽然各人的指标有所变化，但浮动不大，说明这两类性能指标比较稳定，可以进行语音质量对比。

3.5.5　主观言语辨识率测试

测试前对受试者讲解测试要领，使其了解言语测听的目的和测试方法。受试者的反应方式为口头复述测试项，并鼓励受试者即使没有听清楚也应大胆地猜测。具体的测试步骤如下：①确定受试者两耳各自的言语识别阈，或者计算两耳各自在 0.5kHz、1kHz、2kHz 和 4kHz 纯音听阈的平均值。②随机播放 1～2 张练习表，调整听力计的衰减器至受试者舒适的强度，让受试者熟悉测试要求。③每播放完一个测试项，测试者应认真聆听受试者的口头应答，与文字稿相对照，记录受试者的应答正误。测试项两两之间的静音间隔为 4s，受试者应答和测试者判断、记录均应在 4s 内完成。④要求受试者对每个测试项，都要给出应答。即使没听见或没听清，也要做出"听不清""没听见"之类的回答。⑤一张测试表播毕，计算受试者在此强度下的言语识别率，填写在结果记录单上。

听损患者的平均言语识别率与言语强度的关系如图 3-18 所示。从图 3-18 中可以看出，基于 5 段声压级分段的响度补偿方法相比于 3 段的响度补偿方法，听损患者在不同声压级情况下的言语识别率都有所改善，平均提高 4～7dB。图 3-18 中 50%言语识别率与 $P\text{-}I$ 曲线的交点对应的输入声压级为各测试对象的言语识别阈。言语识别阈（Speech Recognition Threshold，SRT），也称为言语接收阈，是受试者刚能听懂发送言语信号 50%时的给声强度。由图 3-18 可知，基于 5 段声压级分段的响度补偿方法的 SRT 为 42.5dB，相比于 3 段法，降低了 4.2dB。

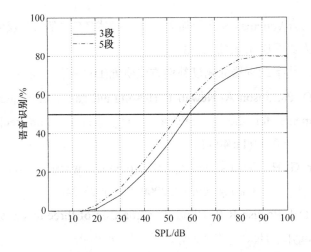

图 3-18　听损患者的平均言语识别率与言语强度的关系

3.6　本章小结

本章主要介绍了数字助听器响度补偿算法。首先，介绍了算法的研究背景和意义；其次，对比助听器声放大方案的特点；再次，以 WDRC 算法为主，重点介绍数字助听器信号压缩的特点、原理和实现方法等；最后，提出一种多段多通道响度补偿算法，并通过实验对比了算法的主客观性能。

参考文献

[1] Chong K S, Gwee B H, Chang J S. A 16-channel low-power nonuniform spaced filter bank core for digital hearing aids[J]. IEEE Transactions on Circuits and Systems Ⅱ: Express Briefs, 2006, 53(9): 853-857.

[2] Kalathil S, Elias E. Efficient design of non-uniform cosine modulated filter banks for digital hearing aids[J]. AEU-International Journal of Electronics and Communications, 2015, 69(9): 1314-1320.

[3] Schaub A. Dinital hearing aids[M]. New York: Thieme, 2008.

[4] Thcodorc H Venema. 实用助听器原理与技术[M]. 2 版. 张戎宝, 田岚, 译. 北京: 人民军医出版社, 2013.

[5] 夏岱岱. 数字助听器的响度补偿方法研究[D]. 南京：东南大学，2015.

[6] Byrne D, Parkinson A, Newall P. Hearing aid gain and frequency response requirements for the severely/profoundly hearing impaired[J]. Ear and Hearing, 1990, 11(1): 40-49.

[7] Mueller G H. What's the digital difference when it comes to patient benefit?[J]. The Hearing Journal, 2000, 53(3): 23-24.

[8] Schum D J, Pogash R R. Blinded comparison of three levels of hearing aid technology[J]. Hearing Review, 2003, 10(1): 40-43.

[9] Keidser G, Grant F. The preferred number of channels (one, two, or four) in NAL-NL1 prescribed wide dynamic range compression (WDRC) devices[J]. Ear and Hearing, 2001, 22(6): 516-527.

[10] Byrne D, Dillon H, Ching T, et al. NAL-NL1 procedure for fitting nonlinear hearing aids: Characteristics and comparisons with other procedures[J]. Journal-American Academy of Audiology, 2001, 12(1): 37-51.

[11] Cornelisse L, Seewald R, Jamieson D. Fitting wide-dynamic-range compression hearing aids: The DSL [i/o] approach[J]. Hearing Journal, 1994, 47: 23-23.

[12] Dillon H. Hearing aids[M]. New York Thieme Medical Publishers, 2001.

[13] Keidser G, Grant F. Loudness normalization or speech intelligibility maximization? Differences in clinical goals, issues, and preferences[J]. Hearing Review, 2003, 10(1): 14-25.

[14] Hansen M. Effects of multi-channel compression time constants on subjectively perceived sound quality and speech intelligibility[J]. Ear and Hearing, 2002, 23(4): 369-380.

[15] Bentler R A, Duve M R. Comparison of hearing aids over the 20th century[J]. Ear and Hearing, 2000, 21(6): 625-639.

[16] Marriage J E, Moore B C. New speech tests reveal benefit of widedynamic-range, fast-acting compression for consonant discrimination in children with moderate-to-profound hearing loss[J]. International Journal of Audiology, 2003, 42(7): 418-425.

[17] 邹采荣, 梁瑞宇, 王青云. 数字助听器信号处理关键技术[M]. 北京: 科学出版社, 2016.

[18] Agnew J, Thornton J M. Just noticeable and objectionable group delays in digital hearing aids[J]. Journal-American Academy of Audiology, 2000, 11(6): 330-336.

[19] Dillon H, Keidser G, O'Brien A, et al. Sound quality comparisons of advanced hearing aids[J]. The Hearing Journal, 2003, 56(4): 30-32.

[20] Jenstad L M, Seewald R C, Cornelisse L E, et al. Comparison of linear gain and wide dynamic range compression hearing aid circuits: Aided speech perception measures[J]. Ear and Hearing, 1999, 20(2): 117-126.

[21] Edwards B. Application of psychoacoustics to audio signal processing[C]// 35th Asilomar Conference on Signals, Systems and Computers, Pacific Grove, CA, United States, 2001: 814-818.

[22] Smith L Z, Levitt H. Improving speech recognition in children: New hopes with digital hearing aids[J]. The Hearing Journal, 2000, 53(3): 72-74.

[23] Boothroyd A, Mulhearn B, Gong J, et al. Effects of spectral smearing on phoneme and word recognition[J]. The Journal of the Acoustical Society of America, 1996, 100(3): 1807-1818.

[24] Nielsen L S, Sparso J. Designing asynchronous circuits for low power: An IFIR filter bank for a digital hearing aid[J]. Proceedings of the IEEE, 1999, 87(2): 268-281.

[25] McClellan J H. A personal history of the Parks-McClellan algorithm[J]. IEEE Signal Processing Magazine, 2005, 22(2): 82-86.

[26] Lee J J, Lee B G. A design of nonuniform cosine modulated filter banks[J]. IEEE Transactions on Circuits and Systems Ⅱ: Analog and Digital Signal Processing, 1995, 42(11): 732-737.

[27] Kalathil S, Elias E. Non-uniform cosine modulated filter banks using meta-heuristic algorithms in CSD space[J]. Journal of Advanced Research, 2015, 6(6): 839-849.

[28] Bench J, Kowal A, Barnford J M. The BKB (Bamford-Kowal-Bench) sentence lists for partially-hearing children[J]. British Journal of Audiology,

1979, 13: 108-112.

[29] Macleod A, Summerfield Q. A procedure for measuring auditory and audiovisual speech-reception thresholds for sentences in noise: Rationale, evaluation, and recommendations for use[J]. British Journal of Audiology, 1990, 24(1): 29-43.

[30] Xin X. The history and present state of speech audiometry[J]. Chinese Scientific Journal of Hearing and Speech Rehabilitation, 2005(1): 20-24.

[31] Wrigley S N, Brown G J. A computational model of auditory selective attention[J]. IEEE Transactions on Neural Networks, 2004, 15(5): 1151-1163.

[32] Cristobal E, Flavian C, Guinaliu M. Perceived e-service quality (PeSQ): Measurement validation and effects on consumer satisfaction and web site loyalty[J]. Managing Service Quality, 2007, 17(3): 317-340.

[33] Kates J M, Arehart K H. The hearing-aid speech perception index (HASPI)[J]. Speech Communication, 2014, 65: 75-93.

[34] Kates J M, Arehart K H. The hearing-aid speech quality index (HASQI)[J]. Journal of the Audio Engineering Society, 2010, 58(5): 363-381.

[35] Kressner A A, Anderson D V, Rozell C J. Evaluating the generalization of the hearing aid speech quality index (HASQI)[J]. IEEE Transactions on Audio, Speech, and Language Processing, 2013, 21(2): 407-415.

[36] Kates J M, Arehart K H. The hearing-aid speech quality index (HASQI) version 2[J]. Journal of the Audio Engineering Society, 2014, 62(3): 99-117.

第 4 章

助听器增强算法

● ● ● ● ● ● ● ●

4.1 引言

随着人工智能的发展，基于语音信号的人机交互技术逐步成为研究热点。在人机交互过程中，语音不可避免地受到各种环境的影响，或引入各种各样的干扰信息。环境噪声的复杂性，以及噪声与语音之间可能存在的强相关性，都使在噪声环境下提高听损患者的语音理解度存在很多挑战。目前，语音增强（Speech Enhancement）技术是改善人耳在噪声环境下的感知能力的主要手段之一，其主要出发点是从含噪的原始语音信号中尽可能地恢复纯净的输入语音，从而提高原始输入语音的质量，降低人耳的疲劳感，进而提高语言可懂度。

在减少背景噪声的同时，常规算法也会使语音发生不同程度的失真。因此，语音的失真和残留噪声抑制始终是一对矛盾，需要根据不同场景选择一种折中的方案。此外，在实现算法移植时，处理器的运算性能和算法本身的计算量的匹配程度也是一个重要因素。对移动电话、音频会议系统、助听器等这类低功耗及实时性要求高的设备，在保证语音降噪性能的同时，还期望算法的计算复杂度较低。

语音降噪算法主要是利用语音信号和噪声的统计特性，在含噪的语音信号中估计出纯净语音信号。但是，在单麦克风采集信号的情况下，改善理解度是非常困难的。当信噪比较低时，滤波器能降低任何频带的增益。除了噪声集中在某些窄带的情况下，这种降低增益提高信噪比的方法并不能提高语音理解度。本质上，如果助听器只有一个麦克风，当语音和噪声同时发生且频率范围相同时，还没有非常有效的方法能将它们分离，因此语音降噪算法的研究工作具有很大的挑战性。大量学者针对如何从交叠的含噪信号中提取目标语音的问题进行了深入的研究，也提出了很多有效的方案，包括谱减法及其改进算法[1, 2]、统计模型法、子空间法[3]和神经网络[4~6]四个分支。

维纳滤波在每个频率处的增益由该处的信噪比决定，增益等于信号能量除以信号能量与噪声能量之和。从数学角度来看，维纳滤波的原理是使滤波器输出波形尽可能与输入信号相似。但是，当存在背景噪声时，信号能量很难获得。此时，已知的只是麦克风采集到的信号，即信号加噪声的瞬时能量。而谱减法通过从含噪信号谱中减去噪声谱的方法实现语音增强。算法的最大问题是确定噪声谱，因为麦克风拾取的是语音和噪声的叠加信号。一个解决方法是像维纳滤波算法一样，利用一些前导帧的噪声谱平均值来取代当前噪声谱。如果当前帧只是噪声时，测量会更有效。因此，谱减法需要语音/非语音检测器。处理时，只有含噪语音谱被修正。由于目前没有有效的方法来评估纯净语音的相位，因此进行反傅里叶变换时通常使用含噪信号的相位谱，这显然会影响语音质量。

虽然谱减法和维纳滤波法看起来有差别，但是它们对噪声信号有相同的影响。这两种方法都是降低信噪比最差频带的增益，而当噪声较少时，保持信号不变。谱减法和维纳滤波法最大的问题是噪声谱的估计是基于前几秒的噪声统计量。像语音一样，背景噪声的特性也可能在短时间内改变。在这种情况下，所有类型的降噪算法都试图去除不再存在的噪声，而对新的噪声一无所知。因此，这两类原始算法适用于稳定噪声（静态噪声）的情况，而对竞争性说话人噪声的影响作用不大。在未来的研究中，应该将降噪算法与多麦克风增强算法相结合。

本章主要介绍了助听器降噪的基本原理和相关算法。首先，概述了常用的助听器降噪处理的策略、基本原理及存在的问题[7]；其次，介绍了语音增强的相关知识和经典的语音增强算法，并且从算法的实用性角度出发，提出一种改进的多通道增强算法[8]，并详细介绍了算法的原理及实现步骤；再次，通过主客观实验对所提算法进行了验证和总结；最后，简单介绍了助听器风噪声抑制算法。

4.2　助听器增强算法概述

增强算法的终极目标是提高聆听的舒适度和语音的可懂度[9]，这些算法各有特点。应用于助听器的增强算法最常见的是谱减法[10]，谱减法实际上是一种从含噪语音频谱中去掉噪声谱的算法[11, 12]。谱减法的最终目标是尽可能多地去掉噪声，同时保留大部分语音信息[13]。因此，算法的性能主要受限于噪声谱的谱宽及噪声谱与语音谱交叠程度。如果噪声谱非常窄或者存在于几个很窄的频带中，那么从含噪语音频谱中减掉该噪声谱就不会去掉过多的语音频谱。但是，如果噪声谱和语音谱的混叠比较严重，谱减法必然会削弱甚至消除某些语音的频谱。例如，对于频谱比较宽的噪声（如机器运转的噪声或咖啡厅的背景噪声）来说，谱减法肯定会去掉部分有用的语音频谱，从而丢失部分语音信息。对于听损患者来说，这是不能接受的。

从提升理解度的角度来说，谱增强法也是一种降噪方法。谱增强法的原理是有意地增强含噪语音谱中的峰值和谷值的强度，从而使语音更容易被识别。语音谱中的峰值包含大量的语言信息，而含噪语音峰值之间的"谷地"则充满着噪声。因此，对于含噪语音来说，语音谱的峰值不太凸显。患有感音性神经性耳聋患者要识别这样的峰值非常困难，因为有声调的低频元音的谐振峰比轻的无声调法的高频清辅音噪声要强，所以与高频清辅音相比，算法更容易增强元音的谱峰谷比值。患有感音性神经性耳聋的患者感知高频语音比低频语音往往更困难。

助听器制造商都有自己专有的降噪算法。高性能的助听器往往有几种类型的降噪算法，这些算法有不同的信号检测方法、判决规则和时间常数。各种算法都是利用输入信号的调制率等特征检测语音信号是否存在，并估计传声器输出的信噪比。应用于数字助听器的降噪算法常常通过调制幅度检测法或调制频率检测法（较少应用）鉴别每个频带或频道中语音和噪声的存在性，然后采取降低噪声主导频带或频道增益的方法改善信噪比。当语音被埋没在噪声中时，调制幅度的深度会减小，此时判断就会非常困难。为了防止语音丢失过多的可听性，在大多数数字助听器中，如果某些频道仅有语音存在，或者语音和次要噪声同时存在，那么这些频道都获得相同的增益[14]。当调制幅度越来越小时，相应频道获得的增益也会越来越少。

在仅噪声被检测到的频道中，降噪算法需要花费 2~20s（取决于具体的数字助听器的制造厂家和型号）的时间来最大限度上减少频带或频道中的增益（5~20dB），而返回到原来增益所需时间为 5ms 到几秒。根据应用的调制率类型不同，降噪算法可以分为两类：检测语音缓慢调制的多通道自适应降噪算法和检测语音联合调制的同步检测降噪算法。

虽然早期降噪算法取得了一定效果，但是仍然存在一些问题需要改善[15]：

- 降噪效果与患者的期望很难匹配。传统的研究工作都是针对宽带噪声进行的，这并不是日常听力环境中存在的典型噪声。因此，环境的差异必然导致性能的差异，从而使期望过高的用户产生不满或失望。
- 信噪比的提高并不意味着降噪有更好的音质或语音理解度。
- 对音乐的判断不够准确，所以通常建议用户在听音乐时停用降噪算法。
- 在检查助听器的电声特性或进行真耳测量时，降噪算法可能会把一些传统的测试信号如纯音或复合噪声过滤掉；但是，关闭降噪算法进行测试又不是最合理的方法，因此最有效的方法是选择一个不被降噪算法认为是噪声的测试信号。

4.3 语音增强相关知识

4.3.1 人耳听觉感知特性

语音质量的好坏最终还需要人来评价，研究人耳的听觉感知特性有助于设计更有效的算法模型。研究发现，语音可以通过响度、音调和音色三个特性评价。响度是人耳对外界语音感受到的强弱；音调反映的是人的听觉感受对不同频率信号的感知差异；音色是声音特有的属性，不同的说话人的音色是不同的，因此可以通过音色来区分不同的音源设备。

有利于改善语音增强技术的一些听觉特性研究包括：

- 人耳对语音的幅度最为敏感，而对相位信息的失真基本察觉不到，因此早期的很多研究集中在对纯净音的幅度谱进行估计。
- 人耳听觉系统对不同频率信号的感知是不同的，例如，人耳需要很大的声压级才能感受到低频信号。
- 人耳具有掩蔽特性，在弱信号和强信号混合的场景下，人耳常常只会关注强信号，而较弱的那个信号被忽视了。算法可利用这一效应来修正最后的增强信号。
- 在多人说话环境下，人耳具有选择性注意性，即只关注来自某一个方向某一个的声音，而自然排除其他次要信号。

4.3.2　噪声特性

通常，干扰目标信号的其他信号都可以称为噪声，如话语声、工厂的机器声、街道的鸣笛声等。噪声在日常生活中是普遍存在的，常见的噪声包括白噪声、粉红噪声、发动机噪声和嘈杂的语音背景噪声。其中，白噪声之所以称作"白"是借鉴光学的白光的定义，其功率谱密度在整个频域上是一个恒定的常数。粉红噪声的特点是其低频部分的能量最大，并随着频率的提高能量不断下降。背景嘈杂的说话人声的处理是最困难的，因为期望的语音信号和背景的语音噪声的发音特性相似，难以区分，这是语音降噪领域的一个难点。针对该问题，阵列信号增强和盲源分离技术成为解决方法之一。从噪声和目标语音的关系上看，分为加性和乘性两种。在实际处理时，为了统一模型，通常会将乘性过程通过特定变换转换成加性过程。

4.3.3　语音质量评价

不管什么算法或技术都需要一些评价指标来标注其性能。语音增强算法的评价指标主要分主观测听评价和客观指标评价两大类。主观测听评价是让测听人员在静音室内比较处理前后的语音，再按照统一的评价标准评分；客观指标评价方法则是基于语音的高阶统计参数（高阶累积量、高阶谱等）特征向量建立数学模型，并将特征向量映射到主观评价指标上去。

1. 主观评价

平均意见得分法（Mean Opinion Score，MOS）是最常用的主观评价指标，该方法是由国际电信联盟推荐的方法。评价者采用 5 分制对增强后的语音进行评价，评价标准如表 4-1 所示。其中，5 分表示增强后的语音质量"非常好"，1 分表示该语音质量"不满意"。每个测听人员在评价完一组测试语音后，从评价等级中给出一个主观测试分数。因为每个测试者的主观感受不可能完全相同，因此少数测试者的 MOS 分一般都有波动。为了减小这种误差，参加测听的人员一般至少 40 人左右，可平均分为 4 组进行测听。此外，所测试的语音样本数量也需要尽量多，但是测试环境应尽量相同。

表 4-1 评价标准

MOS 判分	质量级别	失真级别	收听注意力级别
5	优	不察觉	可完全放松，不需要注意力
4	良	刚察觉	需要注意力，但是不需集中注意力
3	中	有察觉且稍觉可恶	中等程度的注意力
2	差	明显察觉且感觉可恶，可以忍受	需要集中注意力
1	坏	不可忍受	即使努力去听也难听懂

2. 客观评价

因为主观评价耗时、成本高，且易受人的主观情绪影响，因此客观评价的使用也很广泛。客观评价的出发点是期望找到一个能与主观评价吻合的计算指标，但这是非常困难的。目前，常用的一些客观指标包括信噪比、对数谱距离和主观语音质量评估。

1）信噪比（SNR）

信噪比是衡量语音增强性能最常用的指标，其计算公式为：

$$SNR = 10 \lg \left\{ \frac{\sum_{n=0}^{M} s^2(n)}{\sum_{n=0}^{M} [s(n) - \tilde{s}(n)]^2} \right\} \tag{4-1}$$

式中，$s(n)$ 为纯净语音；$\tilde{s}(n)$ 为增强后的语音信号；M 为语音的帧数。

2）分段信噪比（segSNR）

经典形式的信噪比同等对待时域波形中的所有误差，不能很好地反映语音质量的属性。由于语音信号的时变特性，不同时间段上的信噪比应该是不一样的。相比于信噪比，分段信噪比的表示更合理，其定义如下：

$$\text{segSNR} = \frac{1}{M} \sum_{k=0}^{M-1} 10 \lg \left[\sum_{i=m_k}^{m_k+N-1} \frac{s^2(i)}{s^2(i) - \hat{s}^2(i)} \right] \tag{4-2}$$

式中，M 为语音的帧数；N 为语音帧长度；m_k 为语音帧的起始点。

从式（4-2）可以看出，分段信噪比先计算每帧的信噪比，再对所有帧的信噪比取平均。为了减小没有语音的帧和信噪比过高的帧对信噪比带来的影响，一般设置两个门限值，如高低门限分别设为 35dB 和 0dB，不在此范围内的信噪比都置为门限值。

3）加权谱斜率测度（WSS）

WSS 使用 36 个临界频带滤波器来计算，反映纯净语音和处理后语音的频带谱斜率间的加权差距。WSS 距离越小，表示两者之间的差距越小，语音质量越好。

令 $S_x(k)$、$\overline{S}_x(k)$ 分别表示纯净语音和处理后语音的谱斜率：

$$\begin{cases} S_x(k) = C_x(k+1) - C_x(k) \\ \overline{S}_x(k) = \overline{C}_x(k+1) - \overline{C}_x(k) \end{cases} \tag{4-3}$$

式中，$C_x(k)$ 和 $\overline{C}_x(k)$ 分别为纯净语音和处理后语音的第 k 个临界频带谱。

令 $W(k)$ 表示权重，其定义为：

$$W(k) = \frac{K_{\max}}{K_{\max} + C_{\max} - C_x(k)} \cdot \frac{K_{\text{loc}\max}}{K_{\text{loc}\max} + C_{\text{loc}\max} - C_x(k)} \tag{4-4}$$

式中，$C_{\max}$ 为所有频带中最大的对数谱幅度；$C_{\text{loc}\max}$ 为最靠近第 k 个频带的峰值；$K_{\max}$ 和 $K_{\text{loc}\max}$ 为常数，用来使主观测试和客观指标有最大的相关性，根据经验分别取值为 20 和 1。

最后，WSS 距离的计算公式如下：

$$d_{\text{WSS}}(C_x, \overline{C}_x) = \sum_{k=1}^{36} W(k) \cdot \left[S_x(k) - \overline{S}_x(k) \right]^2 \tag{4-5}$$

4）对数谱距离（L_{SD}）

L_{SD} 反映的是语音失真情况，一般 L_{SD} 下降值越大，代表对数谱失真越小，即算法对语音的损伤度越小，其计算公式为：

$$L_{\text{SD}} = \frac{1}{J} \sum_{l=0}^{J-1} \left\{ \frac{1}{N/2+1} \sum_{k=0}^{N/2} \left[10 \lg X(k,l) - 10 \lg \hat{X}(k,l) \right]^2 \right\}^{\frac{1}{2}} \tag{4-6}$$

式中，$X(k,l)$ 为原始语音信号；$\hat{X}(k,l)$ 为估计语音信号。

5）感知语音质量评价

感知语音质量评价（Perceptual Evaluation of Speech Quality，PESQ）源于 ITU-T P.862 协议，是语音质量的客观评价方法。该方法考虑了众多的因素，如时间延迟、网络传输和人耳听觉感知特性，具有很高的可信度。它能从总体上反映语音质量，与主观评价具有较高的相关度。计算流程为：首先将参考信号和失真信号调整到标准电平，再通过一个滤波器模拟电话听筒，然后将两者的起始时间对齐，从而计算两者的差值（干扰度），最后将干扰信号通过人耳认知模型，获得 P_{ESQ} 指标。P_{ESQ} 值越大，表明算法处理后的语音质量越好。P_{ESQ} 的计算公式如下：

$$P_{ESQ} = 4.54.5 - 0.1d_{SYM} - 0.030\,9d_{ASYM} \tag{4-7}$$

式中，d_{SYM} 为平均对称干扰度；d_{ASYM} 为平均非对称干扰度；P_{ESQ} 为两者的线性组合。

4.4　经典语音增强算法

4.4.1　基本谱减法

谱减法是较早的语音增强算法之一。算法的研究基础是假设噪声为加性噪声，且是平稳的、非突发噪声。此外，因为人耳对相位失真并不敏感，所以基本谱减法并没有考虑相位对语音的影响。

假设 $y(n)$ 为含噪语音信号，由纯净语音 $s(n)$ 和噪声 $d(n)$ 叠加产生，即：

$$y(n) = s(n) + d(n) \tag{4-8}$$

两边进行快速傅里叶变换（FFT），可得：

$$Y(w) = S(w) + D(w) \tag{4-9}$$

$Y(w)$ 为含噪信号 $y(n)$ 的傅里叶变换形式，可表示为：

$$Y(w) = |Y(w)| e^{j\psi_y(w)} \tag{4-10}$$

式中，$|Y(w)|$ 为幅度谱；$\psi(w)$ 为相位谱。

因此，噪声谱也可以表示为：

$$D(w) = |D(w)|e^{j\psi_d(w)} \tag{4-11}$$

式中，$|D(w)|$ 为噪声的幅度谱；$\psi_d(w)$ 为噪声的相位谱。

但是，噪声谱 $D(w)$ 通常是未知的。由于噪声总是与语音混合叠加在一起，而且很难与语音信号分离，因此，常规处理是用静默段的噪声谱来近似估计语音帧的噪声谱。同时，因为人耳对语音的相位不敏感，所以噪声的相位谱可使用含噪语音的相位谱来替代。此时，估计的纯净语音为：

$$\tilde{X}(w) = [|Y(w)| - |\tilde{D}(w)|]e^{j\psi_y(w)} \tag{4-12}$$

式中，$|\tilde{D}(w)|$ 为由静默段估计的噪声谱；$\tilde{X}(w)$ 为增强后的语音信号谱。

实际增强后的时域信号由 $\tilde{X}(w)$ 通过傅里叶逆变换（IFFT）得到。

图 4-1 和图 4-2 所示分别为利用谱减法进行语音增强的时域波形和语谱图。经过基本谱减算法处理后，信号的信噪比由 10dB 提升到 18.39dB，信噪比改善了 8.39dB。但是，在语谱图的静默段上，基本谱减算法处理后还残留很大的音乐噪声。在语谱图中表现突然变化的谱峰和谱谷，这些突然变化的谱峰和谱谷在时域下就是不同音调的噪声，听起来就像是一阵一阵的音乐似的。

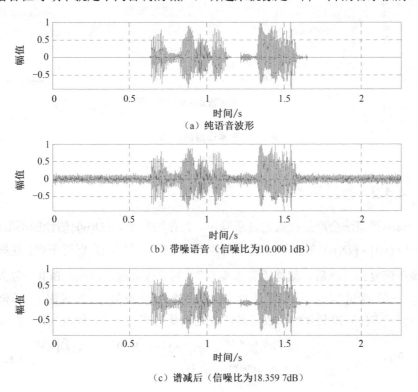

（a）纯语音波形

（b）带噪语音（信噪比为10.000 1dB）

（c）谱减后（信噪比为18.359 7dB）

图 4-1　时域波形

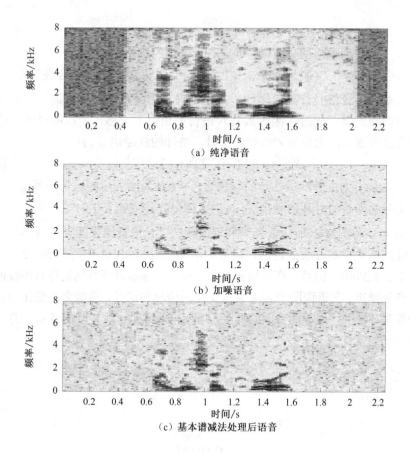

(a) 纯净语音

(b) 加噪语音

(c) 基本谱减法处理后语音

图 4-2　基本谱减法的语谱图

4.4.2　改进的谱减法

基本谱减法会产生扰人的音乐噪声，其原因在于，$|\tilde{D}(w)|$估计的不准确，导致$|Y(w)|-|\tilde{D}(w)|$的估计出现较大偏差，从而将残留噪声保留下来。这些残留噪声恢复到时域后，就是"音乐噪声"。为了改善这一问题，Boll[16]等人提出了一种改进算法，该算法对谱减法的幅值设置一个下限，不允许$|Y(w)|-|\tilde{D}(w)|$得到 0 或负数。具体改进就是将式（4-12）修改为：

$$\tilde{X}_i(w) = \begin{cases} [|Y_i(w)|-|\tilde{D}(w)|]\mathrm{e}^{\mathrm{j}\psi_y(w)}, & |Y_i(w)|-|\tilde{D}(w)| > \max|\tilde{D}(w)| \\ \min\limits_{j=i-1,i,i+1}|\tilde{X}_j(w)|\mathrm{e}^{\mathrm{j}\psi_y(w)}, & 其他 \end{cases} \qquad (4-13)$$

式中，$\tilde{X}_i(w)$为估计得到的第 i 帧语音；$|\tilde{D}(w)|$为估计的噪声谱。

其思想是通过活性检测判定当前帧是否为低能量帧，若是，则保留语音信号。只有当连续多帧信号为静默帧时，算法才更新噪声估计。该方法的缺点是需要使用后续的语音帧来进行估计，从而严重牺牲系统的实时性能。为此，Berouti 等人提出不需要后续语音帧来估计噪声谱的改进模型：

$$| \tilde{X}_i(w) |^2 = \begin{cases} | Y_i(w) |^2 - \alpha\, | \tilde{D}(w) |^2, & | Y_i(w) |^2 > (\alpha + \beta)\, | \tilde{D}(w) |^2 \\ \beta, | \tilde{D}(w) |^2 & \text{其他} \end{cases} \quad (4\text{-}14)$$

式中，α 为过减因子，其作用是减小宽带谱峰的幅值；β 为谱下限参数，其作用是填补可能出现的谱谷。

该算法能有效地减少音乐噪声，改进谱减法的时域波形和语谱图如图 4-3 和图 4-4 所示。经过改进的谱减算法后，静音段剩余下来的音乐噪声明显减少，信噪比提高了 3dB。

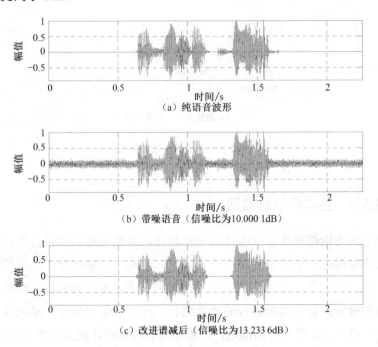

（a）纯语音波形

（b）带噪语音（信噪比为10.000 1dB）

（c）改进谱减后（信噪比为13.233 6dB）

图 4-3 改进谱减法的时域波形

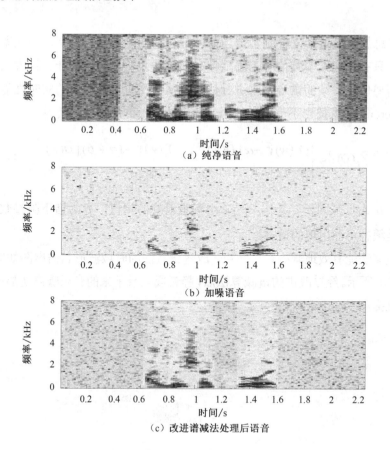

图 4-4　改进谱减法的语谱图

4.4.3　基本维纳滤波法

虽然采用谱减法进行降噪处理简单易行，具有很高的实用价值，但是噪声谱的不准确估计会残留明显的音乐噪声。为此，用基于统计模型的维纳滤波法[17]及其改进算法[18]替代谱减法。含噪语音通过维纳滤波器后能够最大限度地抑制噪声，得到原始语音的最佳估计。算法将输出信号和原纯净信号的最小均方值作为最佳估计的准则，即维纳滤波器在统计意义上说是最优的。

已知一个线性系统 $h(n)$，则：

$$\tilde{x}(n) = y(n)h(n) = \sum_{m=-\infty}^{m=+\infty} h(m)y(n-m) \tag{4-15}$$

定义估计的语音 $\tilde{x}(n)$ 与真实的语音 $s(n)$ 之间的误差为：

$$e(n) = \tilde{x}(n) - s(n) \qquad (4\text{-}16)$$

为了使估计出的 $\tilde{x}(n)$ 尽可能与目标信号 $s(n)$ 接近，求解 $e(n)$ 的最小均方误差为：

$$E[e(n)] = E\{[\tilde{x}(n) - s(n)]^2\} \qquad (4\text{-}17)$$

维纳滤波器的核心思想就是基于式（4-17）确定滤波器单位脉冲响应 $h(n)$，也就是求解一个维纳-霍夫方程。但是，在时域求解该方程十分复杂，通常是在频域上直接设计最佳滤波器。联合式（4-15）和式（4-17）可以求出 $h(n)$ 的频域表示为：

$$H(k) = \frac{P_{sy}(k)}{P_y(k)} \qquad (4\text{-}18)$$

式中，$P_{sy}(k)$ 为纯净音 $s(n)$ 和带噪语音 $y(n)$ 的互功率谱密度；$P_y(k)$ 为 $y(n)$ 的功率谱密度。

因为假设 $s(n)$ 与 $d(n)$ 互不相关，故有：

$$P_{sy}(k) = P_s(k) \qquad (4\text{-}19)$$

$$P_y(k) = P_s(k) + P_d(k) \qquad (4\text{-}20)$$

此时，$H(k)$ 可改写为：

$$H(k) = \frac{P_s(k)}{P_s(k) + P_d(k)} \qquad (4\text{-}21)$$

该式就是得到的维纳谱估计器。此时，第 k 个频点的语音估计值为：

$$\tilde{X}(k) = H(k)Y(k) \qquad (4\text{-}22)$$

由于语音信号一般为短时平稳信号，因此语音功率谱无法直接获得，只能用短时均值进行估计。此时，$H(k)$ 可表示为：

$$H(k) = \frac{E[|S(k)|^2]}{E[|S(k)|^2] + \lambda_d(k)} \qquad (4\text{-}23)$$

式中，$\lambda_d(k)$ 为第 k 个频点的噪声功率谱。

然后将 $H(k)$ 改写成先验信噪比 $\xi(k)$ 和后验信噪比 $\gamma(k)$ 的形式：

$$H(k) = \frac{\xi(k)}{1 + \xi(k)} \qquad (4\text{-}24)$$

$$H(k) = 1 - \frac{1}{1 - \gamma(k)} \qquad (4\text{-}25)$$

引入一个平滑因子 α，得到第 i 帧的先验信噪比估计表达式[19]：

$$\tilde{\xi}_i(k) = \alpha\xi_{i-1}(k) + (1-\alpha)[\gamma_i(k)-1] \qquad (4-26)$$

因此维纳滤波器的系统函数为：

$$H_i(k) = \frac{\tilde{\xi}_i(k)}{1+\tilde{\xi}_i(k)} \qquad (4-27)$$

估计的纯净语音为：

$$\tilde{X}_i(k) = Y_i(k)H_i(k) \qquad (4-28)$$

最后通过 IFFT 得到时域增强后的信号。基本维纳滤波法实现的频域语音增强算法流程如图 4-5 所示，波形和语谱图分别如图 4-6 和图 4-7 所示。

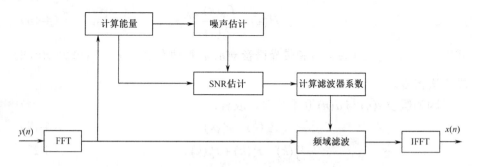

图 4-5　基本维纳滤波实现的频域语音增强算法流程

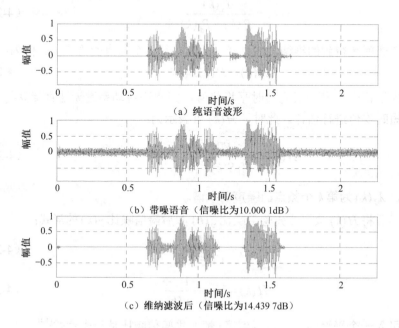

图 4-6　基本维纳滤波法时域波形

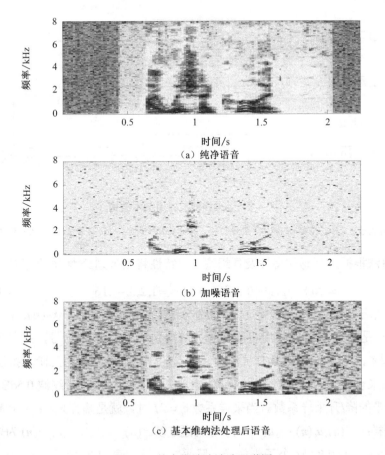

（a）纯净语音

（b）加噪语音

（c）基本维纳法处理后语音

图 4-7　基本维纳滤波法语谱图

4.4.4　子带维纳滤波法

为了进一步改善维纳滤波器的降噪性能，一般采用分析滤波器组将含噪信号分解为若干频带范围，在各个子带内执行维纳滤波算法，最后综合这些子带信号得到增强后的信号。算法框图如图 4-8 所示。其中根据频带划分方法的不同，可分为等宽[20]和非等宽[21]两种方法。因为人耳对不同频率的声音感受是不同的[22]，因此一般采用非等宽的频带划分方法能更好地模拟人耳耳蜗的听觉特性。另外，临界采样的滤波器组在阻带衰减这一性能上表现较差，故一般采用过采样滤波器组，过采样可根据不同需求进行灵活设计[23]。

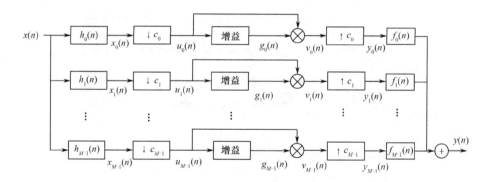

图 4-8　过采样滤波器组基本结构

M 为通道总数，在实际应用中一般为 12 个、16 个、20 个通道，如丹麦奥迪康的 Safari 系列

算法根据人耳感知特性及耳蜗滤波器特性将频带划分为 16 个子带：

$$i = 26.81\mathring{f_i}/(1\,960 + f_i) - 0.53,\ i = 1,2,3,\cdots,16 \tag{4-29}$$

计算各子带的上下边带频率，频带划分结果如表 4-2 所示。$x_0(n), x_1(n), \cdots,$ $x_{M-1}(n)$ 是经过 $h_i(n)$ 的作用将原信号分解得到的 M 个子带信号，并保持原始采样频率，$h_i(n)$ 同时也具有抗混叠滤波器的作用，算法采用三阶模拟切比雪夫 I 型来设计出六阶 IIR 分解滤波器 $h_i(n)(i = 0,1,\cdots,15)$，通带纹波 0.5dB。$c_i$ 为第 i 子带的降/升采样系数。当采样系数 $c_i = M$ 时，就是临界采样；$c_i < M$ 时，为过采样；$u_0(n), u_1(n), \cdots, u_{M-1}(n)$ 分别为通过以 $c_0(n)$，$c_1(n), \cdots, c_{M-1}(n)$ 为采样系数进行抽取得到的 M 个子带信号，降采样系数如表 4-3 所示；$g_0(n), g_1(n),$ $\cdots, g_{M-1}(n)$ 为各子带的增益量，分别与 $u_0(n), u_1(n), \cdots, u_{M-1}(n)$ 相乘得到经子带语音增强算法的输出信号 $v_0(n), v_1(n), \cdots, v_{M-1}(n)$；处理后的 $v_0(n), v_1(n), \cdots, v_{M-1}(n)$ 信号再经过采样系数 $c_0(n)$，$c_1(n), \cdots, c_{M-1}(n)$ 进行升采样。最终将各个子带信号综合，输出估计的纯净语音信号。

表 4-2　频带划分结果

子　带　数	1	2	3	4	5	6	7	8
上边带/Hz	1	90	187	312	437	625	875	1 125
下边带/Hz	90	187	312	437	625	875	1 125	1 375
子　带　数	9	10	11	12	13	14	15	16
上边带/Hz	1 375	1 625	1 875	2 250	2 750	3 250	3 750	5 500
下边带/Hz	1 625	1 875	2 250	2 750	3 250	3 750	5 500	7 999

表 4-3　降采样系数

子 带 数	1	2	3	4	5	6	7	8
降采样系数	10	10	8	8	6	6	6	6
子 带 数	9	10	11	12	13	14	15	16
降采样系数	6	6	4	3	3	3	2	2

时域波形和语谱图分别如图 4-9 和图 4-10 所示。

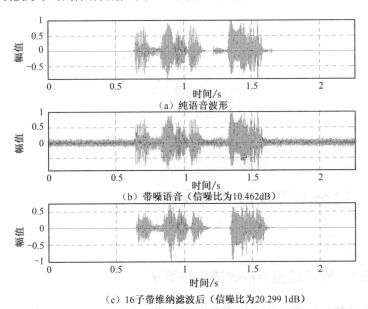

（a）纯语音波形

（b）带噪语音（信噪比为10.462dB）

（c）16 子带维纳滤波后（信噪比为20.299 1dB）

图 4-9　16 子带维纳滤波法时域波形

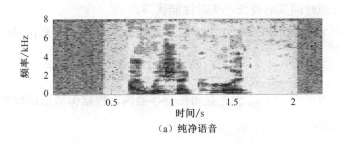

（a）纯净语音

图 4-10　子带维纳滤波法语谱图

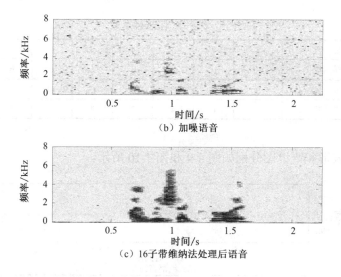

（b）加噪语音

（c）16子带维纳法处理后语音

图 4-10　子带维纳滤波法语谱图（续）

4.5　低复杂度算法设计与实现

4.5.1　噪声谱预存的改进谱减算法

谱减法的噪声谱更新模块需要消耗大量的计算量。因此，在一些低功耗实时性要求高的音频会议系统中，常常采用一种预先存储噪声谱的谱减算法。该算法的处理时间延迟较低，实时性能优异。

已知 $y(n)$ 为输入信号，分帧信号为 $y_i(n)$，帧长为 256 点，则：

$$Y_i(k) = \text{FFT}\{y_i(n)\}_{256} \tag{4-30}$$

通过将噪声谱 $D(k)_{256}$ 预先存储在寄存器内，根据谱减法原理则增强后的信号可表示为：

$$Y_i(k) - D(k) = Y_i(k)\left[1 - \frac{D(k)}{Y_i(k)}\right] \tag{4-31}$$

增加一个修正因子 $\gamma_i(k)$ 进行修正，即：

$$Y_i(k) - D(k) = Y_i(k)\left[1 - \gamma_i(k)\frac{D(k)}{Y_i(k)}\right] \qquad (4\text{-}32)$$

将其中的 $\left[1 - \gamma_i(k)\dfrac{D(k)}{Y_i(k)}\right]$ 看作一个衰减因子 $G_i(k)$，因此最后的输出信号为：

$$\tilde{X}_i(k) = Y_i(k)G_i(k) \qquad (4\text{-}33)$$

上述过程的实现框图如图 4-11 所示。

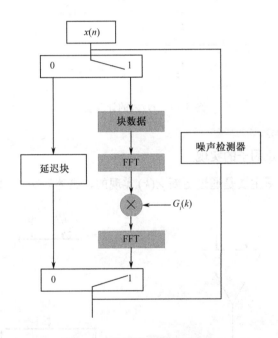

图 4-11　存储噪声谱的谱减法

在算法实现中，$G_i(k)$ 的更新是最核心的问题，下面从两个方面进行论述。

1. $G_i(k)$ 的实现

由上可知，$G_i(k) = 1 - \gamma_i(k)\dfrac{D(k)}{Y_i(k)}$，其计算过程如图 4-12 所示。其中，下限修正就是调整 $G_i(k)$ 的最小衰减量。

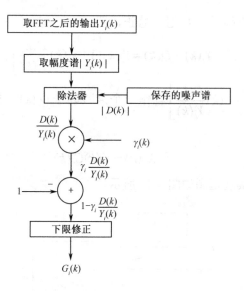

图 4-12 $G_i(k)$ 的计算流程

2. 更新修正因子的实现

$G_i(k)$ 的更新主要是通过更新 $\gamma_i(k)$ 实现的，具体如图 4-13 所示。

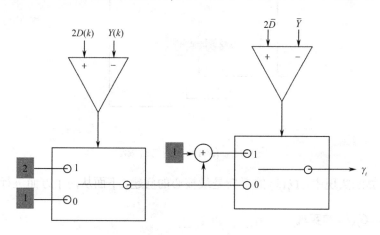

图 4-13 $\gamma_i(k)$ 的更新过程

一般的降噪算法 $\gamma_i(k)$ 取值为 1，即 $G_i(k)=1-\dfrac{D(k)}{Y_i(k)}$。如图 4-13 所示，从

左到右包含两个模块，图中的 1 和 2 代表具体数字。当信噪比非常低时，第一个模块用于比较输入信号幅度谱与 2 倍的噪声谱，若 $Y_i(k)<2D(k)$，说明该

频点信号非常弱（信号幅度小于噪声幅度 2 倍，即信号能量小于噪声能量的 6dB），此时 $\gamma_i(k)$ 变为 2，衰减加剧；第二个模块用于比较当前帧的能量与 2 倍的噪声谱平均能量，若 $\overline{Y}<2\overline{D}$，则 $\gamma_i(k)$ 增加 1，衰减加剧。综合表达如下式所示：

$$\gamma_i(k) = \begin{cases} 1, & Y_i(k) > 2D(k)且\overline{Y} > 2\overline{D} \\ 2, & Y_i(k) < 2D(k)且\overline{Y}_i > 2\overline{D}, \overline{Y}_i(k) > 2\overline{D}(k)且\overline{Y} < 2\overline{D} \\ 3, & Y_i(k) < 2D(k)且\overline{Y} < 2\overline{D} \end{cases} \quad (4\text{-}34)$$

4.5.2　基于子带增益的语音增强算法

无论是谱减法还是维纳滤波算法，都是基于频域进行处理的，整个过程的计算量主要消耗在傅里叶正反变换上。前面提到的降低计算量的方法是将噪声谱预先存储在芯片的存储设备中，需要时再进行调用，以减少噪声谱估计的计算量，但是其降噪性能会大幅度下降，而且总的计算量还是集中在傅里叶正反变换上，计算量略微下降但要牺牲抗噪声性能，因此，对于低功耗的数字助听器来说，常用时域的语音增强算法，其算法框图如图 4-14 所示。算法首先通过时域滤波器将输入信号进行分解，然后在每个子带计算信号增益；之后，将增益作用于子带信号之后，在输出端进行综合得到增强后的信号。

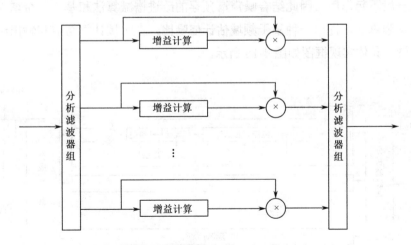

图 4-14　子带包络调制增益模型

子带增益的计算方法如图 4-15 所示。各子带信号首先转换到 dB 域，然后在 dB 域分别对信号和噪声的包络进行估计，根据估计出的语音和噪声包络值计算该时刻的信噪比，然后参考维纳滤波法的增益计算方法计算信号增益。其中，语音包络估计见式（4-35），噪声包络估计见式（4-36）。

$$V_s(n) = \alpha V_s(n-1) + (1-\alpha)V_y(n) \qquad (4-35)$$

$$V_n(n) = \alpha V_n(n-1) + (1-\alpha)V_s(n) \qquad (4-36)$$

式中，$V_s(n)$ 为信号包络；$V_n(n)$ 为噪声信号包络；$V_y(n)$ 为含噪信号包络；α 为参数因子。

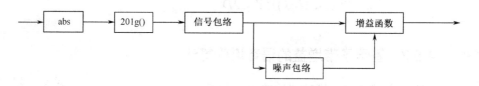

图 4-15 子带增益的计算方法

4.5.3 改进的子带信噪比估计算法

由于基于子带增益的算法仅仅依靠语音和噪声的包络来对信噪比进行估计，因此算法具有极低的计算复杂度，实时性能优异。如果信噪比估计错误就会导致语音信号忽强忽弱，而且当系统的输入信噪比较低时，包络的估计方法一般不起作用，因此结合噪声谱预存的改进谱减算法和基于子带增益的语音增强算法，提出一种基于频域估计信噪比，在时域计算增益和输出结果的方法。具体实现框图如图 4-16 所示。

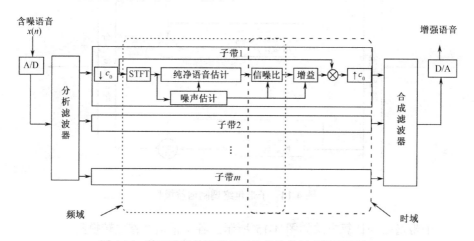

图 4-16 基于改进的子带信噪比估计的语音降噪算法

由于语音信号和噪声信号都随时间变化，从频域上看，在每个帧内语音和噪声的能量分布是不均衡的，因此需要实时估计信号的信噪比。研究提出一种改进的信噪比估计方法，利用相邻两帧含噪语音信号的自相关矩阵估计每个子带的信噪比。

1. 子带信噪比的估计

假设第 i 帧第 k 频率点的信号为：

$$y(i,n) = s(i,n) + d(i,n) \tag{4-37}$$

式中，$x(i,n)$ 为带噪语音信号；$s(i,n)$ 为原纯净语音；$n(i,n)$ 为噪声信号。

其傅里叶变换为：

$$Y(i,k) = S(i,k) + D(i,k) \tag{4-38}$$

定义第 k 频率点上的第 i 帧和第 $i-1$ 帧信号为相邻信号矢量 $\boldsymbol{Y}_{\text{adjoin}}(i,k)$，则：

$$\boldsymbol{Y}_{\text{adjoin}}(i,k) = \left\{ Y(i,k), Y(i-1,k) \right\}^{\text{T}}$$

计算相邻信号矢量的自相关矩阵：

$$\boldsymbol{R}(i,k) = E[\boldsymbol{Y}_{\text{adjoin}}(i,k)\boldsymbol{Y}_{\text{adjoin}}(i,k)^{\text{H}}] = \begin{bmatrix} E\left[Y^2(i,k)\right] & E\left[Y(i,k)Y(i-1,k)\right] \\ E\left[Y(i,k)Y(i-1,k)\right] & E\left[Y^2(i-1,k)\right] \end{bmatrix} \tag{4-39}$$

如果只用 $Y(i,k)$ 和 $Y(i-1,k)$ 来估计每个频点的相关矩阵，会产生较大估计误差。当信号经过分析滤波器得到 M 个子带后，可以根据每个子带包含 $L = N/M$ 个频谱来估计第 m 个子带相邻帧的相关矩阵 $\boldsymbol{R}(i,m)$：

$$\boldsymbol{R}(i,m) = \begin{bmatrix} E[Y^2(i,m)] & E[Y(i,m)Y(i-1,m)] \\ E[Y(i,m)Y(i-1,m)] & E[Y^2(i-1,m)] \end{bmatrix} \tag{4-40}$$

式中，$E[Y^2(i,m)]$ 和 $E[Y^2(i-1,m)]$ 分别为第 m 个子带中的第 i 帧和第 $i-1$ 帧的均方值，$E[Y(i,m)Y(i-1,m)]$ 表示第 i 帧和第 $i-1$ 帧的互相关函数。

假设任一帧的纯净语音信号 $s(t)$ 与任一帧的噪声信号统计无关，同时相邻帧的噪声也不相关，则式（4-40）中的各项可化简为：

$$E[Y^2(i,m)] = P(i,m) + \sigma^2(m) \tag{4-41}$$

$$E[Y^2(i-1,m)] = P(i-1,m) + \sigma^2(m) \tag{4-42}$$

式中，$P(i,m)$ 和 $P(i-1,m)$ 分别为第 m 个子带中第 i 帧和第 $i-1$ 帧的纯净音信号功率；$\sigma^2(m)$ 为第 m 个子带中的噪声能量。

$$E[Y(i,m)Y(i-1,m)] = E[S(i,m)S(i-1,m)] \tag{4-43}$$

将式（4-43）变形，可得：

$$E[Y(i,m)Y(i-1,m)] = E[\frac{S(i,m)}{S(i-1,m)}S^2(i-1,m)]$$

$$= \lambda(i-1,m)E[S^2(i-1,m)] \qquad (4-44)$$

$$= \lambda(i-1,m)P(i-1,m)$$

由式（4-44）可知：

$$\lambda(i-1,m) = S(i,m)/S(i-1,m) = (Y(i,m)-D(i,m))/(Y(i-1,m)-D(i-1,m))$$

$$(4-45)$$

假设噪声是平稳变化，$Y(i,m)$ 和 $D(i-1,m)$ 为静音时估计的噪声谱 $D_{silence}(m)$，则 $\boldsymbol{R}(i,m)$ 最终可以表示为：

$$\boldsymbol{R}(i,m) = \begin{bmatrix} P(i,m)+\sigma^2(m) & \lambda(i-1,m)P(i-1,m) \\ \lambda(i-1,m)P(i-1,m) & P(i-1,m)+\sigma^2(m) \end{bmatrix} \qquad (4-46)$$

利用每个子带内的 L 个频谱估计式（4-41）～式（4-43）中的 $E[Y^2(i,m)]$，$E[Y^2(i-1,m)]$，$E[Y(i-1,m)Y(i,m)]$：

$$E[Y^2(i,m)] = \frac{1}{L}\sum_{k=(m-1)L+1}^{mL} Y^2(i,k) \qquad (4-47)$$

$$E[Y^2(i-1,m)] = \frac{1}{L}\sum_{k=(m-1)L+1}^{mL} Y^2(i-1,k) \qquad (4-48)$$

$$E[Y(i,m)Y(i-1,m)] = \frac{1}{L}\sum_{k=(m-1)L+1}^{mL} Y(i,k)Y(i-1,k) \qquad (4-49)$$

代入式（4-41）～式（4-43）中，则 $P(i,m)$、$\sigma^2(m)$ 和 $P(i-1,m)$ 可唯一确定。则第 m 个子带第 i 帧的信噪比估计值为：

$$SNR(i,m) = 10\lg\frac{P(i,m)+P(i-1,m)}{2\sigma^2(m)} \qquad (4-50)$$

2. 增益函数的构造

如前所述，维纳滤波降噪模型的基本思路是通过设计一个统计意义上的最优滤波器 $H(w)$，使通过该滤波器后的输出能够达到均方误差期望最小，即 $\hat{S}(w)$ 为纯净语音 $S(w)$ 的最优估计。

$$\hat{S}(w) = H(w)X(w) \qquad (4-51)$$

式中，$H(w) = \dfrac{P_s(w)}{P_s(w)+P_d(w)}$；$P_s(w)$ 为纯净音功率谱密度；$P_d(w)$ 为噪声的功

率谱密度。

　　噪声估计一般采用基于先验信噪比和后验信噪比的噪声谱估计算法[17]，并通过引入平滑参数导出滤波器传递函数 $H(w)$。

　　维纳滤波法通过对含噪语音乘上一个增益函数或通过一个滤波器，将噪声衰减至患者舒适的声压级。为了实现对静信号或高信号噪声比的含噪信号不进行减噪或仅进行轻微减噪，算法对低信号噪声比的有噪信号提高减噪程度，将增益函数定义为：

$$g_{dB}(i,m) = \lambda_{im}(SNR)f\left[x_{dB}(n)\right] \qquad (4\text{-}52)$$

$$g(i,m) = 10^{2g_{dB}(i,m)} \qquad (4\text{-}53)$$

式中，$g_{dB}(i,m)$ 为第 m 子带中第 i 帧语音信号的增益（dB 域）；$g(i,m)$ 把 $g_{dB}(i,m)$ 变换到幅度域；$\lambda_{im}(SNR)$ 为第 m 子带中第 i 帧语音信号随 SNR 变化的衰减值，将 $\lambda_{im}(SNR)$ 限制在 $[-1,0]$ 中。

　　当 $\lambda_{im}(SNR)=0$ 时，转化到幅度域后增益量为 1，代表无衰减；$\lambda_{im}(SNR)$ 越接近 -1 时，对应幅度域的衰减值越大。虽然已有的助听器降噪算法利用衰减值函数 $\lambda_{im}(SNR)$ 与子带 SNR 的关系[24]进行降噪，但是在低信噪比下，背景噪声仍然残留过多，会导致用户听觉疲劳。为此，算法提出一种改进策略，在低信噪比段修正增益比例函数（见图 4-17），低信噪比段 $[0,B_0]$ 衰减曲线陡峭，目的是大幅度减弱低信噪比时的背景噪声。但是这一策略对于微弱的静信号是不利的，因此增益函数还应取决于环境噪声等级。如患者处于安静的室内时，若仅仅依靠信号噪声比计算增益会导致微弱静信号被大幅度衰减掉，为此引入最大噪声衰减函数 $f(N_{dB}(n))$ 来控制信号衰减幅度。这样在安静的环境下，$N_{dB}(n)$ 很低，设置最大衰减幅度 $f\left[N_{dB}(n)\right]=N_{dB}(n)$ 后，即使信号噪声比很低，也几乎不需进行衰减。

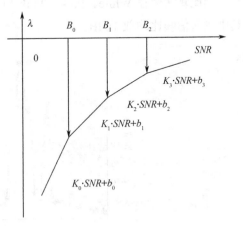

图 4-17　线性比例增益函数

4.6 实验仿真与分析

4.6.1 实验设置

为验证提出的算法性能，实验将改进的基于子带信噪比估计的算法与谱减法[16]、子带谱减法[25]、调制深度法[24]和维纳滤波算法进行比较。实验首先比较在不同噪声类型下提出的子带 SNR 估计算法性能，然后比较各算法的输出信噪比、对数谱距离 L_{SD} 和语音质量 P_{ESQ}。

实验所有纯净语音取自 TIMIT 语音数据库，采样率 16kHz。纯净噪声截取自 Noise-92 噪声库，噪声类型分别为 White、Pink、Tank 和 Speech Babble，输入信噪比取 0dB、5dB 和 10dB。

4.6.2 子带信噪比估计

将第 m 子带第 i 帧中的纯净语音信号幅值和真实噪声信号幅值转到 dB 域后分别取平均值，相减得到的值作为第 m 子带第 i 帧的信噪比真实值（actual value）。图 4-18 所示为采用提出的第 12 子带信噪比估计值（estimated value）与信噪比真实值在 White、Pink、Tank 和 Speech Babble 噪声下的比对结果，其中输入信噪比均取 10dB。

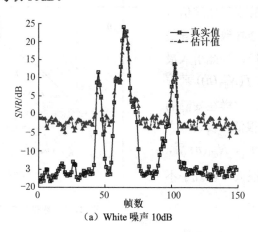

（a）White 噪声 10dB

图 4-18　各噪声环境下的子带 SNR 估计

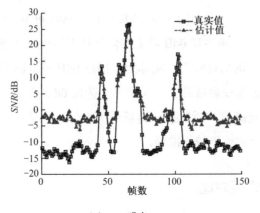

（b）Pink 噪声 10dB

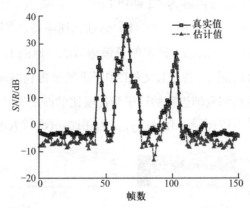

（c）Tank 噪声 10dB

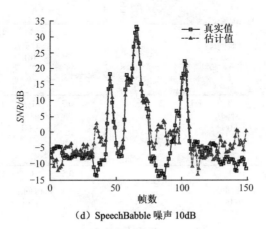

（d）SpeechBabble 噪声 10dB

图 4-18　各噪声环境下的子带 SNR 估计（续）

综合图 4-18 所示，提出的子带 SNR 估计方法针对 White、Pink、Tank 和 Speech Babble 的背景噪声在 0dB 以上的估计值能准确反映该子带的信噪比情况，但对 0dB 以下的估计较差。实际上，接近 0dB 或 0dB 以下的估计实际上是没有意义的，因为在后续的衰减模型中，接近 0dB 或 0dB 以下的含噪语音帧均获得最大的衰减值。所以提出的基于子带信噪比估计的算法能适用于多种噪声环境，估计的性能较为准确。

4.6.3 语谱图对比

图 4-19 所示的语音内容为"I wish I could"。输入信噪比设置为 10dB。图 4-19（a）～图 4-19（f）及 4-19（h）分别为纯净音、带噪语音、文献[16]提出的谱减法（SS）、文献[25]提出的子带谱减法（MSS）、传统维纳滤波法（WF）、16 子带维纳滤波法（IWF）、文献[24]提出的子带包络调制增益法（MFB）和本书提出的利用相邻两帧进行估计子带信噪比的改进谱减算法（PROF）所得到的语谱图。图 4-19(c) 与 (d)、(e)、(g) 试验相比，(c) 代表的非线性谱减算法

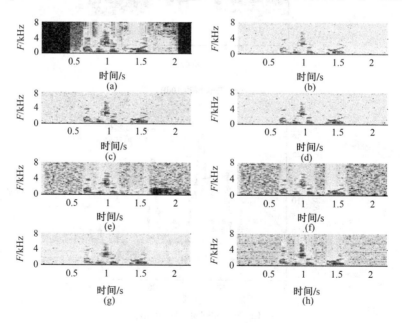

图 4-19 各算法语谱图比较

针对每个频点，导致频点上的信噪比变化较大，这种剧烈变化是导致传统谱减法中产生音乐噪声的原因之一；在图 4-19 (d)、(f)、(g)、(h) 采用的多带算法中，将语音频谱划分为若干个互不重叠的子带，谱减法在每个子带独立运行，能极大地去除音乐噪声，并保留语音成分；实验 (e) 显示基本维纳滤波的方法受限于语音活性检测（VAD）算法的效果，会导致将语音帧错判为噪声帧进行处理。另外，比较试验 (g) 与实验 (h) 的结果，本设计给出的算法在抑制背景噪声上比文献[24]中给出的算法更为优异，去噪性能有明显提升。

4.6.4 信噪比改善

图 4-20 直观给出了在不同信噪比（$SNR_{in} \in \{0dB, 5dB, 10dB\}$）下，各算法改善的输出信噪比对比。可以看出对于 White、Tank 和 Speech Babble 噪声类型，传统谱减法和子带谱减法在输出信噪比的改善性能上相近。文献[24]提出的方法针对 Speech Babble 噪声环境下改善信噪比的性能略优于基本谱减法和子带谱减法，但在其他三类噪声环境下，信噪比改善性能均低于基本谱减法和子带谱减法；而在 White 和 Pink 噪声环境下，优于基本维纳滤波法。基本维纳滤波的方法因受限于语音活性检测（VAD）而最差。研究所设计的方案在不同噪声类型不同噪声等级下，对噪声的抑制效果优于其他 4 种算法，与文献[24]相比，在 White 环境噪声下，输出信噪比平均得到 4.8dB 提升；在 Tank 噪声类型下，平均得到 6.4dB 提升；在 Pink 环境噪声下，平均得到 7.2dB 提升；在 Speech Babble 环境噪声下，平均得到 4.45dB 的提升。因此，提出算法在这 4 种噪声环境下的改善输出信噪比性能均明显优于文献[24]。

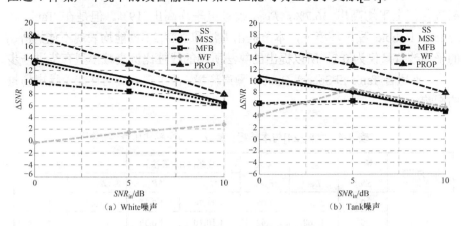

图 4-20 四种噪声场景下的输出信噪比对比

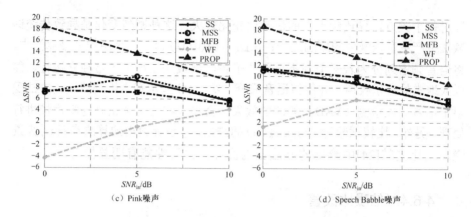

图 4-20　四种噪声场景下的输出信噪比对比（续）

4.6.5　语音质量感知评价

实验采用对数谱距离 L_{SD} 和客观语音感知质量 P_{ESQ} 作为客观测试指标。L_{SD} 反映的是语音失真情况，P_{ESQ} 从总体上反映语音质量。这两类指标与主观指标具有很高的相关度。一般 ΔL_{SD} 越大，表明语音失真度越小，算法对语音的损伤程度越小，而 ΔP_{ESQ} 越大，表明算法处理后的语音质量越好。

计算结果如表 4-4 所示。当输入信噪比分别为 0dB、5dB 和 10dB 时，比较文献[24]与本节提出的算法在不同噪声类型下的 L_{SD} 下降量和 P_{ESQ} 的提高量，可以发现本节提出的方法在 White 和 Pink 噪声环境下表现优异，L_{SD} 和 P_{ESQ} 的改善程度明显优于文献[24]，尤其是在 White 噪声环境下，在对数谱距离改善值上平均高出 36.7%，P_{ESQ} 改善值平均高出 19%。但是在 Tank 和 Speech Babble 噪声环境下，本节提出方法和文献[24]性能均表现不佳，P_{ESQ} 的平均改善量仅为 0.1，所以提出的算法所用的线性比例衰减模型有待进一步改进，不适合 Tank 和 Speech Babble 噪声环境，故主观感受的性能受噪声场景的影响。

表 4-4　文献[24]与本节提出算法的语音感知质量评价对比

噪 声 源	输入 SNR	输入 L_{SD}	输入 P_{ESQ}	文献[24]的算法		本节提出的算法	
				ΔL_{SD}	ΔP_{ESQ}	ΔL_{SD}	ΔP_{ESQ}
	0	20.24	1.05	↓11.74	↑0.31	↓16.44	↑0.65
White	5	15.68	1.42	↓10.10	↑0.39	↓12.30	↑0.66
	10	11.30	1.80	↓7.62	↑0.43	↓8.21	↑0.81

续表

噪声源	输入 SNR	输入 L_{SD}	输入 P_{ESQ}	文献[24]的算法		本节提出的算法	
				ΔL_{SD}	ΔP_{ESQ}	ΔL_{SD}	ΔP_{ESQ}
Pink	0	16.23	1.21	↓9.48	↑0.29	↓11.97	↑0.29
	5	11.94	1.62	↓7.12	↑0.27	↓8.26	↑0.49
	10	8.03	1.99	↓4.34	↑0.26	↓4.81	↑0.48
Tank	0	9.89	1.85	↓4.71	↑0.05	↓5.13	↑0.06
	5	6.97	2.15	↓2.67	↑0.13	↓3.73	↑0.23
	10	4.81	2.42	↓1.17	↑0.09	↓1.81	↑0.19
Speech Babble	0	10.95	1.49	↓3.83	0.00	↓3.96	↓0.19
	5	8.30	1.83	↓3.17	↓0.02	↓3.74	↓0.05
	10	6.05	2.13	↓2.15	↓0.02	↓5.96	↑0.09

4.6.6　算法复杂度分析

图 4-21 统计了本节提出算法和文献[24]提出的子带包络调制增益（MFB）在每个子带中的平均处理时延，并与改进的维纳滤波法（IWF）[17]和子带谱减法（MSS）[16]的时延进行比较。其中处理的含噪语音时长 2.2min、1.1min 和 0.55min，虽然对于多频带算法均需借助分析滤波器将信号划分成若干子带，但是滤波器分解的计算量不属于考虑的范围内。因此，提出算法和文献[24]所统计的处理延时是从信号通过分解滤波器后到综合滤波器之前的过程。从图 4-21 中可知，基本谱减法[16]和基本维纳滤波法[17]的时延要明显大于本节提出的算法和文献[24]的算法，这是因为这两类模型均需借助 FFT 进行频域分析，并最终由 IFFT 恢复成时域信号，因此计算量会显著增加。另外，帧移一定时，帧长选取得越短得到的帧数越多，FFT 和 IFFT 的执行量增加，处理时延自然增加。在文献[24]提出的调制深度法中，增益量是由信号包络决定的，由于避免了 FFT 和 IFFT 的计算，处理时延大大降低，时延最小。而本节提出的算法处理时延高于文献[24]，但远低于基本谱减法和基本维纳滤波法。这是因为本节提出的算法中子带信噪比的估计也是在频域上进行的，但是 FFT 的计算仅用于估计信噪比，其中涉及的互相关函数和均方值的计算量都是极低的。此外本节提出的算法保留文献[24]的特点，不需要再经 IFFT 恢复成时域信号的过程。因此本节提出的算法的计算复杂度会高于文献[24]，但远低于基本谱减法和基本维纳滤波法。工程中通常取帧长为 $2^8=256$ 点，此时本节提出

的算法处理时延性能较文献[24]下降了 51%，但较基本谱减法改善了 60.6%，较维纳滤波法改善了 40.7%。

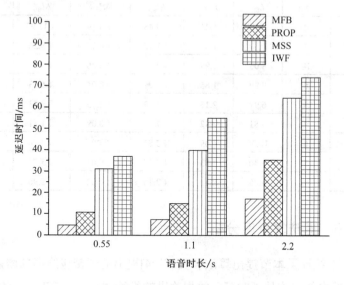

图 4-21　各算法时延性能对比

4.7　风噪声检测与抑制算法

风噪声是许多助听器的常见噪声之一[26]。风噪声是由湍流气流流过助听器麦克风引起的。空气流经任何障碍，包括头部和耳朵，都会产生湍流，因此一个助听器不能完全消除它。风噪声让人听起来厌烦，能过载麦克风前置放大器，产生变形，从而掩盖所需的语音。

风噪声能使 BTE 助听器的声压达到 110dB。风噪声强度与风速的平方成比例，当风速大于 5m/s 时，风噪声强度显著增加。风噪声强度还与助听器类型有关，BTE 助听器的风噪声最大，ITE 助听器的风噪声最小。此外，风噪声还与助听器的指向性有关，当用户面对噪声方向时，其强度最大；位于 90°方向时，强度最小。

风噪声可以通过声学和信号处理方法来削减。最简单而有效的降低风噪声的方法是遮蔽麦克风端口，以减少湍流。但是，助听器的尺寸或外观限制了该方法的有效性。当风噪声没有使麦克风和前置放大器过载时，信号处理可以减少厌烦感和声音掩蔽。

利用信号处理削弱风噪声的方法需要在其他声信号存在的情况下检测风噪声。风噪声主要集中在低频段，且不同麦克风处其风噪声是不相关的。风噪声的频率和相关性可用来设计有效的风噪声检测策略。一旦检测到风噪声，算法可通过削弱助听器的低频增益的方法削弱它。

方向性麦克风有内置的 6dB/倍频的频率响应斜率，需要低频激励恢复平坦频响。而低频激励也会放大风噪声，因此方向性麦克风比全向麦克风的风噪声问题更严重。对于使用双麦克风提供方向性增益的助听器来说，一个简单的解决方法是，当风噪声强度低时，麦克风进入方向性模式；反之，麦克风进入全向性模式。

4.7.1 风噪声检测算法

1. 单麦克风系统中检测风噪声

一般来说，风噪声的能量主要集中在低频部分（300Hz 以下），因此，在单麦克风系统中，可以利用接收信号的低频能量与全频能量比判断风噪声是否存在，若能量比大于事先所设阈值，则判定风噪声存在。

低频部分的能量值可通过将接收信号低通滤波后计算得到，或通过傅里叶变换变换到频率后计算得到，若接收信号低频能量为 E_{LF}，全频能量为 E_{TOT}，则能量比可表示为：

$$E_R = \frac{E_{LF}}{E_{TOT}} \tag{4-54}$$

为减少不同帧之间的变化程度，需对比值进行平滑处理。

$$R_{atio}(k) = \alpha R_{atio}(k-1) + (1-\alpha)E_R \tag{4-55}$$

式中，k 为帧数；α 为平滑因子。

2. 双麦克风系统中检测风噪声

在多麦克风系统中，同时采集两路声音信号（假设两麦克风之间的距离很小），应对这两路信号在风噪声最集中的低频频段进行相关分析，若所接收的两路信号均为音频信号，则两路信号之间表现出强相关性；若所接收的信号为风噪声，则两路信号的互相关性很小或近似为零。因此，在多麦克风系统中，可以利用不同麦克风接收的风噪声的不相关性，检测接收的信号中是否含有风噪声。

具体实现方法如下：计算两路接收信号在低频频段的自相关值及互相关值，通过比较自相关值与互相关值的大小关系判断是否存在风噪声。例如，若自相关值大于互相关值的 2 倍，则断定风噪声存在；也可以计算两路接收信号低频频段的归一化互相关值，通过将归一化互相关值与事先所定的阈值相比较判断风噪声是否存在。若归一化互相关值小于 0.8，则断定风噪声存在。

若接收的两路信号经过低通滤波后分别表示为 $x(n)$ 和 $y(n)$，且一帧信号长为 N，则自相关值可通过式（4-56）计算。

$$A_{\text{auto\_corr}} = \frac{1}{N} \sum_{n=0}^{N-1} x^2(n) \tag{4-56}$$

互相关值可通过式（4-57）计算。

$$C_{\text{cross\_corr}} = \frac{1}{N} \sum_{n=0}^{N-1} x(n)y(n) \tag{4-57}$$

归一化互相关值可通过式（4-58）计算。

$$N_{\text{Normalized\_cross\_corr}} = \frac{\sum\limits_{n=0}^{N-1} x(n)y(n)}{\sqrt{\sum\limits_{n=0}^{N-1} x^2(n) \sum\limits_{n=0}^{N-1} y^2(n)}} \tag{4-58}$$

同样，为减少不同帧之间的变化程度，需对上述值进行平滑处理，方法与单麦克风系统中对能量比值的处理方法一致。

在利用信号相关性检测是否含有风噪声时，还需要对输入信号声压级（或能量）进行计算。当声压级大于某一阈值时触发对风噪声的检测，风噪声具有较大的声压级，以此去除其他同样具有不相关性质的噪声的影响。

3. 实验结果与分析

1）单麦克风检测实验

算法每秒进行一次风噪声检测，对 1s 内各帧信号的能量比取均值得每秒信号的能量比，能量比阈值设为 0.35，信号 1 和信号 2 的检测结果分别如图 4-22 和图 4-23 所示。两段信号均是在第 1s、4s、5s、6s、10s、11s、12s

处叠加风噪声，算法成功检测到风噪声存在的时间段。

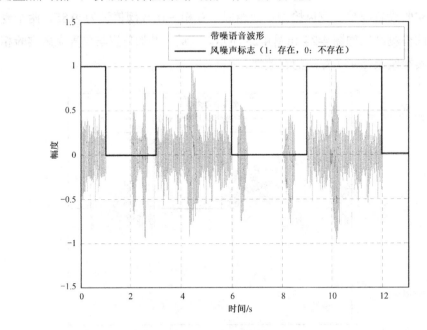

图 4-22　信号 1 的检测结果

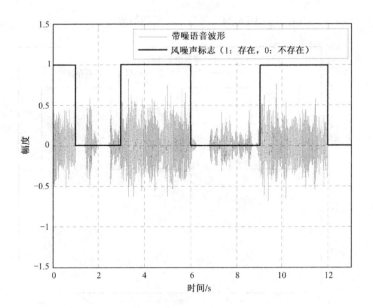

图 4-23　信号 2 的检测结果

2）双麦克风检测实验

实验设置与单麦克风检测实验相似。互相关比较阈值设为 0.85，两个麦克风的检测结果如图 4-24 和图 4-25 所示。风噪声叠加位置与单麦克风实验相同，实验结果显示了算法的有效性。

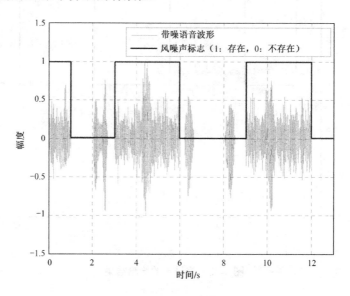

图 4-24　信号 1 的检测结果

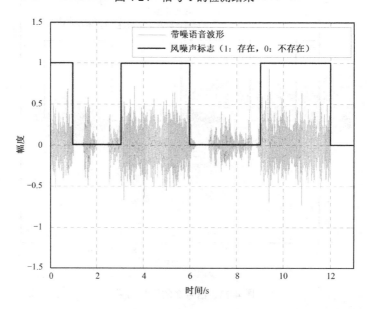

图 4-25　信号 2 的检测结果

4.7.2　风噪声抑制算法

计算听觉场景分析（CASA）是用计算机来模拟人耳对声音的处理。生理研究表明，人耳对声音的处理具有听觉掩蔽效应，进入人耳的环境噪声会被相对较大的目标语音"掩蔽"掉。相比谱减法和维纳滤波，CASA 并不针对某一特定噪声类型，理论上说只要能找到合适的掩蔽线索，它能有效抑制任何类型的噪声。CASA 的一般处理步骤（见图 4-26）如下[27]：

（1）信号分帧、加窗后通过短时傅里叶变换转变到时-频域。

（2）选取适合的提取特征作为掩蔽线索，计算每个时频单元的特征参数。

（3）将特征参数映射为相应的掩蔽系数。

（4）各时频单元乘以相应的掩蔽系数后，将信号变换回时域。

基于 CASA 的语音增强的关键在于找到适合的提取特征作为掩蔽线索。风噪声掩蔽系数的获取方法如下。

风噪声的主要能量集中在 300Hz以下的低频段，而语音信号的能量在300Hz 以下的频段所占的能量很小，与风噪声有明显的差别。信号的低频段能量占全频带信号能量的比例可表示为：

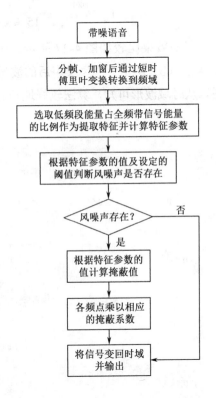

图 4-26　CASA 的一般处理步骤

$$\varPi_2(\lambda) = \frac{\sum\limits_{k=0}^{4}\left|\hat{X}(\lambda,k)\right|^2}{\sum\limits_{k=0}^{N/2}\left|\hat{X}(\lambda,k)\right|^2} \tag{4-59}$$

式中，λ 为帧号；k 为频点号。

当 $\Pi_2(\lambda) > T$ （阈值 $T = 0.85$ ）时，判断当前帧信号主要是风噪声，对当前帧时频单元能量进行掩蔽，掩蔽值计算公式为：

$$G_1(\lambda, k) = \begin{cases} e^{-\frac{1}{1-\Pi_2(\lambda)}}, & 0 \leqslant k < 3 \text{或} 252 < k \leqslant 255 \\ e^{-\frac{0.1}{1-\Pi_2(\lambda)}}, & 3 \leqslant k < 6 \text{或} 249 < k \leqslant 252 \\ e^{-\frac{0.01}{1-\Pi_2(\lambda)}}, & 6 \leqslant k < 15 \text{或} 240 < k \leqslant 249 \\ e^{-\frac{0.001}{1-\Pi_2(\lambda)}}, & 15 \leqslant k \leqslant 240 \end{cases} \tag{4-60}$$

降噪效果比较如图 4-27 所示。图 4-27（a）所示为纯净语音的波形图，图 4-27（b）所示为加风噪声后的波形图，图 4-27（c）表示消噪后信号波形图。从时域波形可知，算法较好地消除了风噪声对信号的影响。

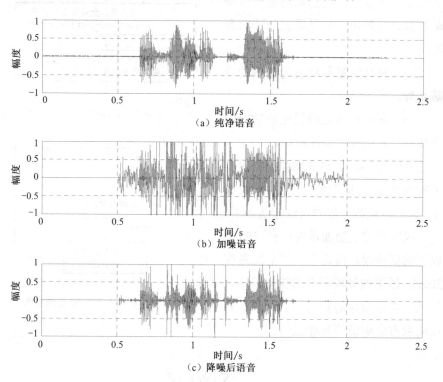

图 4-27　降噪效果比较

4.8　本章小结

本章主要对语音增强技术的基础知识进行了介绍。首先概述了助听器降噪算法，然后介绍了语音和噪声的特性、人耳的听觉感知特性及质量评价指标，随后全面介绍了经典的语音增强算法，并从实用角度，提出一种改进的语音增强算法；通过实验，分别从客观指标和主观指标对算法性能进行了对比说明。此外，还介绍了助听器风噪声的检测方法、抑制方法，并通过实验验证了算法有效性。

参考文献

[1] Van den Bogaert T, Doclo S, Wouters J, et al. Speech enhancement with multichannel wiener filter techniques in multimicrophone binaural hearing aids[J]. The Journal of the Acoustical Society of America, 2009, 125(1): 360-371.

[2] Klasen T J, den Bogaert T, Moonen M, et al. Binaural noise reduction algorithms for hearing aids that preserve interaural time delay cues[J]. IEEE Transactions on Signal Processing 2007, 55(4): 1579-1585.

[3] Sarradj E. A fast signal subspace approach for the determination of absolute levels from phased microphone array measurements[J]. Journal of Sound and Vibration, 2010, 329(9): 1553-1569.

[4] Pan J, Liu C, Wang Z, et al. Investigation of deep neural networks (DNN) for large vocabulary continuous speech recognition: Why DNN surpasses GMMS in acoustic modeling[C] // International Symposium on Chinese Spoken Language Processing, 2013: 301-305.

[5] Li J Y, Yu D, Huang J T, et al. Improving wideband speech recognition using mixed-bandwidth training data in CD-DNN-HMM[C] // Spoken Language

Technology Workshop, 2013:131-136.

[6]   Schwarz A, Huemmer C, Maas R, et al. Spatial diffuseness features for DNN-based speech recognition in noisy and reverberant environments[C] // IEEE International Conference on Acoustics, Speech and Signal Processing, 2015:4380-4384.

[7]   Chung K. Challenges and recent developments in hearing aids. Part I. Speech understanding in noise, microphone technologies and noise reduction algorithms[J]. Trends in Amplification, 2004, 8(3): 83-124.

[8]   Jiang T, Liang R Y, Wang Q Y, et al. Speech noise reduction algorithm in digital hearing aids based on an improved sub-band SNR estimation[J]. Circuits Systems & Signal Processing, 2017, 37: 1243-1267.

[9]   Serizel R, Moonen M, Wouters J, et al. Binaural integrated active noise control and noise reduction in hearing aids[J]. IEEE Transactions on Audio, Speech and Language Processing, 2013, 21(5): 1113-1118.

[10] Bray V, Nilsson M. Objective test results support benefits of a DSP noise reduction system[J]. Hearing Review, 2000, 7(11): 60-65.

[11] Schum D J. Noise reduction via signal processing: (1) Strategies used in other industries[J]. The Hearing Journal, 2003, 56(5): 27-32.

[12] Chabries D, Bray V. Use of DSP techniques to enhance the performance of hearing aids in noise[J]. Noise Reduction in Speech, Applications, 2002: 379-392.

[13] Levitt H. Noise reduction in hearing aids: An overview[J]. Journal of Rehabilitation Research and Development, 2001, 38(1): 111-121.

[14] Mueller H G, Ricketts T A. Digital noise reduction: Much ado about something?[J]. The Hearing Journal, 2005, 58(1): 10-18.

[15] 邹采荣, 梁瑞宇, 王青云. 数字助听器信号处理关键技术[M]. 北京: 科学出版社, 2016.

[16] Boll S F. Suppression of acoustic noise in speech using spectral subtraction[J]. IEEE Transactions on Acoustics, Speech and Signal Processing, 1979, 27(2): 113-120.

[17] Ephraim Y, Malah D. Speech enhancement using a minimum mean-square error log-spectral amplitude estimator[J]. IEEE Transactions on Acoustics, Speech and Signal Processing, 1985, 33(2): 443-445.

[18] El-Fattah M A A, Dessouky M I, Abbas A M, et al. Speech enhancement with an adaptive Wiener filter[J]. International Journal of Speech Technology, 2014, 17(1): 53-64.

[19] 宋知用. MATLAB 在语音信号分析与合成中的应用[M]. 北京: 北京航空航天大学出版社, 2013.

[20] Wyrsch S, Kaelin A. Subband signal processing for hearing aids[J] IEEE International Symposium on.Circuits and Systems, 1999, 3: 29-32.

[21] Chong K S, Gwee B H, Chang J S. A 16-channel low-Power nonuniform spaced filter bank core for digital hearing aids[J]. IEEE Transactions on Circuits & Systems II Express Briefs, 2006, 53(9): 853-857.

[22] 王青云, 赵力, 赵立业, 等. 一种数字助听器多通道响度补偿方法[J]. 电子与信息学报, 2009, 31(4): 832-835.

[23] 蔡宇, 郝程鹏, 侯朝焕. 采用子带谱减法的语音增强[J]. 计算机应用, 2014, 34(2): 567-571.

[24] Fang X, Nilsson M J. Noise reduction apparatus and method: US[P]. 2004.

[25] Kamath S, Loizou P. A multi-band spectral subtraction method for enhancing speech corrupted by colored noise[J]. IEEE International Conference on Acoustics, Speech, & Signal Processing, 2002 4(4): 4164.

[26] Kates J M. Digital hearing aids[M]. Cambridge: Cambridge University Press, 2008.

[27] 余世经, 李冬梅, 刘润生. 一种基于 CASA 的单通道语音增强方法[J]. 电声技术, 2014, 38(2): 50-54.

第 5 章

助听器回波抑制算法

• • • • • • • •

5.1 引言

在助听器使用中，回声是一个普遍问题[1, 2]，轻则影响语音质量，重则产生啸叫，损害患者的残余听力和硬件设备[3]。在许多声学领域中，回声消除都有重要应用[4]，而且有很好的应用效果。但是，在助听器这类低功耗、小体积的产品中，很多算法由于受运算量、麦克风体积和数量的限制，因此无法达到最佳性能。此外，助听器回声抵消算法设计存在很多难点：首先，很多因素都会影响助听器回声，如患者的个人特征、助听器的物理特征、助听器或耳膜的故障及声学环境的变化等；其次，助听器宽动态范围压缩算法会在低频段提供更高的增益而在高频段降低增益，导致使用者在安静的环境下或输入信号为低频信号时也会产生回声，但宽动态范围压缩又是助听器的必备算法，特别是在面向老龄患者的助听器中[5]。

早期应用助听器回声抵消算法的思路是降低前向路径的增益，同时提高反馈路径的衰减，但由于堵耳效应和回声之间存在矛盾，因此效果不佳[6]。目前，应用在助听器上的回声抵消算法主要包含 3 类[7]：增益衰减法、陷波器法和自适应滤波算法[1, 8, 9]。

　　增益衰减法的主要思路是降低回声出现通道的增益。增益降低的幅度由回声信号的幅度决定。与其他算法相比，增益衰减法最大的优势是功耗低；缺点是降低了期望信号的增益，从而影响患者的听力补偿效果。

　　陷波器法最初主要针对静态因素产生的回声进行设计。但是，当信号同时啸叫的频点数多于陷波滤波器的个数时，就会产生跳频。与增益衰减法相似，陷波器法也会影响助听器的输出增益。

　　自适应滤波算法是一种应用比较广泛的算法[10~12]。在回声消除中，该算法通过调整数字滤波器的参数获得与反馈信道相近的频率响应，然后将数字滤波的输出与麦克风的输出相减消除回声。最常用的自适应估计算法是标准最小均方差（Normalized Least Mean Square, NLMS）算法，在 LMS 算法的基础上，NLMS 算法对每次迭代的权值向量更新值都相对于输入信号能量进行归一化，从而降低输入数据幅度波动对算法稳定性的影响。但是，NLMS 算法存在收敛速度与收敛精度之间的矛盾。为解决这一矛盾，许多学者提出变步长算法。非参数可变步长 NLMS（Nonparametric VSS NLMS, NPVSS- NLMS）算法[13]在 NLMS 算法的框架之下，采用背景噪声标准差与系统误差标准差之比衡量算法的收敛程度，并用标量 1 减去该比值作为 NPVSS-NLMS 算法的可变步长。NPVSS-NLMS 算法的性能较之经典 NLMS 算法有明显提高，但是由于背景噪声不会改变的假设与实际环境不符，因此在背景噪声能量波动的情况下性能明显下降。此外，算法并没有考虑解相关问题和模型噪声问题。为此，在 NPVSS-NLMS 算法基础上，Marius Rotaru 等人引入基于线性预测的解相关算法[14]，改善输入和输出的相关性导致的回波路径估计偏差的问题；Paleologu 等人提出了一种建模的变步长 NLMS 算法（VSS-NLMS for Under-Modeling, VSS-NLMS-UM）[15]。该算法从定量的角度为模型噪声建立模型，并且在 NLMS 算法的框架下得出了可以降低模型噪声对算法性能影响的迭代公式。为了在计算过程中不需要先验信息，Kim 等人提出了一种变步长符号子带自适应滤波器（VSS-SSAF），通过最小化子带后验概率误差向量的 l_1 范数更新步长[16]。Strasser 等人针对助听器中的音乐信号处理提出了一种子带变步长反馈抑制系统，步长由外部输入信号和误差信号的功率共同决定，并利用误差信号和输出信号的互相关矩阵及输出信号的自相关矩阵估计获得外部输入信号[17]。尽管对于这类算法已经有了较多的研究，但是仍然存在一些问题，如收敛速度不够快、稳态失调量较高、不能动态跟踪系统变化及先验信息难以获得等。

第 5.1 节从回声产生的原理出发，首先介绍了回波抑制研究意义和现状；第 5.2 节概述了目前的助听器回波抑制算法[7]，如增益衰减法、陷波器法和自适应滤波器法，并对各种算法进行了比较分析；第 5.3 节主要介绍了改进的回声消除算法，先介绍了数字助听器回波抵消模型，然后介绍了传统 NLMS 算法和改进的 NLMS 算法，最后介绍了啸叫检测和抑制算法；第 5.4 节通过仿真实验比较了不同算法对回声路径估计的失调误差、均方误差和回声损耗增益值的收敛性能；第 5.5 节对本章进行了总结。

5.2　助听器回波抑制算法概述

自适应回波抑制算法是助听器常用的回波消除算法。回声可以由助听器本身、用户特征（静态因素）、突然改变的声学环境（动态特征）产生。因此，助听器自适应回波抑制算法在实现上往往由固定（或缓慢变化）的部分和自适应（快速变化）的部分分别应对回声产生的静态部分和动态部分。固定（或缓慢变化）的部分通过降低由静态因素引起的回声来提高算法的稳定性，自适应（快速变化）部分通过降低因声学环境的突然改变而引起的回声提高算法的有效性。根据个体差异及反射面的贴近程度，回声信号的幅度有 5～10dB 的变化，有时可以达到 20dB 甚至更多[18, 19]。

表 5-1 所示为几种商用助听器的回声抵消策略及其特点。除了上述 3 类主要的回波抑制算法，一些制造商也尝试了将不同的算法进行组合。

表 5-1　几种商用助听器的回声抵消策略及其特点[7]

类　　型	原　　理	优　　点	缺　　点
增益衰减法	降低回声出现频带的增益	低功耗	期望信号的增益可能被衰减
陷波器法[6]	通过监测单音信号或啸叫，生成一个陡峭的陷波滤波器来抑制较窄频带的回声	对助听器整体增益的影响小	只能产生几个陷波器或只有几个陷波器来应对声学环境的突然变化
自适应滤波法[20, 21]	监测反馈路径的转移函数，通过与反馈信道相似的转移函数来产生一个信号与助听器的输出相减	适应性强	对快速变化的环境反应不够快

自适应回波抵消算法有许多优势，生产商和临床医师会应用不同算法达到不同的验配目标。但是，在设计助听器的回波抵消算法时，仍然存在许多挑战。影响回波抵消算法有效性的因素如下[22]：

（1）助听器的体积和低功耗直接导致 DSP 芯片运算的低速度，从而限制助听器信号处理算法的复杂度，直接导致算法产生陷波滤波器的能力和跟踪信道转移函数的能力降低。

（2）陷波滤波器的数目或回波抵消信号算法估计信道转移函数的能力，决定了回波抵消的效果，也决定了跳频出现的次数。跳频不仅仅出现在使用陷波器的自适应回波抵消算法中，还会出现在回波抵消算法没有足够的能力估计反馈信道的转移函数时。

（3）音符、微波炉的"哔哔"声或其他一些期望的语音，可能是由一些与回声信号的声学特性接近的纯音组成的，这些信号有可能被回波抵消算法错误地认为是啸叫信号并删除。

（4）开放耳验配允许使用一个更大的气孔来降低堵耳效应，同时不用冒产生回声的危险。但气孔效应也面临一些新的挑战，如经助听器处理过的信号和经耳道进入的未经处理的信号之间的不协调性、方向性麦克风的方向性和降噪算法的有效性可能会被降低[7]。此外，数字助听器的信号处理的延时也可能使情况变得更糟。

5.3　回波抵消算法及其改进

5.3.1　助听器回波抵消系统模型

数字助听器回声抵消系统模型如图 5-1 所示。图 5-1 中 $G(z)$ 为助听器前向路径信号处理系统，用于实现对输入信号的放大，以补偿患者的听力损失；$H^*(z)$ 为麦克风接收到的外界真实反馈路径；$H(z)$ 为自适应估计的反馈路径，它的参数由回声估计算法产生；$s(n)$ 为外部语音输入信号，它和反馈信号 $y(n)$ 叠加形成麦克风输入信号；$e(n)$ 为减去估计反馈信号后的残差信号，是助听器的真正输入，理论上与 $s(n)$ 具有相同的统计特性；$d(n)$ 为麦克风拾取的全部信号；$y(n)$ 为真实反馈信号；$\hat{y}(n)$ 为估计出的反馈信号，由回声抵消算法产生；$v(n)$ 为助听器输出信号。白噪声生成器的作用是产生高斯白噪声，并通过计算回声信号与输入噪声之间的相关性估计自适应滤波器的初始系数。啸叫检测器和陷波器用来检测路径突然变化时产生的啸叫，并动态生成陷波器进行抑制。

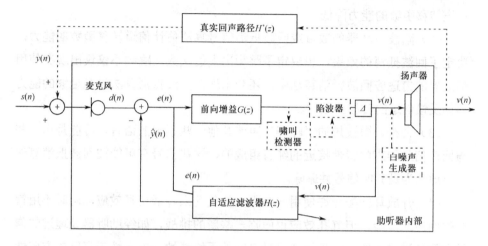

图 5-1　数字助听器回声抵消系统模型

实际上，回声信号的估计值和实际值之间总是存在较大的偏差。造成这一偏差的原因有很多种，如算法收敛速度慢及滤波器长度短等，最主要的也是不可避免的原因是期望输入信号与接收器输入信号的相关性。在数字助听器中，由于前向路径一般实现信号的放大功能，故扬声器输出信号 $u(n)$ 与期望信号 $s(n)$ 具有相关性，这种相关性导致自适应估计算法失准，估计得到的自适应滤波器系数产生偏差[23]。尤其当接收器输入信号为高度相关的啸声、警报信号或特定的音乐信号时，这种偏差更明显。目前，解相关算法主要有 3 种：延迟引入法、非线性法和预滤波[4]。延迟引入法能有效抵消有色噪声输入时的回声，但会引入预回声和"梳状滤波器"效应[24, 25]。非线性方法包括移频法和时变全通滤波器法[26]等，但是这些方法在抑制噪声的同时，也会降低语音质量。虽然线性预测算法是较新的解相关算法，但由于引入了新的滤波器，会降低 NLMS 算法的性能。相关的改进算法虽然有所改善，但增加了算法的复杂度[1]。因此，本书仍然采用延时法来解相关。如图 5-1 所示，Δ 为前向路径上引入的延时单元，用来实现输入信号和反馈信号解相关，通常取 $\Delta=1\text{ms}$。

5.3.2　自适应 NLMS 算法

自适应估计算法的性能直接决定了助听器回波抵消系统的性能。最小均方误差自适应估计算法因其较低的计算量和较好的失调性能，成为助听器及其他回波抵消系统使用的经典算法。

NLMS 算法具有较低的计算量和较好的失准性能，成为助听器及其他回声抵消系统常用的经典算法。假设 NLMS 算法在每个迭代点 n 的自适应滤波器 $H(z)$ 的系数矢量为 $\boldsymbol{h}_n$，则系统误差信号 $e(n)$ 为：

$$e(n) = d(n) - \hat{y}(n) = d(n) - \boldsymbol{h}_n^{\mathrm{T}} v(n) \tag{5-1}$$

式中，$\boldsymbol{h}_n = [h_1(n), h_2(n), \cdots, h_q(n)]^{\mathrm{T}}$ 为 n 时刻的滤波器系数矢量；q 为滤波器阶数；$v(n)$ 为助听器输出信号。

根据误差最小化原则，NLMS 算法的最小化目标函数估计 $\boldsymbol{h}_n$ 的迭代过程[13]为：

$$\boldsymbol{h}_{n+1} = \boldsymbol{h}_n + \frac{\mu}{\|v(n)\|^2} v(n) e(n) \tag{5-2}$$

式中，μ 为步长因子。

5.3.3　变步长 NLMS 算法

针对上述问题，本章提出一种变步长标准最小均方差-陷波器（Variable Step Normalized Least Mean Square-Notch Filter, VSN-NF）算法。该算法持续监视信号信道，并且利用估计的回声信号消除回声，同时通过啸叫检测器监控是否存在啸叫。一旦检测到啸叫信号，首先关闭 VSN-NF 算法，并对啸叫频率进行估计，从而生成陷波器消除啸叫信号。此外，为了改善回声抵消性能，减少啸叫的产生，提出一种变步长的 NLMS 算法[27, 28]，根据滤波器系数能量的长时平均值和短时平均值，对滤波器状态进行分类，并设置不同的步长。

自适应滤波器在逼近最稳态解的过程中，由于初始阶段与稳态解差距较大，一般需要较大的收敛系数；而当滤波器趋于平稳时，则需要选用较小的步长来逼近最优解，以保持对外界环境的较强跟踪能力。为此，基于滤波器系数的变化情况，本章提出一种基于状态分类的变步长标准最小均方误差算法，算法根据滤波器系数能量的长时平均值和短时平均值，将滤波器当前状态分为收敛态、过渡态与稳态。在助听器初始阶段或外界声学环境发生突然变化时，自适应滤波器系数随之发生较为剧烈的改变，其短时平均值能较快反映这种变化，但长时平均值的变化则较为缓慢。当系数能量的短时平均值与长时平均值相差较大（滤波器处于收敛状态）时，选择较大的步长可以加快收敛速度，防止啸叫；反之，当自适应滤波器系数能量的短时平均值与长时平均值的差很小（滤波器处于稳态）时，应采用较小的步长获得稳定的语音质量；当自适应滤波器系数能量的短时平均值与长时平均值的差在稳态与收敛态之间时，则采用变步长策略，即越接近稳态，收敛越慢。

设 NLMS 滤波器的系数能量 $E(n)$ 为：

$$E(n) = \left| \boldsymbol{h}_n \right|^2 = \boldsymbol{h}_n^{\mathrm{T}} \boldsymbol{h}_n = h_1(n)^2 + h_2(n)^2 + \cdots + h_q(n)^2 \tag{5-3}$$

能量增量表示为：

$$\Delta E(n) = E(n) - E(n-1) \tag{5-4}$$

在 RLS 算法中，加权因子 λ 使算法的代价函数在迭代求解的过程中有一定的记忆性，称为遗忘因子。其有效记忆长度与 λ^{-1} 成正比，λ 越小，记忆长度越长。本算法的系数短时平均能量与长时平均能量的计算也利用该思想，并采用 IIR 滤波的方法求解，表达式为：

$$S(n) = \lambda_s S(n-1) + (1 - \lambda_s) \Delta E(n) \tag{5-5}$$

$$L(n) = \lambda_l L(n-1) + (1 - \lambda_l) \Delta E(n) \tag{5-6}$$

式中，$S(n)$ 和 $L(n)$ 分别为短时平均能量与长时平均能量；λ_s 和 λ_l 为滤波参数，满足 $0 < \lambda_s < \lambda_l < 1$。

计算 $S(n)$ 和 $L(n)$ 的差值，并归一化可得：

$$K(n) = \sqrt{\frac{\left[L(n) - S(n) \right]^2}{L(n)^2 + \varepsilon}} \tag{5-7}$$

式中，ε 为一个很小的正数，用于防止分母为零。

针对 $K(n)$ 的不同值，可将滤波器的状态分为收敛态、过渡态与稳态。其中，收敛态与稳态使用固定步长，过渡态采用以 e 为底，$K(n)$ 为变量的指数函数进行变步长调节，其公式为：

$$\mu(n) = u_{\max} \exp\left[\frac{-K(n) + \delta_1}{\delta_1 - \delta_2} \ln \frac{u_{\min}}{u_{\max}} \right] \tag{5-8}$$

式中，$u_{\max}$ 和 $u_{\min}$ 分别为收敛态和稳态采用的步长。

设 δ_1 和 δ_2 分别为归一化差值 $K(n)$ 状态判断时所采用的阈值。式（5-8）

中变步长策略：在过渡态中，$K(n)$ 越接近 δ_1 时，步长的变化越快；反之，越接近 δ_2 时，步长变化越缓慢。为使检测算法具有普适性，通过大量仿真实验确定阈值 δ_1 和 δ_2 的经验值，得到 $\delta_1 = \max K(n)/500$，$\delta_2 = \delta_1/20$。其中，$\max K(n)$ 的取值为：取一长度为 200 的滑窗，滑窗随时间变化，若当前窗的极值小于前一时刻窗的极值，则认为前一时刻窗的极值为 $\max K(n)$。

综上所述，变步长 NLMS 算法的步长表达式为：

$$\mu(n) = \begin{cases} u_{\max}, & K(n) \geqslant \delta_1 \\ u_{\max} \exp\left[\dfrac{-K(n)+\delta_1}{\delta_1-\delta_2}\ln\dfrac{u_{\min}}{u_{\max}}\right], & \delta_2 < K(n) < \delta_1 \\ u_{\min}, & K(n) \leqslant \delta_2 \end{cases} \tag{5-9}$$

式（5-9）中指数的设置保证了步长变化的连续性，满足了数字助听器中回波抵消算法对语音质量及跟踪能力的要求。在实际应用中，为提高状态检测的精确性，可加入计数器进行状态计数。只有连续 5 次阈值判断结果相同时，才确定滤波器处于某一状态。

5.3.4　啸叫检测、抑制与释放算法

虽然自适应滤波算法是常用的助听器回波抵消算法，但是当回波路径突然变化时，算法的响应速度有待改善，容易产生啸叫。为了快速抑制啸叫，本章提出一种基于 ZoomFFT 的啸叫检测算法，并根据检测到的啸叫频率生成陷波器[29]抑制啸叫信号。当系统啸叫时，自适应滤波器系数的不断更新会改变系统的传递函数，从而导致啸叫的频率发生漂移，使利用前一帧数据检测出的啸叫频点产生的陷波器和下一帧的数据的啸叫频点不匹配，无法精确实现陷波功能。为此，本章引入了一种改进策略，即啸叫时关闭变步长 NLMS 算法，防止啸叫频率漂移，保证陷波器的工作效率；而未啸叫时，采用变步长 NLMS 算法，减少啸叫的可能。

啸叫检测的一般思路是：先将信号进行快速傅里叶变换，然后计算幅频曲线最大值与均值的比值。当比值超过阈值时，则认为啸叫发生。最后，计算啸叫频点，设计并插入陷波器。为了提高啸叫检测效率，本算法提出两点改进：一是利用幅频曲线最大值附近的 3 个点取代最大值一个点，防止误检测；二是由于普通 FFT 算法的频率分辨率为 f_s/N，不够精确，严重影响陷波

器的啸叫消除性能看，为此，本章提出采用基于复调制的 ZoomFFT 算法精确计算啸叫频率，ZoomFFT 算法流程如图 5-2 所示。

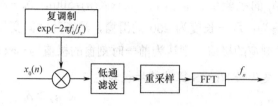

图 5-2　ZoomFFT 算法流程

通过计算普通 FFT 的最值，可以获得啸叫出现的大致频率，即

$$(p_m - 1)f_s / N$$

式中，p_m 为 FFT 的最值位置，f_s 为采样率，N 为 FFT 的点数。

考虑频率分辨率，则信号的真实频率为 $(p_m - 2)f_s / N \sim p_m f_s / N$。因此，选择的移频量为：

$$f_0 = (p_m - 2) f_s / N \tag{5-10}$$

则复调制后的信号为：

$$x(n) = x_0(n)\exp(-2\pi \mathrm{j} n f_0 / f_s) \tag{5-11}$$

为提高频率分辨率，并保证降采样后的信号不发生频谱混叠，算法必须进行抗混叠滤波。如果频率的细化倍数为 D，则低通滤波器的截止频率 $f_c = f_s / 2D$。为了得到好的抗混叠效果，设计的数字低通滤波器通带必须平，通带内的波动小，滤波器阻带衰减大，这样原信号的频率特性细化后在幅值上才不会改变。

通常，各种窗函数都具有不同带宽和最大旁瓣幅度，而带宽与 FIR 低通滤波器阶数成反比。设滤波器的长度（窗函数的长度）为 $2M + 1$，由于汉明窗的主瓣精确宽带 $\omega_p = 6.6\pi / (2M + 1)$，则可得半窗长 M 与主瓣宽度 ω_p 的关系为：

$$\omega_p = 6.6\pi / (2M + 1) \approx 3.3\pi / M \tag{5-12}$$

假设降采样后滤波器的过渡带宽为 ω_p'，则重采样后的过渡带值会压缩 D 倍，即：

$$\omega'_p = D\omega_p \qquad (5\text{-}13)$$

令 $\omega'_p = \alpha\pi(\alpha > 0)$，$\alpha$ 为滤波器过渡带宽系数，通常取 $\alpha = 2/3 \sim 1$[30]，则：

$$M = 3.3D/\alpha \qquad (5\text{-}14)$$

因此，选定过渡带宽系数 α 后，由式（5-14）就可以得到滤波器的半阶数 M 与细化倍数 D 的关系，即低通滤波器的半阶数 M 与细化倍数 D 成正比。

此时，可通过较低的采样频率 $f'_s = f_s/D$ 进行重采样，采样信号则变为 $x(Dn)$（$n \in [1,N]$）。对该采样信号进行复 FFT 变换得到频域信号。将频域信号幅度的最大值所在标号记为 p'_m，则此时啸叫的精确频率 f_n 可表示为：

$$f_n - f_0 = (p'_m - 1)f'_s/N \qquad (5\text{-}15)$$

在确定啸叫频率后，就可以利用陷波器对啸叫进行抑制。陷波器是一种特殊的阻带滤波器，在理想情况下，阻带只有一个频率点，主要用于消除某个频率的干扰。

二阶单频点陷波器的传递函数为：

$$H(z) = \frac{(z - z_1)(z - z_1^*)}{(z - rz_1)(z - rz_1^*)} \quad (0 < r < 1) \qquad (5\text{-}16)$$

假设陷波器的频率为 f_0，则 $\omega_0 = 2\pi f_0/f_s$，零点为 $z_1 = e^{\pm j\omega_0}$，极点为 $re^{\pm j\omega_0}$。r 越大，频响曲线的凹陷越深，陷波器也越窄。

将 z 代入式（5-14），并化简得：

$$H(z) = \frac{z^2 - 2z\cos\omega_0 + 1}{z^2 - 2rz\cos\omega_0 + r^2} \qquad (5\text{-}17)$$

如果需要对多个频点进行陷波，系统可按式（5-17）设计多个单频点陷波器，并将这些陷波器串联。本章综合了性能和算法效率，分频带设计了两级陷波器，可同时抑制两个啸叫频点。

当检测到啸叫信号时，算法首先关闭变步长 NLMS 滤波器，并保留当前最优的滤波器系数作为算法再次开启时的滤波器的系数初值，然后插入陷波器进行啸叫抑制；当插入陷波器后，系统会持续进行啸叫检测，当持续 250ms 没有检测到啸叫信号时（幅频曲线最大值与均值的比值低于设定阈值的一半），将撤去陷波器，同时开启变步长 NLMS 滤波器，初始系数为啸叫时保留的系数。

5.4 实验与仿真

为了验证算法的性能,本章将 VSN-NF 算法与 NLMS 算法、NPVSS-VLMS 算法[13]、VSS-VLMS-UM 算法[15]及 VLMS 算法[14]进行比较。从主观测试[31]和客观测试[3, 32]两个方面对助听器回声消除算法的性能进行评估。此外,实验还统计了不同算法的运行时间,用来评估算法实用性(使用 MATLAB 的 etime 函数进行测量)。

主观测试主要指的是针对语音质量的听力测试或理解度测试[31],受试者可以是听损患者或正常听力者。常用的主观的语音质量评价指标为平均意见得分(Mean Opinion Score,MOS)。本章通过 10 名学生对语音质量进行 MOS 评估,并取平均值作为主观语音质量指标。客观的语音质量评价指标主要包含分段信噪比和语音质量的感知评价值两个指标[33]。其中,语音质量的感知评价值的最佳值为 4.5。

助听器回声消除算法的客观测试指标为自适应滤波器失准系数(Misalignment)[34],其定义为:

$$I_m = \frac{\left\| \boldsymbol{h} - \hat{\boldsymbol{h}} \right\|^2}{\left\| \boldsymbol{h} \right\|^2} \tag{5-18}$$

5.4.1 声学环境

实验中使用了两种声反馈路径。第一种反馈路径 g_1[见图 5-3(a)]为:

$$g_1(n) = \begin{cases} 0, & 0 \leqslant n \leqslant 10 \\ b(n)e^{-0.05n}, & 11 \leqslant n \leqslant 200 \end{cases} \tag{5-19}$$

式中,$b(n)$ 是均值为 0、方差为 0.5 的高斯白噪声,之所以选用这种反馈路径,是因为它非常类似助听器扬声器经耳道和耳罩泄漏到麦克风的真实测量反馈路径[24]。

第二种反馈路径 h_1 是实验室测量的助听器反馈路径[见图 5-3(b)],由 Kim Ngo 提供[8]。两种声反馈路径的幅度响应如图 5-4 所示,其中粗实线表示最可能啸叫的频点(幅度最大值)。

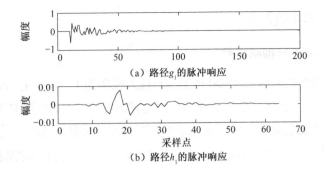

（a）路径g_1的脉冲响应

（b）路径h_1的脉冲响应

图 5-3　两种声反馈路径的脉冲响应

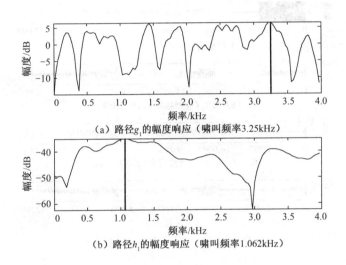

（a）路径g_1的幅度响应（啸叫频率3.25kHz）

（b）路径h_1的幅度响应（啸叫频率1.062kHz）

图 5-4　两种声反馈路径的幅度响应

实验所用的测试信号均来自耳遂听（OTOsuite）专业测听及验配软件和 TIMIT 语音数据库，信号的采样频率均通过 MATLAB 软件转化为 8kHz。测试信号的类型包含语音和非语音信号（白噪声）。所选的语音信号由不同性别和不同语言构成，包括混合语言语音、汉语男女声和英语男女声。

5.4.2　啸叫检测算法验证与分析

实验通过改变助听器参数引起啸叫的方法，来验证算法的啸叫检测性能。实验采用的语音是 TIMIT 语音库中的 kdt_001 文件，语音内容"She had your dark suit in greasy wash water all year"，信号波形如图 5-5（a）所示（截取前 12 000 个采样点）。本章比较了基于 FFT 的啸叫检测算法、欧洲专利中的算法[35]

和基于 ZoomFFT 的算法。

1. 啸叫检测与抑制实验

实验在语音信号的前 2 000 个采集点插入频率为 1 230Hz 的单音信号来作为啸叫信号，比较 3 种信号的啸叫检测与抑制效果。检测到啸叫频率后，算法插入陷波器实现啸叫抑制。从图 5-5 可以看出，只有 ZoomFFT 算法的检测精度最高，其他两种方法都偏差了大约 10Hz，因此导致其啸叫抑制效果不佳。此时，人耳仍然能感知啸叫。

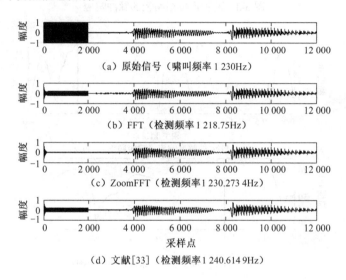

图 5-5　啸叫检测与抑制效果对比

2. 啸叫检测算法鲁棒性对比实验

变换不同的啸叫频率，并加入不同的白噪声检测算法的鲁棒性，实验结果如表 5-2 所示。由表 5-2 可知，在纯净的语音下，三种算法的精度依次为：ZoomFFT>文献[35]方法>FFT。当噪声存在时，三种算法的精度依次为：ZoomFFT>FFT>文献[35]方法。由此可知，文献[35]所述方法的抗干扰能力较弱。在噪声情况下，不管是中心频率还是带宽都会产生较大误差，文献[35]算法通过这两个参数设置阈值判断啸叫的做法不可靠、实用性不强。相比而言，基于 FFT 的两种方法在有无噪声的情况下，检测的频率值变化不大，只是峰值能量与平均能量的比值随信噪比降低而下降。因此，结合信噪比的估计，算法可自适应设定阈值判定啸叫。

表 5-2　啸叫检测算法的鲁棒性比较

指　标 ＼ 算　法	FFT		ZoomFFT		文献[35]算法	
	频率/Hz	峰值均值能量比	频率/Hz	峰值均值能量比	中心频率/Hz	带宽
f_0=1 235Hz（$SNR=\infty$）	1 250	45	1 235.2	45	1 240.6	31.45
f_0=2 673Hz（$SNR=\infty$）	2 687.5	42.7	2 672.7	43.7	2 680	17.86
f_0=3 525Hz（$SNR=\infty$）	3 531.3	65.3	3 525.2	65.3	3 526.7	10.6
f_0=1 235Hz（$SNR=10$）	1 250	22.1	1 235.2	22.1	1 238.6	1 727
f_0=2 673Hz（$SNR=5$）	2 687.5	13.41	2 672.7	13.41	2 995	1 123
f_0=3 525Hz（$SNR=2$）	3 531	10.2	3 524.2	10.2	3 643.8	1 109.3

3．计算量分析

表 5-3 所示为啸叫检测算法的计算量分析。由于文献[35]方法是时域检测算法，因此相比 FFT 与 ZoomFFT 的方法，具有最低的复杂度。相比基于 N 点 FFT 的算法，基于 N 点 ZoomFFT 的算法增加了计算量，但频率分辨率大大提高。$D \cdot N$ 点 FFT 与 N 点 ZoomFFT 频率分辨率相同，但计算量大大增加。助听器由于对语音质量的要求较高，因此在使用陷波器时，往往要求阻带尽可能的窄，才能在实现啸叫抑制的同时保证语音质量。本章的 ZoomFFT 算法的参数 $N=512$、$M=128$、$D=32$。此时，如果要达到和 N 点 ZoomFFT 相同的分辨率，需要 $D \cdot N$ 点 FFT，所需复乘算法是 N 点 ZoomFFT 的 1.6 倍，所需复加算法是 3 倍。因此，N 点 ZoomFFT 的效率比 $D \cdot N$ 点 FFT 高。

表 5-3　啸叫检测算法的计算量分析

算　法	复数乘法次数	复数加法次数	分　辨　率
N 点 FFT	$(N/2) \cdot \log_2 N$	$N \cdot \log_2 N$	f_s/N
$D \cdot N$ 点 FFT	$(D \cdot N/2) \cdot \log_2(D \cdot N)$	$D \cdot N \cdot \log_2(D \cdot N)$	$f_s/(D \cdot N)$
N 点 ZoomFFT	$N+N \cdot M+N \cdot \log_2 N$	$2N \cdot \log_2 N+N(M-1)$	$f_s/(D \cdot N)$
文献[35]的方法	$3N$ 次实数乘	$3 \cdot (N-1)$ 次实数加	—

5.4.3　算法参数分析与验证

从图 5-4 可以看出，回声路径 g_1 的频响增益浮动较大，局部极值较多，因此，当反馈路径突然变化时，产生频点偏移的可能性最大。为了验证多频点同时啸叫的抑制性能，本章设置实验验证陷波器个数与啸叫抑制性能的关系。

实验选择回声路径 g_1，前向增益为 12dB。陷波器啸叫抑制性能比较如图 5-6 所示。

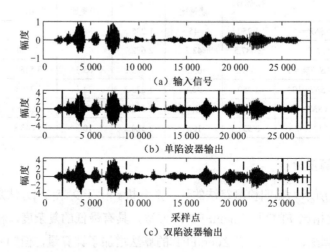

（a）输入信号

（b）单陷波器输出

采样点
（c）双陷波器输出

图 5-6　陷波器啸叫抑制性能比较

为了便于显示步长对算法性能的影响，此处选用标准 NLMS 算法进行测试，而没有选用变步长 NLMS 算法。算法未啸叫时和啸叫时的步长设置分别为 $\mu_1 = 5 \times 10^{-5}$ 和 $\mu_2 = 5 \times 10^{-4}$。单陷波器的频率阈值为 1kHz，即 1kHz 以上的啸叫才被处理；双陷波器的频率阈值为 2kHz 和 1kHz，分别负责频率 2kHz 以上和 1～2kHz 的啸叫。

图 5-6（b）所示为单陷波器时的啸叫抑制性能。其中，实线代表陷波器的插入，单点划线代表该陷波器被移除，图中实线出现了 9 次。由于系统同时只允许一个陷波器存在，因此当多个啸叫产生时，系统只能逐个抑制。插入一个陷波器后，算法每隔 200ms 再次检测，如果没检测到啸叫，则移除该陷波器。从图 5-6（b）可知，由于啸叫过于频繁，单陷波器的处理能力有限，因此只有两个啸叫频点被消除。

图 5-6（c）所示为双陷波器时的啸叫抑制性能。其中，实线代表陷波器 1 的插入，单点划线代表陷波器 1 的移除；虚线代表陷波器 2 的插入，双点划线代表陷波器 2 的移除。陷波器 1 与 2 同时插入，但分别负责一个频段。但是，每个频段内最多只能出现一个陷波器。从图 5-6（c）可知，双陷波器的啸叫抑制效果明显好于单陷波器的啸叫抑制效果。由于截取的是语音片段，

所以除去最后 4 个啸叫频点后，可以看出共出现 4 个陷波器（两根实线和两根虚线），而相对应的也有 4 个陷波器的去除（两根单点划线和两根双点划线）。

此外，从图 5-6（b）可以看出，一共出现 9 个啸叫频点，而图 5-6（c）只出现 8 个啸叫频点。由于陷波器的插入，原 15 000 采样点处的啸叫频点没有产生。单陷波器检测到的啸叫频率分别为 3 452Hz、1 451Hz、3 754Hz、2 494Hz、1 452Hz、3 229Hz、1 446Hz、1 427Hz、1 418Hz；双陷波器检测到的频率为 3 452Hz、2 494Hz、3 229Hz（陷波器 1）和 1 451Hz、1 452Hz、1 447Hz、1 678Hz、1450Hz（陷波器 2）。

5.4.4　算法回声性能比较

1. 单语音的回声抵消性能比较

实验所用语音数据同上节所述，截取前 20 000 个点进行测试。NLMS 算法的步长 $\mu = 0.3$；VLMS 算法的参数 $\mu_{max} = 5 \times 10^{-3}$，$\mu_{min} = 5 \times 10^{-4}$，$\lambda = 0.992$；NPVSS-VLMS 算法的参数 $K = 6$，自适应滤波器长度等于回声路径的长度；VSS-VLMS-UM 算法的参数 $K = 6$，自适应滤波器长度为回声路径长度的一半；VSN-NF 算法的步长 u_{max} 设置为 0.7（u_{min} 为 0.000 5）。啸叫的能量阈值为 10，$r = 0.98$。

1）未啸叫情况下的回声抵消性能分析

实验的前向路径增益 $G = 10dB$，实验结果如图 5-7 所示。由图 5-7 可知，在没有啸叫的情况下，NPVSS-VLMS 算法和 VSS-VLMS-UM 算法的初始收敛较快，比 VSN-NF 算法略好，而其余两种算法收敛较慢。但是对比最终收敛性能，VSN-NF 算法与 VSS-VLMS-UM 几乎一样。而且，对于 h_1 路径来说，VSS-VLMS-UM 的算法性能略有波动，没有 VSN-NF 算法稳定。对于 h_1 路径来说，VLMS 算法的最终收敛性能最佳；但是对于 g_1 路径来说，其性能只略好于 NLMS 算法。

2）啸叫情况下的回声抵消性能分析

为突出算法性能，在第 6 000 个采样点处，将真实回声路径放大 2 倍。实验的前向路径增益 $G = 20dB$。实验结果如图 5-8 和表 5-4 所示。

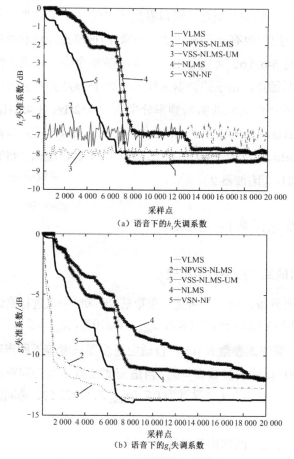

（a）语音下的h_1失调系数

（b）语音下的g_1失调系数

图 5-7　未啸叫下的回声抵消性能比较

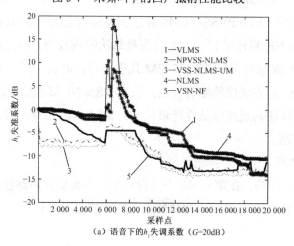

（a）语音下的h_1失调系数（G=20dB）

图 5-8　啸叫下的回声抵消性能比较

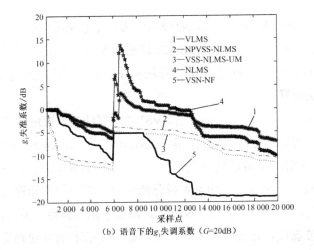

（b）语音下的g_1失调系数（G=20dB）

图 5-8　啸叫下的回声抵消性能比较（续）

表 5-4　声音质量评价指标

性能指标	路　径	算法 1	算法 2	算法 3	算法 4	算法 5
运行时间	h_1	0.20	0.23	0.22	0.16	0.28
	g_1	0.22	0.27	0.26	0.21	0.30
segSNR	h_1	−6.94	−7.02	−6.13	−6.92	−0.29
	g_1	−6.97	−7.02	−7.05	−7.00	−0.33
P_{ESQ}	h_1	2.05	1.95	2.35	2.4	3.02
	g_1	2.18	1.97	1.83	2.48	3.33
M_{OS}	h_1	1.45	1.25	1.30	1.21	2.4
	g_1	1.53	1.34	1.31	1.37	2.6

注：算法 1～算法 5 分别代表 NLMS 算法、NPVSS-VLMS 算法、VSS-VLMS-UM 算法、VLMS 算法和 VSN-NF 算法。

　　由图 5-8 可知，由于在 6 000 点时改变了回声路径，因此所有算法都在 6 000 点处出现明显的拐点。而 VSN-NF 算法在检测到啸叫时，关闭了自适应滤波算法，并保留当前估计的回声路径不变。因此，虽然在啸叫点处出现拐点，但是在啸叫过程中，失调系数保持不变。啸叫发生后经过约 250ms，陷波器被移去。对比五种算法，NPVSS-VLMS 算法和 VSS-VLMS-UM 算法的初始收敛较快，比 VSN-NF 算法略好。当啸叫发生后，NLMS 算法和 VLMS 算法的失调系数变化最大。由于路径变化发生啸叫，五种算法重新进行了迭代，从而使失调系数在啸叫发生时达到最大值，并逐渐收敛。对于路径 h_1 来说，除了标准 NLMS 算法，其余 4 种算法收敛后的失调系数基本相同。此外，从收敛过程看，VSN-NF 算法、NPVSS-VLMS 算法和 VSS-VLMS-UM 算法的性能差不多；对于路径 g_1 来说，标准 NLMS 算法和 VLMS 算法的失调系数估计较差，VSN-NF 算法最好。

从表 5-4 可知，从运行时间上看，VSN-NF 算法由于要进行 FFT 运算来评估啸叫频率，因此运行时间较长，但与 NLMS 算法相比差距不大。从其他性能对比可知，VSN-NF 算法的分段信噪比最好，语音质量的感知评价值和平均意见得分也最高。主观的平均意见得分低于语音质量的感知评价值，这是因为有啸叫产生，影响了听者的主观感觉。添加了陷波器后，虽然消除了啸叫，但在添加陷波器段，语音有所失真，同样影响了听者的主观感受。由于啸叫持续时间较短，因此 M_{OS} 和 P_{ESQ} 相差不大。

2. 回声抵消性能的统计比较

为了综合比较各种算法的性能，实验采用了耳遂听（OTOsuite）专业测听及验配软件中自带的语音样本进行测试。实验中所有的语音样本都取非静默声音，并截取 20 000 个采样点为 1 段。实验样本包括语音 56 段，其余参数设置同上。实验结果如图 5-9 和图 5-10 所示。

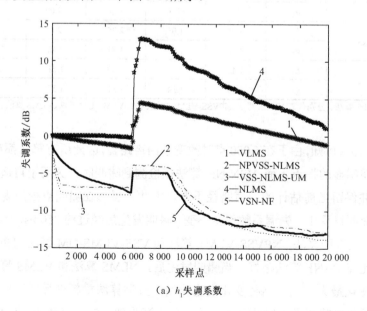

（a）h_1 失调系数

图 5-9　算法平均性能比较（一）

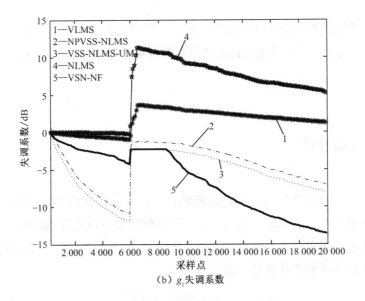

（b）g_1 失调系数

图 5-9　算法平均性能比较（一）（续）

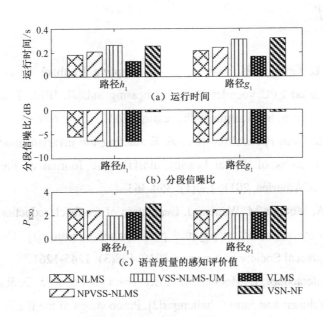

图 5-10　算法的平均性能比较（二）

从图 5-9 可以看出，算法的性能差异基本同图 5-8 所示，但也存在不同。从失准系数看：①NLMS 算法和 VLMS 算法的波动没有图 5-8 明显，可能是多条语音平均起到了平滑的作用；②对于多条语音来说，相比于其他算法，

VSN-NF 算法最终收敛的失调系数更好，g_1 路径比 h_1 路径的效果更好。此外，如图 5-10 所示，其他性能对比的结果与表 5-4 基本相似，说明各个算法的稳定性较好。

5.5　本章小结

本章主要介绍数字助听器回波抵消算法。首先，介绍了数字助听器回波抵消研究意义和主流算法；其次，介绍了系统模型及自适应 NLMS 回声估计算法的思想，提出一种变步长标准最小均方差-陷波器算法；最后，通过实验分析了算法的性能和计算复杂度。

参考文献

[1]　Ma G L, Gran F, Jacobsen F, et al. Adaptive feedback cancellation with band-limited LPC vocoder in digital hearing aids[J]. IEEE Transactions on Audio, Speech, and Language Processing, 2011, 19(4): 677-687.

[2]　Ma G L, Gran F, Jacobsen F, et al. Extracting the invariant model from the feedback paths of digital hearing aids[J]. The Journal of the Acoustical Society of America, 2011, 130(1): 350-363.

[3]　Spriet A, Moonen M, Wouters J. Evaluation of feedback reduction techniques in hearing aids based on physical performance measures[J]. The Journal of the Acoustical Society of America, 2010, 128(3): 1245-1261.

[4]　Van Waterschoot T, Moonen M. Fifty years of acoustic feedback control: State of the art and future challenges[J]. Proceedings of the IEEE, 2011, 99(2): 288-327.

[5]　梁瑞宇, 邹采荣, 赵力, 等.汉语数字助听器高频听损增强方法的实验研究[J]. 声学学报, 2012, 37(5): 527-533.

[6]　Agnew J. Acoustic feedback and other audible artifacts in hearing aids[J].

Trends in Amplification, 1996, 1(2): 45-82.

[7] Chung K. Challenges and recent developments in hearing aids: part II. Feedback and occlusion effect reduction strategies, laser shell manufacturing processes, and other signal processing technologies [J]. Trends in Amplification, 2004, 8(4): 125-164.

[8] Ngo K, Van Waterschoot T, GræSbøLl Christensen M, et al. Improved prediction error filters for adaptive feedback cancellation in hearing aids[J]. Signal Processing, 2013, 93(11): 3062-3075.

[9] Guo M, Jensen S H, Jensen J. Novel acoustic feedback cancellation approaches in hearing aid applications using probe noise and probe noise enhancement[J]. IEEE Transactions on Audio, Speech, and Language Processing, 2012, 20(9): 2549-2563.

[10] 楼厦厦, 郑成诗, 李晓东. 自适应零限波束形成语音增强算法鲁棒性分析[J]. 声学学报, 2007, 32(5): 468-476.

[11] 陈锴, 卢晶, 徐柏龄. 基于话者状态检测的自适应语音分离方法的研究[J]. 声学学报, 2006, 31(3): 211-216.

[12] 任岁玲, 葛凤翔, 郭良浩. 基于特征分析的自适应干扰抑制[J]. 声学学报, 2013, 38(3): 272-280.

[13] Benesty J, Rey H, Rey Vega L, et al. A nonparametric VSS NLMS algorithm[J]. IEEE Signal Processing Letters, 2006, 13(10): 581-584.

[14] Rotaru M, Albu F, Coanda H. A variable step size modified decorrelated NLMS algorithm for adaptive feedback cancellation in hearing aids[C] // 10th International Symposium on Electronics and Telecommunications. Timisoara, Romania, 2012:263-266.

[15] Paleologu C, Ciochina S, Benesty J. Variable step-size NLMS algorithm for under-modeling acoustic echo cancellation[J]. Signal Processing Letters, IEEE, 2008, 15: 5-8.

[16] Kim J, Chang J, Nam S. Sign subband adaptive filter with ϕ1-norm minimisation-based variable step-size[J]. Electronics Letters, 2013, 49(21): 1325-1326.

[17] Strasser F, Puder H. Sub-band feedback cancellation with variable step sizes

for music signals in hearing aids[C] // 2014 IEEE International Conference on Acoustics, Speech and Signal Processing (ICASSP), Florence, Italy, 2014:8207-8211.

[18] Rafaely B, Roccasalva-Firenze M, Payne E. Feedback path variability modeling for robust hearing aids[J]. The Journal of the Acoustical Society of America, 2000, 107(5): 2665-2673.

[19] Hellgren J, Lunner T, Arlinger S. Variations in the feedback of hearing aids[J]. The Journal of the Acoustical Society of America, 1999, 106(5): 2821-2833.

[20] Olson L, Musch H, Struck C. Digital solutions for feedback control [J]. Hearing Review, 2001, 8(5): 44-49.

[21] Kuk F, Ludvigsen C, Kaulberg T. Understanding feedback and digital feedback cancellation strategies[J]. Hearing Review, 2002, 9(2): 36-41.

[22] 邹采荣, 梁瑞宇, 王青云. 数字助听器信号处理关键技术[M]. 北京: 科学出版社, 2016.

[23] Spriet A, Rombouts G, Moonen M, et al. Combined feedback and noise suppression in hearing aids[J]. IEEE Transactions on Audio, Speech, and Language Processing, 2007, 15(6): 1777-1790.

[24] Siqueira M G, Alwan A. Steady-state analysis of continuous adaptation in acoustic feedback reduction systems for hearing-aids[J]. IEEE Transactions on Speech and Audio Processing, 2000, 8(4): 443-453.

[25] Shusina N A, Rafaely B. Unbiased adaptive feedback cancellation in hearing aids by closed-loop identification[J]. IEEE Transactions on Audio, Speech, and Language Processing, 2006, 14(2): 658-665.

[26] Boukis C, Mandic D P, Constantinides A G. Toward bias minimization in acoustic feedback cancellation systems[J]. The Journal of the Acoustical Society of America, 2007, 121(3): 1529-1537.

[27] Liang R Y, Wang X, Wang Q Y, et al. A joint echo cancellation algorithm for quick suppression of howls in hearing aids[J]. IEEE Transactions on Electrical & Electronic Engineering, 2017, 12(4): 565-574.

[28] 梁瑞宇, 王侠, 王青云, 等. 啸叫快速抑制的助听器回声抵消算法[J].

声学学报, 2016, 41(2): 249-259.

[29]　惠俊英, 蔡平, 马晓民. 自适应陷波滤波器应用研究[J]. 声学学报, 1991, 16(1): 19-24.

[30]　Meng H, Liu Y. Algorithm of adaptive ZoomFFT based on complex modulation[J]. Yi Qi Yi Biao Xue Bao/Chinese Journal of Scientific Instrument, 2008, 29(suppl): 616-620.

[31]　Guo M, Jensen S H, Jensen J. Evaluation of state-of-the-art acoustic feedback cancellation systems for hearing aids[J]. Journal of the Audio Engineering Society, 2013, 61(3): 125-137.

[32]　Madhu N, Wouters J, Spriet A, et al. Study on the applicability of instrumental measures for black-box evaluation of static feedback control in hearing aids[J]. The Journal of the Acoustical Society of America, 2011, 130(2): 933-947.

[33]　Wojcicki K, Milacic M, Stark A, et al. Exploiting conjugate symmetry of the short-time fourier spectrum for speech enhancement[J]. IEEE Signal Processing Letters, 2008, 15: 461-464.

[34]　Wang Q Y, Zhao L, Qiao J, et al. Acoustic feedback cancellation based on weighted adaptive projection subgradient method in hearing aids[J]. Signal Processing, 2010, 90(1): 69-79.

[35]　Jakob N, Michael E. Feedback cancellation with low frequency input: US[P]. 2006.

第 6 章

助听器降频算法

· · · · · · · ·

6.1 引言

　　语音中大部分关键的信息都集中在高频区，如汉语中的擦音/s/、/sh/、/f/和塞擦音/zh/、/ch/等。在所有的听损患者中，大约 90%的成人听损患者和 75%的儿童听损患者的听力图是斜降形的。因此，在高频区，他们可能会因听损而听不到任何声音。有些重度高频听损的患者即使选配了助听器，也无法从声音放大中获益，其主要原因如下[1, 2]：①为避免助听器出现声反馈，限制了助听器的增益；②受助听器的功率限制，在高频区不能提供足够的增益；③患者存在耳蜗死区，即耳蜗内毛细胞受损，或者存在神经功能退化。耳蜗死区会产生频偏听力，即包含耳蜗死区处频率信号被旁边正常的毛细胞感受到。存在耳蜗死区患者的基频检测能力下降，其感知到的语音是畸变的[3]。即使助听器能提供足够的高频增益，对患者来说仍然存在高频信号不可懂的情况。前两种原因可以通过提升助听器声反馈抑制系统的性能，以及增加助听器功率的方法来解决；第三种原因是由患者本身造成的，存在内耳毛细胞缺失或高频区的神经功能缺失，通过助听器动态范围压缩放大技术，不但不能给患者带来益处，反而会让患者感到不适，甚至带来一些负面的影响。提高重度及以上的听损患者的语音可懂度一直是一个挑战。解决这一挑战的候选方案为佩戴电子耳蜗或移频助听器。电子耳蜗需要时间来适应合成的电子信号，而且需要专门的系统来训练[4]。电子耳蜗需要手术完成，价格较高，不易被一般家庭所接受，还可能会产生头皮或耳朵部分麻木、颜面神经受伤等副作用。因此，在这种情况下，使用降频助听器成为不错的选择。尽管助听技术有了很大的发展，但是对于高频听损患者而言，现在的助听器仍然很难让听损患者获取满意的高频信号[5]。早期降频助听器是为了解决高频重度听损问题的，现在也可用于轻度听损患者，用于帮助患者获取 6kHz 以上的信号[6]。

　　降频技术适用的对象主要是一些不能从动态范围压缩放大技术中获取益处的感音性高频听损患者。通过降频技术，可将听损患者无法感知的高频信号移至残余听力相对较好的低频区或中频区。降频技术的最新研究表明，对言语识别的益处主要体现在擦音识别方面[6]，如/f/、/s/、/sh/。女性或儿童发/s/的共振峰频率为 6.3～8.3kHz，声压级为 57～68dB，高频陡降形听损患者使用动态范围压缩助听器就不能听到这些音。对于高频听损严重的患者，尤其是处于学习语言期的儿童来说，这些音非常重要[7]。Moeller 等人[8]对 10 名 12 个月大的婴儿进行了长达 1 年的跟踪调查。这些婴儿一出生即被诊断为患有感音性听损，并选配了合适的助听器。研究结果发现，这些婴儿尽管接受了早期干预，但是仍然很难正确地发出擦音和塞擦音。这说明高频听损的患儿难以从动态范围压缩助听器中获得益处。在同样的条件下，成人可以利用上下文信息获得听觉中缺失的信息；但是听损婴儿处于语言学习发展时期，没有这个能力，因此，其言语识别能力比成人差。Glista 等人[9]研究了患有斜降形感音性听损的儿童和成人使用非线性频率压缩助听器的情况。研究结果表明，受试者在辅音识别和复数识别方面有明显的改善，非线性频率压缩算法可以提高语音识别率及降低高频信号的觉察阈。

　　针对听损患者高频听力损伤的问题，本章介绍并讨论了助听器降频算法。6.1 节介绍降频算法的研究意义和现状；6.2 节简单介绍目前几种主流技术，并分析目前存在的问题；6.3 节提出一种非线性频率伸缩算法[10]，介绍算法的原理，并且通过实验对算法性能进行分析与测试；6.4 节对本章进行总结。

6.2 助听器降频算法概述

2009 年, Simpson 对降频助听技术做了较为全面和细致的总结, 并展望了降频助听技术的发展前景[11]。降频算法是改善高频听力损失的主要助听器技术。在国外, 降频助听技术的研究较早, 形成了四类主要方法: 声码器、慢速回放、频率转移和频率压缩[11]。

目前, 各种降频算法取得了一些成果, 而且全世界有一半以上的主流助听器厂家都在生产降频助听器[6], 但是关于降频助听器的适用人群和获得的益处仍然存在争议, 主要有以下几个方面的原因。首先, 缺乏统一的标准验证各种降频算法的性能, 有的算法测试擦音、塞擦音的识别率, 有的算法测试辅音的识别率, 还有的算法辨别单复数。其次, 各研究使用的测试对象也不相同, 有的采用听力图为斜降形的听损患者为受试者; 有的采用听力图为陡降形的听损患者为受试者, 有的采用听损为中–重度的听损患者为受试者, 有的采用听损为重–极重度的听损患者为受试者; 有的采用成人受试者, 有的采用儿童受试者。再次, 在验配过程中, 同一种压缩算法的不同研究设置的参数也不同, 有的设置成统一的参数, 有的设置成因人而异的参数。因此, 不同的研究得到不一致的研究结论。另外, 现有的研究成果基本上都是对母语为英语的患者进行测试的, 而汉语和英语在听觉感知方面是不同的[12~14]: 汉语中元音持续的时间比辅音时间长, 而英语相反[12]; 汉语是声调语言[13], 而英语是语调语言; 汉语中包含较多的清辅音, 清辅音在辨义方面起重要的作用, 若听不清清辅音, 患者听辨语言的能力则大大下降[14]。

6.3 常用降频算法分析

6.3.1 实验设置

为了保证所有算法处在相同的测试条件下, 本研究的受试者包含 10 位正常听力者（8 男 2 女）和 3 位听损患者（2 女 1 男）。正常听力者分成两组：6 位模拟听损测试者和 4 位模拟陡降听损测试者。本实验的实验数据不仅包含语音，还包含其他环境声音。正常听力者的测试流程如图 6-1 所示。

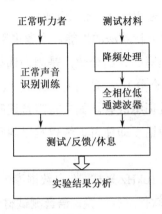

图 6-1　正常听力者的测试流程

首先，所有正常的听力测试者必须经过正常声音识别训练，减少因为缺乏专业知识（如乐器）或没有概念（如鲸鱼叫声）而导致的识别偏差。与听损患者的训练相比，这种正常声音进行训练是不一样的。训练声音播放 3 遍后，对受试者进行简单测试，如果识别率达到 85%以上，认为他已通过训练；否则，认为他未通过训练，应继续训练。

测试环境为中等大小的消声室。在测试中，每个受试者坐在距离扬声器 1m 的位置。每个声音样本的长度为 5s。发音平均强度为 55～60dB。这与日常交谈的强度相似。测试过程分为三个部分：听测试声音、识别结果反馈和休息。识别结果反馈采用三级可选记录方式，如表 6-1 所示。

表 6-1　测试反馈表及评分标准

声音编号	1	2	3	…	评分标准
① 首选的内容	…	…	…	…	正确：1 分； 错误：0.25 分
② 可能的内容	…	…	…	…	正确：0.75 分； 错误：0.25 分
③ 听到但不知内容	□	□	□	…	选择：0.5 分
④ 几乎听不到	□	□	□	…	选择：0 分

每组语音或环境声间隔为 5～10s，以保证受试者有足够的时间记录结果。受试者可以根据听到的声音，填写表 6-1 第一列中的①、②或选择③、④。为防止受试者听觉疲劳，实验中，一般每测试 45min 休息 20min；但在含噪声音测试时，每测试 30min 休息 30min。测试完成后，根据受试者所填的表格，进行识别率评估。为了全面分析算法的性能，本章采用表 6-1 所示的评分标准。这里设置③大于①和②填写错误的分数，是因为选择③有两种常见原因：一是受试者没听过（训练不充分）；二是因为降频，声音失真，听起来与众不同。这两种情况后期可以通过训练改善。如果将声音误听为其他声音，则是由降频后的失真造成的。这种错误即使再训练也难以纠正，只能通过改变算法细节实现，因此其分数较低。

实验的所有声音都是 16kHz 采样，选自数据库中的声音，如果不是 16kHz 采样，必须通过Cool Edit软件进行转换。语音测试材料都选自《普通话水平测试实施纲要》，由具有标准汉语发音的男声或女声录制，并根据文献[15]进行选择组织并生成音节、单词和句子测试表。实验中选择的噪声都来自 Noise-92 噪声库，根据语音长度按照不同的信噪比叠加在测试信号中。环境声有四类：动物声音、自然声音、日常声音和乐器声音。其中，动物声音 29 种、自然声音 5 种、日常声音 33 种、乐器声音 19 种。每种声音包含 4～5 组相似的语音片段，每段语音长度为 5s。

在针对正常受试者的实验中，所有算法的截止频率均为 1kHz。慢放算法[16]和线性压缩算法[17]的比例因子设为 2。多通道声码器的实现方法是将语音通过 0.8kHz 的低通滤波器，然后将 4 种不同中心频率的带通噪声分别调制转移到低频的输出频带上。其生成的信号作为高频部分，最后与通过的低通滤波器的语音信号混合产生降频信号[18]。频移算法采用的是 Widex Inteo 公司的 AE 助听器中使用的线性频移算法，即高于截止频率的一个倍频程转移到低频区与原先的低频信号叠加[19]。非线性压缩算法的输入频率和输出频率的映射关系按照文献[20]进行设置。

6.3.2 英汉语言要素识别比较

音标是构成语言的最基本要素。通过对音标的识别分析，有助于改善对语音的识别，更重要的是可以学习发音。此外，对于汉语来说，声调是很重要的要素。本章比较了五种降频算法的英汉语言要素的识别情况，设定的截止频率为 1kHz，识别结果如表 6-2 所示。此处，慢放算法和线性压缩方法的比例因子都设为 2。如果将 8kHz 的信号都压缩到 1kHz 内，则需要的因子为 8。此时，时域上的过度拉伸导致无法辨认任何声音。

表 6-2　英汉基本语言要素识别结果

语　　种	类型/个数	算　　法				
		声码器/%	慢放/%	频移/%	线性压缩/%	非线性压缩/%
英语	元音（20）	72	80	83	81	89
	辅音（28）	65	70	77	68	73
汉语	韵母（39）	69	76	78	74	76
	声母（21）	56	65	60	56	60
	声调（4）	85	55	94	40	93

如表 6-2 所示，各种算法对英语的识别率要好于汉语的识别率，元音比韵母平均高 6.4%，辅音比声母平均高 11.2%。实际上，识别结果可能会更高，因为受试者的母语是汉语，在对一些英语辅音的判断上可能本身就存在不足，如/tʃ/和/ʃ/、/ts/和/dz/等。对汉语音标识别率偏低的原因主要有两个：一是受试者常将/i/误听为/u/，从而影响复韵母和鼻韵母的识别，如/ia/、/iao/、/in/和/ing/等；二是汉语有 17 个清辅音，而英语只有 10 个，因此其识别结果要低于英语，/j/、/q/和/x/常被误听为/z/、/c/和/s/。

在对声调的判断中，频移方法和非线性压缩方法明显好于线性压缩方法和声码器方法。线性压缩方法最差，声码器方法较好。频移方法和非线性压缩方法由于保持低频部分不变，即保持了较好的基频曲线，因此其声调识别率要好于其他两种方法。

图 6-2 所示为/shǐ/的基频变化曲线。从图 6-2 可以看出，对于汉语的识别，尤其是对声调的识别，频移方法和非线性压缩方法较好。由于声调对于汉语识别非常重要，因此，后续实验主要对这两种方法进行比较。声码算法虽然声调识别率也比较高，但是过去的研究指出，该算法对于改善高频听力并无多大作用。从表 6-2 也可以看出，该算法对汉语音素的识别率也不高。此外，慢放方法作为一种有成熟产品的方法，在后续的比较中，也考虑了该算法。

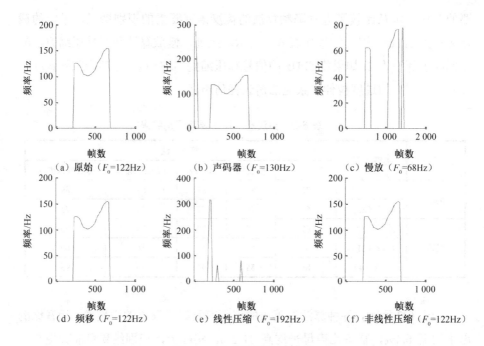

图 6-2 /shí/的基频变化曲线

6.3.3 环境声识别性能比较

本实验比较了慢放方法、频移方法和非线性压缩方法对四类非语音的识别。由于语音信号的能量主要集中在低频区，因此，这些非语音的识别与语音的识别相比是有很大区别的。本实验的目的就是验证降频算法对能量集中在高频区的环境声的识别。环境声识别率如图 6-3 所示。非线性压缩方法和频移方法对环境声的识别相差不大。慢放方法的起伏较大，而且受试者反映听到的声音自然度较差，拖沓感明显。通过分析实验数据，得出以下结论。

（1）有两类声音识别效果较差：①自然声音（如风声、雨声等）。在一些实验中，此类声音常作为噪声使用，而降频后的声音较沉闷，容易混淆；②高频声音，尤其是高低频能量对比明显的声音（如鹰、海豚等叫声）：从频移或频率压缩的原理来看，频率越高的区域，其压缩的比例越大，因此，其失真越大。所以，降频后，几乎无法辨认，甚至听不到声音。

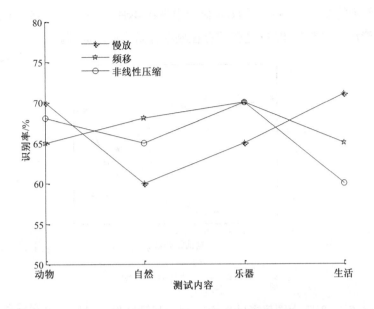

图 6-3　环境声的识别率

（2）图 6-3 中显示的慢放速率是 2 倍，但是通过实验发现，适当改变慢放速率可以改善高频声音的识别率。以动物声音为例，鹰和鲸鱼、鸟、蟋蟀的慢放因子分别为 2、3、4。此外，其他动物声音，不经过降频，人耳也可以较好地辨识。

6.4　非线性频率伸缩数字助听方法

6.4.1　算法原理

针对听损患者频率分辨力降低的问题，文献[21]将输入声信号划分成若干子带，将每个子带信号都向中心频率处压缩，增大信号的频率差异，减小患者对频率的混淆程度。但这种处理并未考虑患者的个性化听觉特性，而且带来过多的信号畸变。事实上，听损患者在每个频点的听力损失程度不同，而且其在每个频点的频率分辨力差异也很大。例如，噪声性耳聋往往导致如

图 6-4 所示的 V 形听力图。图 6-4 提示患者在 4kHz 处听损为 65dB HL，给予响度补偿后，患者在 4kHz 处仍然存在频率分辨力低的问题。

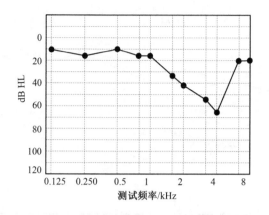

图 6-4 噪声性耳聋听力图

针对该 V 形听力图患者的频率分辨力测量结果，对输入声音信号进行非线性频率伸缩变换（见图 6-5），针对频率混淆区域（B 点和 C 点之间）进行频率拉伸。拉伸的目的是将患者不敏感区域的频率信号移出不敏感区。非线性频率拉伸图线如图 6-5 中 BC 段所示，拉伸系数如式（6-1）所定义，其数值可以根据需要进行调整。

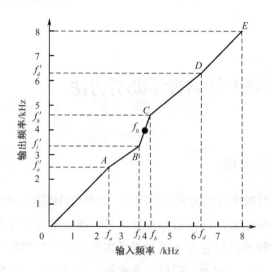

图 6-5 非线性频率伸缩变换

$$\gamma = \frac{f_h' - f_l'}{f_h - f_l} \tag{6-1}$$

为保证拉伸后频率与原有频率信号不混叠，拉伸范围之外的信号需进行频率压缩。压缩频段起始点和压缩系数都可以根据需要进行调整。如图 6-5 所示，AB 段从 f_a 至 f_l 进行频率压缩，CD 段从 f_h 至 f_d 进行频率压缩。AB 段的频率压缩系数 β_1 和 CD 段的频率压缩系数 β_2 如式（6-2）定义。

$$\beta_1 = \frac{f_l' - f_a'}{f_l - f_a}, \quad \beta_2 = \frac{f_d' - f_h'}{f_d - f_h} \tag{6-2}$$

进行频率拉伸和压缩后，原有声信号产生一定畸变，但患者对频率的敏感度和分辨力提高。同时，由于人耳对语音的辨识与音素的相对频率有关，而频率拉伸和压缩并未改变频率分量的相对位置，故不影响言语识别。

针对当前的数字助听器语音信号处理流程，频率伸缩算法可以全带实现，也可以插入多通道数字助听器的子带处理中。其处理流程如图 6-6 所示。在子带的非线性频率伸缩单元中，根据图 6-5 所设计的拉伸系数及压缩系数，在频域进行插值和抽样操作，如图 6-7 所示。图 6-7 中，k 为原信号经 N 点傅里叶变换后的谱序列，k' 为映射后的序列，$\begin{bmatrix} n_l & n_h \end{bmatrix}$ 为原信号中频率拉伸起始点，$\begin{bmatrix} n_l' & n_h' \end{bmatrix}$ 为拉伸后位置。

$$n_l' = n_l - \frac{(\gamma - 1)(n_h - n_l)}{2}, \quad n_h' = n_h + \frac{(\gamma - 1)(n_h - n_l)}{2} \tag{6-3}$$

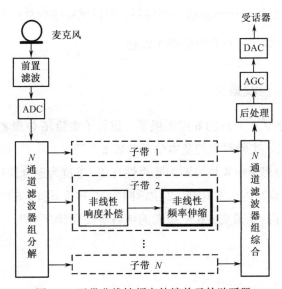

图 6-6 子带非线性频率伸缩单元的助听器

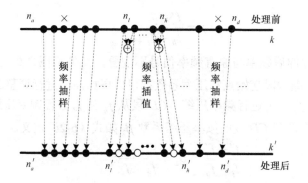

图 6-7　频域插值与抽样方法

采用插值方式将 $\begin{bmatrix} n_l & n_h \end{bmatrix}$ 映射至 $\begin{bmatrix} n_l' & n_h' \end{bmatrix}$，增加了 $(\gamma-1)(n_h-n_l)$ 个频点。同时，通过频率抽样将 $\begin{bmatrix} n_a & n_l \end{bmatrix}$ 和 $\begin{bmatrix} n_h & n_d \end{bmatrix}$ 分别压缩至 $\begin{bmatrix} n_a' & n_l' \end{bmatrix}$ 和 $\begin{bmatrix} n_h' & n_d' \end{bmatrix}$，减少 $(\gamma-1)(n_h-n_l)$ 个频点，其中

$$\begin{cases} n_a' = n_a = n_l - \dfrac{1}{2} \cdot \dfrac{\gamma-1}{1-\beta_1}(n_h-n_l) \\[3mm] n_d' = n_d = n_h + \dfrac{1}{2} \cdot \dfrac{\gamma-1}{1-\beta_2}(n_h-n_l) \end{cases} \tag{6-4}$$

将序列 k 中 $\begin{bmatrix} n_0 & n_a \end{bmatrix}$ 和 $\begin{bmatrix} n_d & n_{N_w} \end{bmatrix}$ 映射至序列 k' 中 $\begin{bmatrix} n_0' & n_a' \end{bmatrix}$ 和 $\begin{bmatrix} n_d' & n_{N_w}' \end{bmatrix}$。经过以上频率插值和抽样后，可以保持序列总长度不变，经傅里叶逆变换后的时域信号不会产生频率混叠。

6.4.2　实验设置

对听力图分型为 V 形的 6 位听损患者进行了实验。6 位患者为东南大学附属中大医院病人，实验对象的基本信息如表 6-3 所示，年龄 25～60 岁，平均年龄 42 岁。6 位患者中 4 位诊断为噪声性耳聋、1 位为退合性耳聋、1 位为遗传性耳聋，4 位诊断为中度耳聋、2 位诊断为中-重度耳聋。6 位患者都有不少于 3 个月的助听器佩戴史。6 位患者的纯音听阈及频率辨别阈测试结果如表 6-4 所示。

表6-3 实验对象的基本信息

对象	年龄	性别	耳聋原因	病史	耳聋分级	助听器佩戴时间
S1	42	男	噪声性耳聋	2 年	中度	1 年
S2	25	男	遗传性耳聋	1 年	中度	3 个月
S3	47	男	噪声性耳聋	4 年	中度	1 年
S4	60	女	退合性耳聋	5 年	中-重度	2.5 年
S5	38	女	噪声性耳聋	4 年	中-重度	2 年
S6	40	女	噪声性耳聋	4 年	中度	2 年

表6-4 6位患者的纯音听阈及频率辨别阈测试结果

对象	耳	频率/kHz											频率辨别阈/kHz
		0.125	0.25	0.5	0.75	1	1.5	2	3	4	6	8	
S1	左	25	20	25	20	25	25	30	35	**55**	30	25	$4 \times [1 \pm 1.6\%]$
	右	25	25	20	15	20	20	25	30	**50**	30	25	
S2	左	20	25	25	20	25	25	30	**50**	30	25	25	$3 \times [1 \pm 3.2\%]$
	右	25	25	25	30	30	25	35	**55**	30	25	30	
S3	左	25	20	25	25	25	35	35	35	**55**	35	30	$4 \times [1 \pm 3.2\%]$
	右	20	25	20	25	20	25	30	35	**50**	30	25	
S4	左	25	30	30	30	35	35	35	35	40	**65**	45	$6 \times [1 \pm 6.3\%]$
	右	25	25	25	25	30	35	40	45	45	**65**	45	
S5	左	30	35	40	40	45	45	45	45	**65**	45	45	$4 \times [1 \pm 6.3\%]$
	右	35	30	40	45	45	45	45	50	**70**	45	50	
S6	左	20	25	25	25	25	25	30	**55**	40	35	35	$3 \times [1 \pm 1.6\%]$
	右	20	15	20	20	25	25	30	**50**	35	35	30	

6.4.3 客观实验

对 6 位患者进行言语测听实验，实验选用人民卫生出版社出版的《汉语普通话言语测听 CD》中的单音节词表和双音节词表。言语测听操作按照文献[22]和文献[23]的规范进行，计算机言语测听平台参考文献[24]建立。

实验前，采用非线性频率伸缩方法对测试的样本进行助听处理。针对不同患者，根据频率辨别阈采用频率伸缩算法进行频率拉伸，并对其两端信号进行相应的频率压缩处理。实验选用的拉伸系数 γ 和压缩系数 β_1、β_2 如表 6-5 所示。

表6-5 频率伸缩算法参数

对象	频率辨别阈/kHz	f_l/Hz	f_h/Hz	γ	β_1	β_2
S1	$4 \times [1 \pm 1.6\%]$	3 936	4 064	4	0.95	0.95
S2	$3 \times [1 \pm 3.2\%]$	2 904	3 096	3	0.94	0.96
S3	$4 \times [1 \pm 3.2\%]$	3 872	4 128	3	0.94	0.94
S4	$6 \times [1 \pm 6.3\%]$	5 625	6 375	2	0.93	0.81
S5	$4 \times [1 \pm 6.3\%]$	3 750	4 250	2	0.93	0.93
S6	$3 \times [1 \pm 1.6\%]$	2 952	3 048	4	0.97	0.98

频率伸缩处理后的波形图、语谱图均取得了较好的效果。图6-8所示为男声双音节词"许多"在处理前和处理后的波形图和语谱图。此处，$f_0 = 4\text{kHz}$，频率拉伸频段为$[3.75\text{kHz} \quad 4.25\text{kHz}]$，拉伸系数$\gamma = 2$，压缩系数$\beta_1 = 0.93$、$\beta_2 = 0.93$。

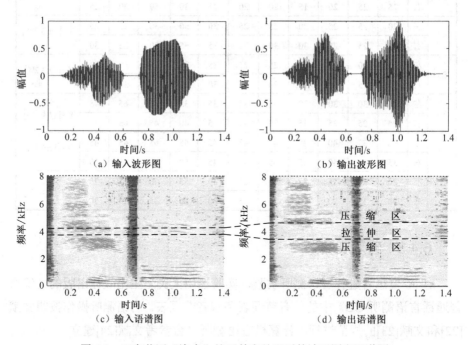

图6-8 双音节词"许多"处理前和处理后的波形图和语谱图

从图 6-8（a）和图 6-8（b）可以看出，处理后的输出信号波形图与处理前的输入信号波形图包络基本一致，略有畸变。经正常人耳试听，输出语音清晰可辨，无明显失真。从图 6-8（c）和图 6-8（d）可以看出，输入信号在输出语谱图中[3.75kHz 4.25kHz]区域的语谱被明显拉伸，声纹间距增大，能量被稀释；而高频区和低频区的语谱被压缩，声纹略有挤压。由于压缩系数接近 1，因此，它对压缩区域语谱的影响并不明显。

6.4.4 言语识别率实验

数字助听算法最终的目的是提高患者的言语识别率和交流能力。如表 6-6 所示，语音信号中不同频率的分量对言语识别的贡献度各不相同[25]。在汉语中，清辅音的能量主要集中在中高频。中高频听力损失及频率分辨力下降影响患者对清辅音的辨识，产生言语理解困难。

表 6-6 不同频率的分量对言语识别的贡献度

频率范围/kHz	0～0.25	0.25～0.5	0.5～1	1～2	2～4	4～8
贡献度/%	2	3	35	35	13	12

应用单音节词表（包括原始词表和频率伸缩后的词表）对患者进行实验，在不同给声强度下，测试患者的言语识别率。患者通过压耳式耳机收听测试词表，非测试耳根据需要施加掩蔽。测试前对患者讲解测试方法，要求患者口头复述所听内容。每张词表 25 个词，重复测量时使用不同的词表，以避免患者记住文字内容。

6 位患者言语识别率与言语强度的 $P\text{-}I$ 曲线如图 6-9 所示。图 6-9（a）所示为应用原始测听词表得到的结果，图 6-9（b）所示为应用频率伸缩后的测听词表得到的结果。图中 50%言语识别率与 $P\text{-}I$ 曲线的交点对应的输入声压级为各测试对象的言语识别阈。

从图 6-9（a）可以看出，纯音听力测试结果相近的患者，其言语识别率测试结果可能有较大的差距。例如，实验对象 S1 和 S3，他们的纯音听阈数据相近，但实验对象 S1 的最大言语识别率达到 82%，而实验对象 S3 的最大言语识别率只能达到 74%，其言语识别阈也相差近 10dB。实验对象 S5 的 $P\text{-}I$ 曲线在输入声压级 80dB 时达到最大言语识别率，随后反而下降，提示该患者可能有听觉中枢障碍。实验对象 S2 的最大言语识别率比 S1 低，说明 3kHz 的听损对言语理解影响可能比 4kHz 大。

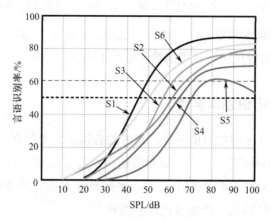

（a）原始词表P–I曲线

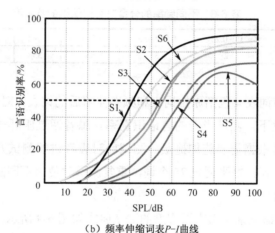

（b）频率伸缩词表P–I曲线

图6-9　6位患者言语识别率与言语强度的 *P-I* 曲线

从图 6-9（b）可以看出，应用频率伸缩后的词表，患者的言语识别率和言语识别阈都有所改善。除实验对象 S4 外，其他患者的最大言语识别率都有 4%～10%的提高，实验对象 S5 的最大言语识别率提升最大。实验对象 S1、S2、S5 及 S6 取得 3～8dB 的言语识别阈降低，实验对象 S2 的言语识别阈降低幅度最大。实验结果表明，患者在 3kHz 和 4kHz 的频率分辨力提高对言语理解有较好的效果。患者反映，他们对频率伸缩后的语音无明显不适，对清辅音的辨识能力也有所提高。

6.4.5　言语接收阈实验

佩戴数字助听器的患者面对真实声场景时，一般都有背景噪声。对纯净语音词表进行测量的结果往往不能反映患者的真实言语交流能力。本实验采用 SorroundRouter 声场景仿真软件，产生不同声压级的背景噪声，叠加双音节扬扬格测试词表，测量患者在噪声环境下的言语接收阈。SorroundRouter 声场景仿真软件可以生成市场、驾驶、聚餐、会议等不同声学场景背景噪声，并且能够在此基础上叠加多个通道前景声。背景声和前景声的音量和信噪比可调。本实验采用双重音双音节扬扬格词进行测试。测试时背景噪声级固定，每播放 5 个扬扬格词后，强度递减 5dB。首先确定受试者肯定能听清的言语强度作为初始给声级，然后顺序播放阶梯式下降词表，直至某一声级上全部 5 个扬扬格词均未能正确识别终止。言语接收阈按下式计算：

言语接收阈=初始给声言语级-过程中正确应答的数量+校正因子　　　（6-5）

图 6-10 显示了 6 位患者在驾驶声场景噪声环境（噪声强度 60dB）下，应用双音节扬扬格词表进行言语接收阈测试结果。测试前，对患者进行了训练。每位患者随机选择 3 张词表进行测试。

对比图 6-10（a）和之前的实验结果，在 60dB 驾驶声场景噪声环境下，6 位患者的言语接收阈比在纯净语音环境下普遍提高 10～15dB。其中，实验对象 S1 和 S6 增加 15dB，实验对象 S5 增加 12dB，其余患者都增加 10dB 左右。图 6-10（b）为应用频率伸缩方法后，患者在 60dB 驾驶声场景噪声下的言语接收阈测试结果。与图 6-10（a）相比，6 位患者的言语接收阈都有 2～8dB 降低。其中，实验对象 S5 降低了 8dB，实验对象 S3 降低 3dB，实验对象 S2 和 S6 降低了 4dB，实验对象 S1 和 S4 降低了 2dB。实验结果表明，非线性频率伸缩算法可以降低患者在噪声环境中的言语接收阈，提高患者的言语交流能力。在市场、聚餐和会议等不同噪声场景情况下的实验证明，同一患者在不同的背景噪声场景下，其言语接收阈改善结果也不同。其中，驾驶噪声场景下的言语接收阈改善数值较小，聚餐噪声场景下言语接收阈改善数值稍大。其原因可能是驾驶噪声频谱分布与语音谱差异较大，而聚餐时多人交谈的背景噪声频谱与语音很接近，导致患者难以辨识噪声与语音。非线性频率伸缩算法提高了噪声和语音的谱间距，以及患者的言语辨识能力。

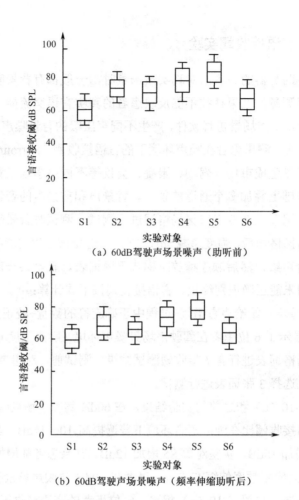

图 6-10　驾驶声场景噪声下言语接收阈测试结果

6.5　本章小结

　　针对患者高频听力损失严重的问题，本章对比研究现有降频助听算法的性能，提出非线性频率伸缩数字助听策略。首先，介绍降频算法的研究意义和常用算法；其次，通过实验对比几种常用的降频助听算法；最后，针对听损患者频率分辨力降低问题，提出一种非线性频率伸缩数字助听方法，并通过实验验证了该算法的性能。

参考文献

[1] 黄运甜, 段吉茸. 一种新的频率降低技术——声频移转[J]. 听力学及言语疾病杂志, 2015, 23(5): 534-536.

[2] 黄运甜, 段吉茸. 频率降低技术在助听器验配中的应用[J]. 听力学及言语疾病杂志, 2015, 23(4): 405-409.

[3] Moore B C. Dead regions in the cochlea: Conceptual foundations, diagnosis, and clinical applications[J]. Ear and Hearing, 2004, 25(2): 98-116.

[4] Fu Q, Galvin J J. Computer-assisted speech training for cochlear implant patients: Feasibility, outcomes, and future directions[J]. Seminars in Hearing, 2007, 28(2): 142-150.

[5] Dillon H. Hearing aids [M]. 2nd. Turramurra: Boomerang Press, 2012.

[6] Alexander J M. Individual variability in recognition of frequency-lowered speech[J]. Seminars in Hearing, 2013, 34(2): 86-109.

[7] Kuk F. Critical factors in ensuring efficacy of frequency transposition[J]. Hearing Review, 2007, 14(3): 60-68.

[8] Moeller M P, Hoover B, Putman C, et al. Vocalizations of infants with hearing loss compared with infants with normal hearing: Part I - Phonetic development[J]. Ear and Hearing, 2007, 28(5): 605-627.

[9] Glista D, Scollie S, Bagatto M, et al. Evaluation of nonlinear frequency compression: Clinical outcomes[J]. International Journal of Audiology, 2009, 48(9): 632-644.

[10] Wang Q Y, Liang R Y, Rahardja S, et al. Piecewise-linear frequency shifting algorithm for frequency resolution enhancement in digital hearing aids[J]. Applied Sciences, 2017, 7(4): 335(1-13).

[11] Simpson A. Frequency-lowering devices for managing high-frequency

hearing loss: A review[J]. Trends in Amplification, 2009, 13(2): 87-106.

[12] Chen F, Wong L L, Wong E Y. Assessing the perceptual contributions of vowels and consonants to Mandarin sentence intelligibility[J]. The Journal of the Acoustical Society of America, 2013, 134(2): 178-184.

[13] Fogerty D, Chen F. Vowel spectral contributions to English and Mandarin sentence intelligibility[C] // 2014 INTERSPEECH, 2014: 499-503.

[14] 杨琳, 张建平, 颜永红. 单通道语音增强算法对汉语语音可懂度影响的研究[J]. 声学学报, 2010, 18(2): 248-253.

[15] 齐士钤, 俞舸. 汉语语音合成系统评价方法[J]. 声学学报, 1998, 23(1): 19-30.

[16] Miller-Hansen D R, Nelson P B, Widen J E, et al. Evaluating the benefit of speech recoding hearing aids in children[J]. American Journal of Audiology, 2003, 12(2): 106-113.

[17] Turner C W, Hurtig R R. Proportional frequency compression of speech for listeners with sensorineural hearing loss[J]. Journal of the Acoustical Society of America, 1999, 106(compendex): 877-886.

[18] Posen M P, Reed C M, Braida L D. Intelligibility of frequency-lowered speech produced by a channel vocoder[J]. Journal of Rehabilitation Research and Development, 1993, 30: 26-38.

[19] Kuk F, Keenan D, Peeters H, et al. Critical factors in ensuring efficacy of frequency transposition Ⅰ: Individualizing the start frequency[J]. Hearing Review, 2007, 14(3): 60-67.

[20] Simpson A, Hersbach A A, McDermott H J. Improvements in speech perception with an experimental nonlinear frequency compression hearing device[J]. International Journal of Audiology, 2005, 44(5): 281-292.

[21] Kulkarni P, Pandey P, Jangamashetti D. Multi-band frequency compression for reducing the effects of spectral masking[J]. International Journal of Speech Technology, 2007, 10(4): 219-227.

[22] 郗昕. 言语测听的基本操作规范（上）[J]. 听力学及言语疾病杂志, 2011, 19(5): 489-490.

[23]　郗昕. 言语测听的基本操作规范（下）[J]. 听力学及言语疾病杂志, 2011, 19(6): 582-584.

[24]　郗昕, 黄高扬, 冀飞, 等. 计算机辅助的中文言语测听平台的建立[J]. 中国听力语言康复科学杂志, 2010(4): 31-34.

[25]　Liang R Y, Xi J, Zhou J, et al. An improved method to enhance high-frequency speech intelligibility in noise[J]. Applied Acoustics, 2013, 74(1): 71-78.

第 7 章

助听器方向性技术

. . . .

7.1 引言

在助听器语音增强方面，除降噪算法以外，方向性麦克风技术也是常用的方法之一。助听器方向性增强技术利用语音和噪声的空间差异实现语音增强，其实际效果仅次于调频系统[1]或红外监听系统。人与人面对面交流的情况比较普遍，因此，定向麦克风早期的设计是使来自前面的声音比来自后面与侧面的声音更加敏感。而且，很多数字助听器主要通过对环境信噪比的判断切换方向性麦克风和全向性麦克风[2]，只有在信噪比较低时，助听器才切换到方向性麦克风状态。但是，现实生活中，声源的方向是不固定的，因此，利用声源的位置进行方向性语音增强是更合理的方法。

在噪声环境下，相比于位于声源处的远程麦克风来说，多麦克风阵列是改善语音理解度的最有效方法。目前，用于助听器的方向性麦克风主要是固定阵列。这意味着，在任何环境下，它们具有相同的方向性模式（极性响应）。这些固定阵列的减处理操作，是将两个麦克风信号或单麦克风的两个入口的语音相减。商用助听器产品通常将固定阵列佩戴在胸前。更显著的发展是自适应阵列的引入，这些阵列具有随背景噪声方位变化的方向性。自适应阵列可自动改变信号的组合方式，使其在噪声源附近有最小敏感度。多麦克风可位于头部一侧或头部两侧。与固定阵列一样，自适应阵列在低噪声环境下的效率更高。

　　获得声源位置后，助听器可以利用波束形成技术对语音进行增强。虽然从理论上讲，传声器的数量越多、传声器间距越大，基于波束形成技术的方向性增强的效果越好，但是传声器数量、传声器间距、计算效率和功耗制约了大部分阵列算法应用于助听器。目前，双传声器或三传声器助听器仍然是主流产品。在双麦克助听器中，应用最多的是两步自适应波束形成算法[3, 4]。该算法采用两级结构：一级是固定滤波器，增强固定方向的声信号；另一级是自适应滤波器，自适应地调节滤波器参数，以制约其他方向的噪声信号。然而，在多噪声环境或回响严重的情况下，尤其是当存在非静态的噪声源（如多说话人等）时，自适应波束形成算法性能下降明显[5,6]。其根本原因是，在复杂场景下，自适应滤波器不能得到最佳的参数，从而影响其抑制噪声的能力。

　　本章主要介绍并讨论助听器方向性技术。7.1 节介绍方向性技术的研究意义；7.2 节详细介绍几种定向麦克风技术（一阶定向麦克风、自适应定向麦克风、二阶定向麦克风和麦克风阵列）的特点，以及目前存在的问题[2]；7.3 节介绍三种方向性麦克风的降噪原理[7]；7.4 节介绍实验方法，并实验仿真了在单声源、双声源和三声源情况下方向性麦克风的降噪性能；7.5 节对本章进行总结。

7.2　定向麦克风技术

7.2.1　声场模型

　　根据麦克风与声源距离远近的关系，可以将声场分为远场模型和近场模型[8]。在远场模型中，由于声源和麦克风之间的距离较远，可以认为到达麦克风的声波是平面波，并且可以忽略接收信号之间的幅度差异；而在近场模型中，由于声源和麦克风之间的距离较近，可以认为到达麦克风的声波是球面波，并且需要考虑接收信号之间的幅度差别。因此，近场模型的处理要比远场模型复杂。

在研究方向性麦克风之前，需要准确判断声场模型是远场还是近场，然后才能建立正确的信号处理模型。一种常用的判断远场还是近场的方法[9]如下：假设声源离麦克风阵列的中心距离为 r，麦克风之间的距离为 d，采样频率为 f_s，最高语音频率所对应的波长为 $\lambda_{\min}$，如果 $r > \dfrac{2d^2}{\lambda_{\min}}$ 则为远场，否则为近场。受助听器体积的限制，麦克风之间的距离 d 一般都在 0.05m 之内，即 $d < 0.05\mathrm{m}$。在本章中，采样频率 $f_s = 16\mathrm{kHz}$，因此，$\lambda_{\min} = \dfrac{c}{f_m} = \dfrac{340\mathrm{m/s}}{8\mathrm{kHz}} = 0.042\,5\mathrm{m}$，进而有 $\dfrac{2d^2}{\lambda_{\min}} < 0.117\,6\mathrm{m}$，而 r 一般都大于 0.5m，显然 $r > \dfrac{2d^2}{\lambda_{\min}}$。因此，在助听器中的声场模型为远场模型。

应用于助听器的麦克风主要有全向性麦克风及方向性麦克风两种。目前，数字助听器大多以方向性麦克风为主。全向性麦克风对各个方向声音的灵敏度都一样，因此它是一致性地接收各个方向的声音；而方向性麦克风会依据其方向性效果对不同角度的声音有不同的灵敏度，从而达到抑制某个方向的噪声或干扰信号的目的。

目前，助听器中的方向性麦克风技术多采用两个或两个以上的全向性麦克风，利用麦克风阵列技术达到方向性。麦克风阵列的排列形式直接影响信号建模的方式。在数字助听器中，麦克风阵列的排列方式主要分为两种：一种为 Broad-side Array[见图 7-1（a）]，如果以前方为 0°角方向，这种麦克风排列以 90°和 270°并列排列；另一种为 End-fire Array[见图 7-1（b）]，这种麦克风排列以 0°和 180°方式排列。

方向性麦克风的方向性效果常用极性图来表示，极性图（Polar Plot Patterns）以极坐标形式表示，用以表示系统对声音灵敏度与声音入射角度间的关系。常见的极性图模式有双极型（Bidirectional Pattern）、超心型（Hypercardioid Pattern）及心型（Cardioid Pattern），如图 7-2 所示。

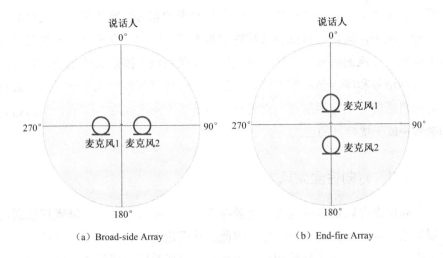

（a）Broad-side Array　　　　　（b）End-fire Array

图 7-1　麦克风阵列排列形式

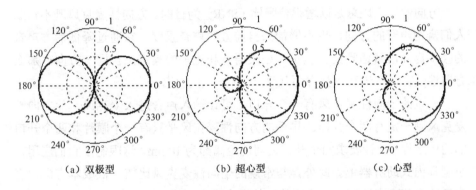

（a）双极型　　　　（b）超心型　　　　（c）心型

图 7-2　常见的极性图模式

从图 7-2 可以看出，双极型模式对来自 0°及 180°方向的声音灵敏度最高，对来自 90°和 270°方向的声音灵敏度最低，可起到抑制两旁声音的作用；超心型对来自 0°方向的声音灵敏度最高，对 180°方向的声音灵敏度次之，对 120°及 240°方向的声音灵敏度最低，可起到抑制斜后方声音的作用；心型对 0°或两侧方向的声音灵敏度较高，对来自 180°方向的声音灵敏度最低，可起到抑制后方声音的作用。

按极性模式是否固定，可将方向性麦克风分为固定性方向性麦克风和自适应方向性麦克风。固定性方向性麦克风的极性模式是固定的，不会随着时间的推移及噪声方向的改变而变化，零值方位角也是固定的。然而，在实际情形下，噪声方向可能随机变化，语音与噪声的相对位置也是随机变化的。在这种情况下，固定的极性模式往往效果不佳。因此，众多学者开始对自适应方向性麦克风的研究。自适应方向性麦克风克服了固定式的缺点，它可以依据目标信号和噪声信号的方位，自适应地改变其极性模式，使灵敏度最高的方向自适应对准目标信号，而灵敏度最低的方向朝向噪声方向，从而达到抑制噪声或干扰信号的目的。

7.2.2　方向性麦克风

方向性麦克风是客观地提高背景噪声下语音的识别率，而降噪算法则是主观地改善噪声下的听力舒适感。因此，从理论上来说，两者可以结合在一起工作[10]。与数字噪声衰减相比，方向性麦克风是解决背景噪声问题的一个相对简单的办法，也是低档助听器的基本特征[11]。

方向性麦克风总是以增强信噪比（SNR）为目的。方向性麦克风既不帮助人们辨别声音的方向，也不增加来自前方的声音强度。它通过降低后方声音的强度提高语音信噪比。但是，如果语音和竞争的噪声来自同一方向，那么方向性麦克风在语音增强方面几乎就没有作用了[12]。

典型的全向性麦克风有一个开口，可让输入声音进入麦克风，而方向性麦克风则一定有两个开口。早期的方向性麦克风是只有一个膜片和两个开口的简单结构。设计要求两个开口之间的距离约为10mm，这限制了它们应用在小型耳内式助听器上。此外，与常规的全向性麦克风比较，低成本方向性麦克风的内部噪声较高，会给安静时的用户带来困扰。

较新的方向性麦克风由两个分开的全向性麦克风[13]构成，如图7-3所示。除依赖到达两个开口的每个声音之间的空间时延外，双麦克风方向系统使用电子时间延迟[11]来改变内部时延。此时，实际的空间距离成为一个较为次要的影响因素。与两个开口的单麦克风相比，更加先进的双麦克风具有更小的本底噪声，而且具有根据环境改变极性图模式的能力，可实现的极性模式有双极型、心型、高心型和超心型[14]。但是，由于结构的限制（两个开口距离太小），方向性麦克风往往会切掉一些低频增益。因为低频有更长的波长，所以有较长的延时要求，从而在实际中很难满足理论上的相消要求。因此，与全向性系统相比，方向性系统的频率响应存在低频区衰减。事实上，方向性麦克风的两个开口的距离越小，其频率响应上的低频衰减越多[14]。

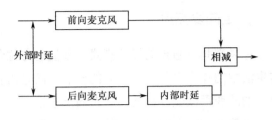

图 7-3 一阶双麦克定向麦克风结构

在实际生活中，即使信号处理方法、排气孔和助听器类型与实验室测试时完全相同，很大一部分的助听器使用者也并没有感觉定向效应的益处[15~18]。实际与理论存在差距的原因可能包括信号与噪声的相对位置、声音环境、噪声的类型与位置、使用定向麦克风时间所占的百分比等[15, 17~19]。随着定向麦克风使用量的增加，其局限性也逐渐显现出来。定向麦克风的局限性包括相对较高的内部噪声、低频增益的减少、对风噪声更高的敏感度、听不到来自后方的柔和声音[20, 21]。

尽管定向麦克风有上述局限，但它仍然是现阶段助听器中最有效的降噪方式之一。值得注意的是，验配定向麦克风时需要注意以下情况：①性能会受反射面（如墙或手）或混响的影响；②佩戴助听器后，定向助听器的极性模式和零值的位置与实验室相比有很大不同[22]；③需要确认低频补偿是否满足助听器使用者的听觉需求；④合适的麦克风模式可以提高定向助听器验配的成功率；⑤儿童使用定向麦克风会减少儿童学习语言技巧的机会[23]。

尽管一阶定向麦克风一般能提高 3～5dB 的信噪比，但是听损患者需要的信噪比常常远高于该值。在背景噪声下，一阶定向麦克风的优点不足以弥补听力损失者与正常听力者语音理解能力的差距。这推动了能提供更高的方向性的二阶定向麦克风[24]和麦克风阵列的发展。这些类似的"麦克风阵列"使利用波束形成技术提高 SNR 成为可能。波束形成通常基于 3 个或更多开口的方向性麦克风实现，可以增加系统的方向性指标（Directivity Index，DI），使助听器更有方向性。Simens 的 Triano™ 是第一个基于 3 个麦克风的耳背式数字助听器，可以增加 7～8dB 的 DI。

在 20 世纪 90 年代后期，方向性麦克风开始流行，主要原因在于用户可以自主控制方向性麦克风的启动与关闭，及其在耳内式助听器上应用。但是，方向性麦克风的尺寸要求与保持助听器的小尺寸的掩饰作用仍然存在矛盾。

7.2.3　自适应定向麦克风

早期的定向麦克风都具有固定的极性模式，零值的方位角也是保持恒定的。然而，现实生活中的噪声可能来自不同的地点，而且语音和噪声的相对位置也会随着时间的改变而改变。因此，具有固定极性模式的定向麦克风不会在所有情况下提供最佳的定向效果。随着技术的发展，现在许多数字助听器都集成了自适应定向麦克风。

目前，自适应的方向性已成为高档数字助听器的普遍特性。自适应的方向性实现的功能包括：①自动选择全向性或方向性，用户可用人工的和自动的方式在全向性和方向性两种模式之间做出选择；②自适应的方向性还能自动选择极性图模式。在一些数字助听器中，自适应的方向性意味着可以自动改变极性图模式，以使其零点尽可能准地对准噪声源。此外，数字助听器算法能使两个全向性麦克风之间的相位特性和频率特性自动保持最佳匹配，从而防止麦克风参数（相位和增益）的漂移，进而保持最佳的方向特性[14]。

市场上销售的助听器的自适应定向麦克风大都是一阶定向麦克风。由于助听器制作完成后其外部延时是固定的（由麦克风的间距确定），因此改变后向麦克风的内部延时就可以改变内部延时与外部延时的比率。当比率从 0 变到 1 时，极性模式从双极型模式变为心型模式[25]。不同的助听器厂商使用不同的计算方法判断主要噪声源的位置，从而改变定向麦克风的内部延时。零值的实际位置可能会因计算方法和环境中其他噪声干扰而发生变化。

限制简单自适应阵列性能的一个因素是定位的精度。佩戴助听器人员的头部会影响麦克风的不同频率处的极化模型，由于不同频率处的零点可能出现在不同角度上，因此同时去除噪声源的所有频率成分是不现实的。解决这个问题的办法是，用复杂的延迟电路代替简单的延迟，即不同频率处的延迟量不同。复杂的自适应多麦克风降噪电路的基础是最小均方差算法。一个麦克风同时采集信号和噪声，另一个麦克风是定位好的，只采集噪声，并作为参考麦克风。假设进入两个麦克风的噪声来自同一声源，但是通过不同路径到达，则每个麦克风采集的波形不同。如果参考端的噪声可以通过滤波器补偿其到两个麦克风的声学路径的差异，那么过滤后的噪声可以从主端麦克风中减去，这样就消除了噪声。此时，如果滤波器和减法都是理想的，那么剩下的就只有语音信号了。但是，对于头戴式助听器来说，放置只采集噪声的麦克风是不可能的。如果参考信号包含一些信号，那么自适应滤波器也会抵消部分信号。在单噪声源、无回声、低信噪比的情况下，自适应滤波器能通过改变其特征使零点完美集中在噪声方向上。在理想条件下，信噪比至少改善 30dB。但是，在现实情况下，这是很难达到的。双麦克风波束形成器一次只能在一个方向产生零点。如果有两个噪声源，它们不能同时被消除。一般情况下，n 个麦克风组成的波束形成器能去除 $n-1$ 个噪声。

此外，回波会严重影响自适应阵列的性能。除非期望的说话人非常近，否则回声会造成各个方向都存在显著的语音能量。语音和噪声混合使自适应滤波器难以有效工作，从而使噪声消除变得困难。波束形成器可以通过多种方法改善性能，但是很难完全消除噪声对有用语音的影响。一个修正的方法是增加语音/非语音检测器，当语音到来时，滤波器停止更新响应；另一个修正方法是，增加一个消除噪声中语音的自适应滤波器，这个滤波器只有语音存在时才工作。主滤波器通过生成只有极少语音成分的参考信号，有更大的可能来消除噪声。回波意味着来自单一声源的回声信号会比直接路径的信号晚一些到达助听器。如果自适应滤波器可以存储和合成几百毫秒前的信号，则可以消除回声信号，但其适应时间更长。有很多语音和噪声的组合方法可以改善这种情况。其中一个方案是，采用后向方向性麦克风来提供噪声参考，并且利用全向性麦克风同时采集语音和噪声。

目前，描述的方向性增强技术都是基于最小化处理框架中的某一点能量设计的，期望最大化前面语音信号与其他方向信号的比率。这些方法都是基于一定的假设，比如声源位置位于最前方、噪声连续。更通用的技术是盲通道分离或盲源分离，它能分离从不同方向到达的各类型信号。该技术的必要假设是源信号统计独立，当信号来自不同的噪声源或说话人时，该假设总是成立的。自适应过程通过最大化输出信号的统计独立性改变滤波器。如果盲源分离系统包含 n 个麦克风，那么它最多可分离 n 个源信号。提供给助听器佩戴者的信号是 n 个源信号中能量最高或离前方最近的。与其他框架一样，该系统在无混响情况下的性能比有混响情况下的性能好。

与固定阵列相比，自适应阵列的优点在于对结构精度的要求。一些固定阵列主要依靠分离的麦克风，这就要求它们必须彼此匹配。自适应滤波器能部分补偿麦克风间的任何不匹配。自适应阵列和固定阵列可联合应用，将固定阵列作为自适应阵列的输入，其性能优于任何单独阵列。在混响环境（如直接路径的声压等于回声信号声压）下，自适应阵列并不能提供额外的益处。当信噪比较好且语音存在时，自适应处理会降低信噪比。

一般来说，确定自适应定向麦克风工作模式主要靠以下 3 个或 4 个步骤：信号检测和分析、确定适当的操作模式（全向模式或定向模式）、确定适当的极性模式和执行有关决策。

单通道自适应定向麦克风和具有固定方向性麦克风的性能评估结果显示[29,30]：①当噪声来自一个相对狭窄的空间角时，自适应定向麦克风的性能要优于固定方向性麦克风的性能[21]。②当噪声源跨越一个宽的空间角，或来自不同的方位角的多个噪声源共存时，自适应定向麦克风与固定方向性麦克风的性能相当[26]。当来自不同方位角的多个噪声源共存，并且单个噪声源比其他所有噪声源的总幅度水平至少高 15dB 时，自适应定向麦克风才有优势。③当来自不同方位角的多个噪声源共存或噪声场为扩散场时，自适应定向麦克风采用一个固定的心型或超心型模式。因此，在扩散场且噪声来自固定方向的环境中，自适应和固定方向性麦克风的相对性能主要取决于固定方向性麦克风的极性模式。④自适应定向麦克风的性能要优于固定方向性麦克风的性能。⑤助听器效果简易评估表（Abbreviated Profile of Hearing Aid Benefit，APHAB）的主观评价显示，在现实生活环境中经过为期 4 周的试用后，自适应定向麦克风比全向麦克风具有更高的评价[27]。

7.2.4　麦克风阵列

对于一些听力损失超过 15dB 的患者来说，定向麦克风提供的益处可能不足以弥补其信噪比损失。在这种情况下，传统的解决方案是使用个人调频系统[1]。调频系统主要在一对一交流中使用，通过显著缩短说话者和助听器使用者之间的距离，降低背景噪声。但是，在多个说话者的交谈环境中，调频系统的效果不佳，因此该系统在日常生活中并不实用。

基于空间信息冗余的麦克风阵列技术是方向性增强算法的另一个有效手段。麦克风阵列被应用在头戴式或手持式设备中，可以提供比助听器麦克风更高的定向效果。当这些麦克风阵列与助听器一起使用时，环境声音会先被麦克风阵列预处理，然后通过拾音线圈直接输入或通过调频接收器传送到助听器中。与传统的调频系统相比，麦克风阵列的优势在于说话者不需要佩戴麦克风或发射装置。助听器使用者可以通过面向或指向期望的说话人来选择不同的说话者。

头戴式麦克风阵列可以为端射阵列和垂射阵列。端射阵列的最敏感波束平行于麦克风阵列，如安装在眼镜支架上的麦克风阵列；垂射阵列的最敏感波束垂直于麦克风阵列，如安装在眼镜镜片之上的麦克风阵列。麦克风阵列通过拾音线圈无线发送处理好的信号或直接将音频输入助听器中。在寂静房间的 KEMAR 模型测试结果显示，麦克风阵列在人头模型上有 7dB 的 AI-DI（清晰度指数-方向性指数），而在自由场则有 8dB[28]。

大部分手持麦克风阵列采用的是端射阵列。与其他调频系统的麦克风和发射器一样，在一对一交流中，手持式单元可以佩戴在说话者的脖子上。手持式麦克风阵列的 AI-DI 通常为 5.9～8.5dB。

在嘈杂、有回声的环境中，麦克风阵列提高听力损失者 7～10dB 的信噪比。麦克风阵列的超定向性是一把双刃剑。一方面，它对前方很窄波束的声音有很高的灵敏度，并且能够显著减小背景噪声，这一特性在聆听固定方向或在可预测路径中移动的说话人时特别有用；另一方面，如果几个说话者参加讨论或在圆桌会议中交谈时，因为波束很窄，使用者很难正确放大说话者的声音。如果说话者不在定向麦克风灵敏度的波束中，那么使用者必须依靠视觉线索找到说话者，然后将麦克风阵列（如手持单元）指向说话者。显然，当说话人变化时，使用者可能会丢失最初的几句话。在这种情况下，普通的定向模式可能更合适，因为它比超定向模式有更宽的敏感波束；与超定向模式相比，它的缺点是定向性较差和降噪能力较差。此外，当麦克风灵敏度低时，设备的高定向性可能会减弱使用者听到周边声音（如两侧警告声）的能力。

麦克风阵列能提高 7～8dB 的信噪比，但是调频系统能提高 10～20dB 信噪比[1]。由于麦克风通常放在说话人嘴巴附近，因此，调频系统可以显著提高信噪比。此外，调频系统还可以显著减小距离、回声和噪声的影响。所以，在一位说话人的情况下（如在教室或报告厅的一对一交谈），使用调频系统或配置为调频系统功能的麦克风阵列是最佳选择。

此外，麦克风阵列技术应用到助听器上，仍然存在以下两个关键问题。

（1）尺寸问题。助听器作为一种日常医疗器械，具有小巧、功耗低等特点。这一方面受人耳尺寸的限制，另一方面也是患者心理作用，不希望别人知道自己存在听力问题。因此，就目前麦克风的尺寸而言，在助听器上安装

3 个麦克风都已是极限，更不要说是麦克风阵列。而且，即使可以安装上，从信号处理角度来说，麦克风间距越小，信号处理的难度越大，定位效果越差。针对这一问题，目前主要有两个趋势：一是改变助听器的外观，如项链式或眼镜式；二是仿昆虫定位原理，发展微麦克风阵列处理技术。但是，这两种技术目前应用于实际助听器产品中的情况非常少，尤其是第二种技术，仍处于初步研究阶段。

（2）信号处理问题。对于麦克风阵列来说，多个麦克风信号之间如何保持采集的同步性，是一个比较困难而又非常重要的问题。此外，麦克风越多，意味着数据量越大，即算法处理的功耗必然增加，这也是制约麦克风阵列应用在助听器产品上的一个重要原因。然而，随着麦克风工艺和信号处理技术的发展，麦克风阵列技术未来必然会应用在助听器中。目前，更多的助听器产品是单耳助听器或双耳助听器。

7.3 基于方向性麦克风的降噪

有听力损伤的人往往比正常听力的人在噪声中理解语音内容更困难，这一直是助听器使用者的最常见的问题之一。尽管单通道的语音降噪方法能够提高信噪比，有效地改善语音质量，但是对于助听器用户来说，在噪声环境下的言语理解能力仍有待提高，特别是在干扰噪声为语音（如在聚餐或会议中自由讨论）时，助听器使用者由于受到这类噪声干扰经常不能正确理解期望语音的内容。方向性麦克风技术是解决这一问题的有效方法。当期望语音信号和噪声处于不同的方向时，方向性麦克风便可利用方向性拾取期望方向的声音，并且削弱其他方向的声音。

7.3.1 方向性麦克风的降噪

空气中声音的传播速度 c 与空气的温度、湿度和压力等有关，一般取 $c=340\text{m/s}$。假设用 M 个全向麦克风组成一个线阵，距离为 d，声源信号到达阵列的角度为 θ，如图 7-4 所示。

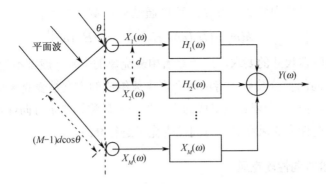

图 7-4　方向性麦克风系统

导向矢量（Steering Vector）为：

$$\boldsymbol{d}(\omega,\cos\theta)=\begin{bmatrix}1 & \mathrm{e}^{-\mathrm{j}\omega d/c\cos\theta} \cdots \mathrm{e}^{-\mathrm{j}(M-1)\omega d/c\cos\theta}\end{bmatrix}^{\mathrm{T}}$$
$$=\begin{bmatrix}1 & \left(\mathrm{e}^{-\mathrm{j}\omega\tau_0\cos\theta}\right)^1 \cdots \left(\mathrm{e}^{-\mathrm{j}(M-1)\omega\tau_0\cos\theta}\right)^{M-1}\end{bmatrix}^{\mathrm{T}} \qquad (7\text{-}1)$$

式中，ω 为入射信号的角频率；$\tau_0=\dfrac{d}{c}$。

第 m 个麦克风接收到的信号为：

$$X_m(\omega,\theta)=\mathrm{e}^{-\mathrm{j}(m-1)\omega\tau_0\cos\theta}S(\omega)+V_m(\omega),\ m=1,2,\cdots,M \qquad (7\text{-}2)$$

式中，$S(\omega)$ 为源信号；$V_m(\omega)$ 为第 m 个麦克风的加性噪声。

信号矢量为：

$$\boldsymbol{x}(\omega,\theta)=\begin{bmatrix}X_1(\omega,\theta)\ X_2(\omega,\theta)\cdots X_M(\omega,\theta)\end{bmatrix}^{\mathrm{T}}$$
$$=\boldsymbol{d}(\omega,\cos\theta)S(\omega,\theta)+\boldsymbol{v}(\omega) \qquad (7\text{-}3)$$

噪声信号矢量为：

$$\boldsymbol{v}(\omega)=\begin{bmatrix}V_1(\omega) & V_2(\omega) & \cdots & V_M(\omega)\end{bmatrix}^{\mathrm{T}} \qquad (7\text{-}4)$$

最终的阵列输出为：

$$Y(\omega,\theta)=\sum_{m=1}^{M}H_m(\omega)X_m(\omega,\theta)$$
$$=\boldsymbol{h}^{\mathrm{T}}(\omega)\boldsymbol{x}(\omega,\theta) \qquad (7\text{-}5)$$
$$=\boldsymbol{h}^{\mathrm{T}}(\omega)\boldsymbol{d}(\omega,\cos\theta)s(\omega)+\boldsymbol{h}^{\mathrm{T}}(\omega)\boldsymbol{v}(\omega)$$

式中，$H_m(\omega)$ 用来对每个麦克风接收到的信号进行滤波处理。

对于某一种极向模式，$H_m(\omega)$ 可以通过求解 M 个方程得到。

$$\boldsymbol{h}(\omega) = \begin{bmatrix} H_1(\omega) & H_2(\omega) & \cdots & H_m(\omega) \end{bmatrix}^{\mathrm{T}} \qquad (7\text{-}6)$$

限于助听器尺寸的要求，助听器所用麦克风的个数一般都不超过 3 个，根据麦克风间的差分关系，将由两个麦克风组成的方向性麦克风称为一阶方向性麦克风，由 3 个麦克风组成的方向性麦克风称为二阶方向性麦克风。下面对一阶方向性麦克风和二阶方向性麦克风进行介绍。

1. 一阶方向性麦克风

当助听器使用者与人交谈时，对方通常处于助听器使用者的前方，而干扰噪声通常来自侧方或后方[29]。因此，设计的方向性麦克风需要满足以下两个限制条件：一是在 0° 角无失真响应（增益为 1）；二是在噪声方向 θ 有零点。公式可表示为：

$$\boldsymbol{d}^{\mathrm{T}}(\omega,\cos 0^\circ)\boldsymbol{h}(\omega) = \boldsymbol{d}^{\mathrm{T}}(\omega,1)\boldsymbol{h}(\omega) = 1 \qquad (7\text{-}7)$$

$$\boldsymbol{d}^{\mathrm{T}}(\omega,\cos\theta)\boldsymbol{h}(\omega) = 0 \qquad (7\text{-}8)$$

式中，θ 为噪声入射的方向，即零点的角度。

将式（7-7）和式（7-8）表示成矩阵形式为：

$$\begin{bmatrix} \boldsymbol{d}^{\mathrm{T}}(\omega,1) \\ \boldsymbol{d}^{\mathrm{T}}(\omega,\cos\theta) \end{bmatrix} \boldsymbol{h}(\omega) = \begin{bmatrix} 1 \\ 0 \end{bmatrix} \qquad (7\text{-}9)$$

将式（7-1）及 $M=2$ 代入式（7-10）可得：

$$\begin{bmatrix} 1 & \mathrm{e}^{-\mathrm{j}\omega\tau_0} \\ 1 & \mathrm{e}^{-\mathrm{j}\omega\tau_0\cos\theta} \end{bmatrix} \boldsymbol{h}(\omega) = \begin{bmatrix} 1 \\ 0 \end{bmatrix} \qquad (7\text{-}10)$$

解得：

$$\boldsymbol{h}(\omega) = \frac{1}{1-\mathrm{e}^{-\mathrm{j}\omega\tau_0(1-\cos\theta)}} \begin{bmatrix} 1 \\ -\mathrm{e}^{-\mathrm{j}\omega(-\tau_0\cos\theta)} \end{bmatrix} = H_L(\omega)\begin{bmatrix} H_1(\omega) \\ H_2(\omega) \end{bmatrix} \qquad (7\text{-}11)$$

由式（7-11）可知，输出补偿滤波器为：

$$H_L(\omega) = \frac{\mathrm{j}}{1-\mathrm{e}^{-\mathrm{j}\omega\tau_0(1-\cos\theta)}} \qquad (7\text{-}12)$$

滤波器 $H_1(\omega)$ 和 $H_2(\omega)$ 可表示为：

$$\begin{cases} H_1(\omega) = 1 \\ H_2(\omega) = -\mathrm{e}^{-\mathrm{j}\omega(-\tau_0\cos\theta)} \end{cases} \qquad (7\text{-}13)$$

从式（7-13）可以看出，$H_1(\omega)$ 和 $H_2(\omega)$ 可以用延迟滤波器来表示。其中，$H_1(\omega)$ 延迟为 0，$H_2(\omega)$ 延迟为 $-\tau_0\cos\theta$。

基于上述分析的方向性麦克风的结构[30]如图 7-5（a）所示。由于因果系统中延迟不可能为负数，因此，限定 $-\tau_0\cos\theta \geqslant 0$，解得：

$$90^\circ \leqslant \theta \leqslant 270^\circ \qquad\qquad (7\text{-}14)$$

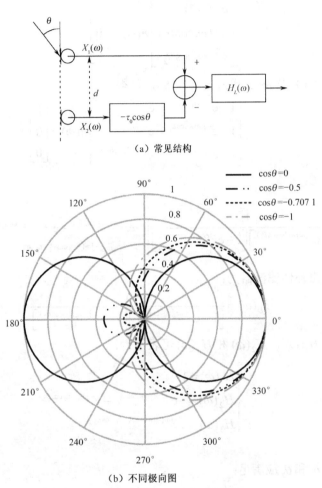

（a）常见结构

（b）不同极向图

图 7-5　一阶方向性麦克风结构

此时，方向性麦克风只能抑制来自后半面（$90^\circ \leqslant \theta \leqslant 270^\circ$）的噪声。对于不同的延迟，可以形成不同的极向模式，如图 7-5（b）所示。由图 7-5（b）可知，通过调节第二个麦克风的延迟单元，可以得到双麦克风的各种极向模式，其中麦克风的间距为 $d = 0.02\,\mathrm{m}$。

2. 二阶方向性麦克风

同理,对于二阶方向性麦克风,需要以下 3 个限制条件:

$$\begin{bmatrix} \boldsymbol{d}^{\mathrm{T}}(\omega,1) \\ \boldsymbol{d}^{\mathrm{T}}(\omega,\cos\theta_1) \\ \boldsymbol{d}^{\mathrm{T}}(\omega,\cos\theta_2) \end{bmatrix} \boldsymbol{h}(\omega) = \begin{bmatrix} 1 \\ 0 \\ 0 \end{bmatrix} \tag{7-15}$$

将式(7-1)及 $M=3$ 代入式(7-15),可得:

$$\begin{bmatrix} 1 & \mathrm{e}^{-\mathrm{j}\omega\tau_0} & \mathrm{e}^{-\mathrm{j}\omega 2\tau_0} \\ 1 & \mathrm{e}^{-\mathrm{j}\omega\tau_0\cos\theta_1} & \mathrm{e}^{-\mathrm{j}\omega 2\tau_0\cos\theta_1} \\ 1 & \mathrm{e}^{-\mathrm{j}\omega\tau_0\cos\theta_2} & \mathrm{e}^{-\mathrm{j}\omega 2\tau_0\cos\theta_2} \end{bmatrix} \boldsymbol{h}(\omega) = \begin{bmatrix} 1 \\ 0 \\ 0 \end{bmatrix} \tag{7-16}$$

解得:

$$\boldsymbol{h}(\omega) = \frac{1}{\left[1-\mathrm{e}^{-\mathrm{j}\omega\tau_0(1-\cos\theta_1)}\right]\left[1-\mathrm{e}^{-\mathrm{j}\omega\tau_0(1-\cos\theta_2)}\right]} \begin{bmatrix} 1 \\ -\mathrm{e}^{-\mathrm{j}\omega(-\tau_0\cos\theta_1)} - \mathrm{e}^{-\mathrm{j}\omega(-\tau_0\cos\theta_2)} \\ \mathrm{e}^{-\mathrm{j}\omega(-\tau_0\cos\theta_1-\tau_0\cos\theta_2)} \end{bmatrix} \tag{7-17}$$

定义输出补偿滤波器为:

$$H_L(\omega) = \frac{1}{\left[1-\mathrm{e}^{-\mathrm{j}\omega\tau_0(1-\cos\theta_1)}\right]\left[1-\mathrm{e}^{-\mathrm{j}\omega\tau_0(1-\cos\theta_2)}\right]} \tag{7-18}$$

滤波器 $H_1(\omega)$、$H_2(\omega)$ 和 $H_3(\omega)$ 可表示为:

$$\begin{cases} H_1(\omega) = 1 \\ H_2(\omega) = -\mathrm{e}^{-\mathrm{j}\omega(-\tau_0\cos\theta_1)} - \mathrm{e}^{-\mathrm{j}\omega(-\tau_0\cos\theta_2)} \\ H_3(\omega) = \mathrm{e}^{-\mathrm{j}\omega(-\tau_0\cos\theta_1-\tau_0\cos\theta_2)} \end{cases} \tag{7-19}$$

同理,θ_1 和 θ_2 应满足:

$$\begin{cases} 90^\circ \leqslant \theta_1 \leqslant 270^\circ \\ 90^\circ \leqslant \theta_2 \leqslant 270^\circ \end{cases} \tag{7-20}$$

基于上述分析的二阶方向麦克风的结构如图 7-6(a)所示。二阶方向性麦克风可由一阶方向性麦克风级联得到。

对于不同的延迟,可以形成不同的极向模式,如图 7-6(b)所示,其中麦克风的间距为 $d = 0.02\,\mathrm{m}$。

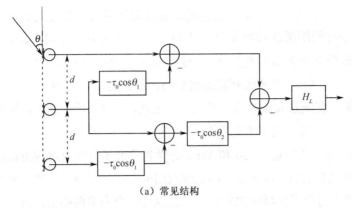

（a）常见结构

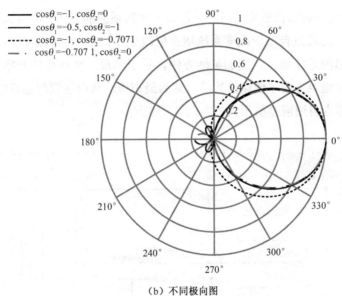

（b）不同极向图

图 7-6 二阶方向性麦克风

7.3.2 自适应方向性麦克风的降噪

1. 一阶自适应方向性麦克风

图 7-4 所示的方向性麦克风系统通过控制内部的延迟来实现不同的极向模式，当内置延迟取不同的值时，便可产生不同极性模式的方向性麦克风，从理论上来讲，内部延迟可以取任意非负值，从而形成不同的极向图。对于

数字信号系统来说，内部延迟的实现是通过对采样点延迟达到的，而取样点之间的最小时间距离 Δ 是固定的，为 $\Delta = 1/f_s$（Δ 的单位为 s），这就约束了内部延迟的取值必须为 Δ 的整数倍。例如，采样频率为 16kHz 时，采样点之间时间距离为 62.5μs，当系统判断所需要的内部延迟小于 62.5μs 或不是 62.5μs 的整数倍时，就无法实现合适的极向图。显然，图 7-4 所示的方向性麦克风系统不适用于自适应方向性麦克风系统。

为了克服上述缺点，Luo 和 Yang 等学者研究了一阶自适应方向性麦克风系统[31]，其原理如图 7-7 所示。该系统利用两个全向麦克风，经过内部固定延迟 d/c，产生两个固定极向的方向性麦克风（一个为前向心型，另一个为后向心型），再通过调节自适应的增益，形成一个自适应的方向性麦克风。该系统的特点是：①通过自适应改变系统增益值改变方向性麦克风的极向，相比改变内部延迟的方法而言，更加灵活方便，易于实现；②该系统的零点能够自适应地朝向噪声方向，使输出的噪声总为最小值，从而达到降噪目的。因此，该系统也称为自适应零值形式的方向性麦克风。

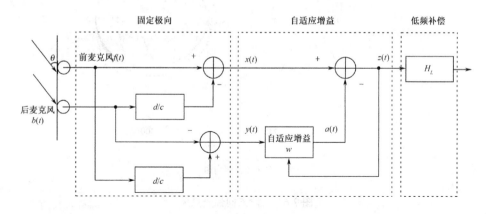

图 7-7　一阶自适应方向性麦克风

假设噪声入射方向与两个麦克风所在直线的夹角为 θ，两个麦克风之间的距离为 d，声音的传播速度为 c，则两个麦克风信号为：

$$\begin{cases} f(t) = s(t) \\ b(t) = f(t - d/c \cdot \cos\theta) = s(t - d/c \cdot \cos\theta) \end{cases} \tag{7-21}$$

其他信号可表示为：

$$\begin{cases} x(t) = f(t) - b(t - d/c) = s(t) - s(t - d/c \cdot \cos\theta - d/c) \\ y(t) = f(t - d/c) - b(t) = s(t - d/c) - s(t - d/c \cdot \cos\theta) \\ z(t) = x(t) - wy(t) \end{cases} \quad （7\text{-}22）$$

分析可知，其实 $x(t)$ 和 $y(t)$ 也各是一个方向性麦克风。$x(t)$ 的极向图为前向心型，主要接收前半面的声音；而 $y(t)$ 的极向图为后向心型，主要接收后半面的声音。极向图如图 7-8（a）所示。

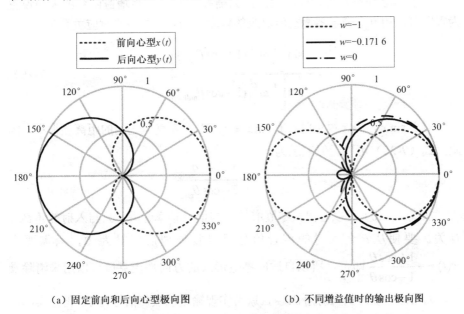

（a）固定前向和后向心型极向图　　　　　（b）不同增益值时的输出极向图

图 7-8　一阶自适应麦克风的极向图

对式（7-22）进行傅里叶变换，可得：

$$\begin{cases} X(\omega,\theta) = \begin{bmatrix} 1 & e^{-j\omega d/c\cos\theta} \end{bmatrix} \begin{bmatrix} 1 \\ e^{-j\omega d/c} \end{bmatrix} S(\omega) \\[2mm] Y(\omega,\theta) = \begin{bmatrix} 1 & e^{-j\omega d/c\cos\theta} \end{bmatrix} \begin{bmatrix} e^{-j\omega d/c} \\ -1 \end{bmatrix} S(\omega) \\[2mm] Z(\omega,\theta) = \begin{bmatrix} 1 & e^{-j\omega d/c\cos\theta} \end{bmatrix} \left(\begin{bmatrix} 1 \\ e^{-j\omega d/c} \end{bmatrix} - w \begin{bmatrix} e^{-j\omega d/c} \\ -1 \end{bmatrix} \right) S(\omega) \end{cases} \quad （7\text{-}23）$$

则系统的增益函数 $G(\omega,\theta)$ 为：

$$G(\omega,\theta) = \frac{Z(\omega,\theta)}{S(\omega)} = 1 - e^{-j\omega\frac{d}{c}(1+\cos\theta)} - we^{-j\omega\frac{d}{c}} + we^{-j\omega\frac{d}{c}\cos\theta} \tag{7-24}$$

增益函数的幅度值为：

$$\begin{aligned}
\left|G(\omega,\theta)\right| &= \sqrt{G(\omega,\theta)G^*(\omega,\theta)} \\
&= 2\sin\left[\frac{1}{2}\omega\frac{d}{c}(1+\cos\theta)\right] + w\sin\left[\frac{1}{2}\omega\frac{d}{c}(1-\cos\theta)\right]
\end{aligned} \tag{7-25}$$

为了消除来自 θ 角方向的噪声，只需要调整 w，将增益函数的大小设置为零即可。用 θ_{null} 表示零增益所对应的角度，则 θ_{null} 与 w 的对应关系为：

$$w = -\frac{\sin\left[\frac{1}{2}\omega\frac{d}{c}(1+\cos\theta_{null})\right]}{\sin\left[\frac{1}{2}\omega\frac{d}{c}(1-\cos\theta_{null})\right]} \tag{7-26}$$

对于 $\sin x$，当 x 很小时，有 $\sin x \approx x$。由于麦克风之间的距离 d 很小，因此，式（7-26）可以近似表示为：

$$w \approx -\frac{1+\cos\theta_{null}}{1-\cos\theta_{null}} \tag{7-27}$$

从式（7-26）可以看出，零值增益 w 与信号频率无关，只与入射的角 θ_{null} 有关。要使从 θ 角入射的声音信号经接收处理后能量为 0，只需要令 $w(t) \approx -\frac{1+\cos\theta}{1-\cos\theta}$ 即可，所以自适应零值形式的方向性麦克风可以用来消除噪声。如果知道噪声的入射角 θ_{noise}，就可实现输出的噪声信号为 0，但是实际应用中噪声的角 θ_{noise} 未知。下面讨论如何在 θ_{noise} 未知的情况下求解 $w(t)$。

假设语音信号与噪声信号同时存在，语音信号 $s(t)$ 固定在 0° 方向，而噪声信号 $n(t)$ 的入射角 θ 未知。此时，前一个麦克风接收到的信号为：

$$f(t) = s(t) + n(t) \tag{7-28}$$

则有：

$$b(t) = s\left(t - \frac{d}{c}\right) + n\left(t - \frac{d}{c}\cos\theta\right) \tag{7-29}$$

$$x(t) = f(t) - b\left(t - \frac{d}{c}\right) \tag{7-30}$$

$$y(t) = f\left(t - \frac{d}{c}\right) - b(t) \tag{7-31}$$

$$z(t) = x(t) - a(t) = x(t) - w(t)y(t) \tag{7-32}$$

化简 $y(t)$，得到 $y(t) = n\left(t - \dfrac{d}{c}\right) - n\left(t - \dfrac{d}{c}\cos\theta\right)$，可见 $y(t)$ 只与噪声 $n(t)$ 有关，而与语音信号无关。

此时，系统输出 $z(t)$ 的功率为：

$$R_{zz}(t) = E\left[z^2(t)\right] = E\left\{\left[x(t) - w(t)y(t)\right]^2\right\}$$
$$= R_{xx} - 2w(t)R_{xy} + w^2(t)R_{yy} \tag{7-33}$$

式中，R_{zz}、R_{xx}、R_{yy} 分别为 $z(t)$、$x(t)$、$y(t)$ 的功率；R_{xy} 为 $x(t)$ 与 $y(t)$ 的互相关函数。

为了达到最优的降噪效果，需要使输出信号中噪声的能量 R_{yy} 最小。由于 R_{yy} 只与噪声有关，而目标语音信号与噪声信号不相关，因此只要使 $z(t)$ 的能量 $E\left[z^2(t)\right]$ 最小。可以证明，式（7-33）只有一个唯一的最小点[32]，因此，对 R_{zz} 求导可得：

$$\frac{\mathrm{d}R_{zz}}{\mathrm{d}w} = -2R_{xy} + 2wR_{yy} \tag{7-34}$$

令式（7-34）等于 0，可求解得到最优解：

$$w_{\mathrm{opt}} = \frac{R_{xy}}{R_{yy}} \tag{7-35}$$

由于本节在对语音信号处理时采用分帧的方式，因此，对于第 m 帧信号，R_{xy} 和 R_{yy} 估计公式表示如下：

$$\begin{cases} \hat{R}_{xy}(m) = \dfrac{1}{L}\sum_{n=1}^{L} x_m(n)y_m^2(n) \\ \hat{R}_{yy}(m) = \dfrac{1}{L}\sum_{n=1}^{L} y_m^2(n) \end{cases} \tag{7-36}$$

式中，L 为帧的长度；$x_m(n)$ 为 $x(t)$ 在第 m 帧的第 n 个点的采样信号；$y_m(n)$ 为 $y(t)$ 在第 m 帧第 n 个点的采样信号。

最终第 m 帧的最优自适应增益值 $w_{\mathrm{opt}}(m)$ 可表示为：

$$w_{\mathrm{opt}}(m) = \frac{\hat{R}_{xy}(m)}{\hat{R}_{yy}(m)} \tag{7-37}$$

2. 二阶自适应方向性麦克风

二阶方向性麦克风能够对两个噪声源进行抑制，并且它的方向性指数比一阶方向性麦克风高出约 3dB[33]，因此，Elko 提出采用二阶自适应方向性麦克风抑制两个噪声源[34]。与一阶自适应方向性麦克风一样，二阶自适应方向性麦克风也是由固定方向性麦克风、自适应增益和低频补偿 3 部分组成，如图 7-9 所示。

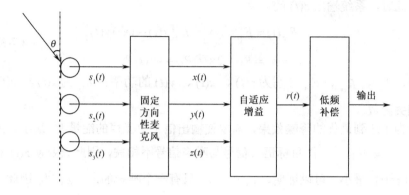

图 7-9　二阶自适应方向性麦克风原理

二阶方向性麦克风的固定极向结构如图 7-10 所示，该结构由一阶方向性麦克风级联组成，通过调节 β_1、β_2、β_3 和 β_4 的值便可得到以下 3 种固定极向。

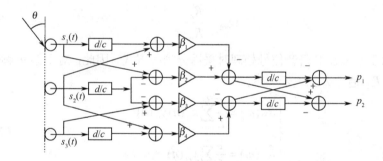

图 7-10　二阶方向性麦克风的固定极向结构

（1）前向心型：

$$X(\omega,\theta)=\begin{bmatrix}1 & \mathrm{e}^{-\mathrm{j}\omega\tau_0\cos\theta} & \mathrm{e}^{-2\mathrm{j}\omega\tau_0\cos\theta}\end{bmatrix}\begin{bmatrix}1\\-2\mathrm{e}^{-\mathrm{j}\omega\tau_0}\\\mathrm{e}^{-\mathrm{j}2\omega\tau_0}\end{bmatrix}S(\omega,\theta) \tag{7-38}$$

（2）后向心型：

$$Y(\omega,\theta)=\begin{bmatrix}1 & \mathrm{e}^{-\mathrm{j}\omega\tau_0\cos\theta} & \mathrm{e}^{-2\mathrm{j}\omega\tau_0\cos\theta}\end{bmatrix}\begin{bmatrix}\mathrm{e}^{-2\mathrm{j}\omega\tau_0}\\-2\mathrm{e}^{-\mathrm{j}\omega\tau_0}\\1\end{bmatrix}S(\omega,\theta) \tag{7-39}$$

（3）圆环型：

$$Z(\omega,\theta)=\begin{bmatrix} 1 & e^{-j\omega\tau_0\cos\theta} & e^{-2j\omega\tau_0\cos\theta} \end{bmatrix}\begin{bmatrix} -e^{-j\omega\tau_0} \\ 1+e^{-2j\omega\tau_0} \\ -e^{-j\omega\tau_0} \end{bmatrix}S(\omega,\theta) \qquad （7-40）$$

这 3 个固定极向的极向图如图 7-11 所示。

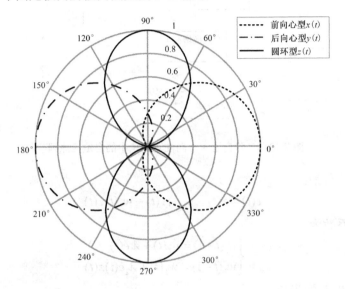

（a）固定极向图

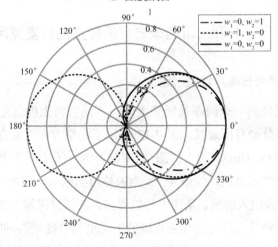

（b）不同增益值时的输出极向图

图 7-11　二阶自适应麦克风的固定极向的极向图

自适应增益的求法与一阶方向性麦克风类似，其原理如图 7-12 所示。

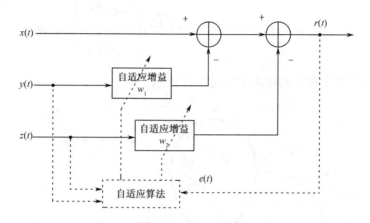

图 7-12　二阶自适应方向性麦克风中的自适应原理

误差信号为：

$$e(t) = x(t) - w_1(t)y(t) - w_2(t)z(t) \qquad (7\text{-}41)$$

更新系数为：

$$\begin{cases} w_1(t+1) = w_1(t) + \lambda_1 e(t)y(t) \\ w_2(t+1) = w_2(t) + \lambda_2 e(t)z(t) \end{cases} \qquad (7\text{-}42)$$

式中，λ_1 和 λ_2 为步长。

7.3.3　基于一阶和二阶的改进自适应方向性麦克风的降噪

1. 低频滚降与白噪声增益问题

方向性麦克风的一个问题是低频滚降。不同方向上的信号经过方向性麦克风后，低频部分会有所衰减。图 7-13 显示了心型方向性麦克风的频率响应（麦克风的间距为 0.02m）。其中，图 7-13（a）为一阶方向性麦克风，图 7-13（b）为二阶方向性麦克风，线条 1～3 为未补偿的频响，线条 4～6 为补偿后的频响，θ 为声音的入射角。从图中可以看出，在低频区域，低频信号的灵敏度呈坡度下降，并且二阶方向性麦克风的下降更为"陡峭"。低频滚降损害了语音信号的低频部分。通常的解决方法是用低通滤波器进行低频补偿，如式（7-12）和式（7-18）所示。虽然补偿后的幅频响应比较平坦了，却带来白噪声增益（White Noise Gain，WNG）。

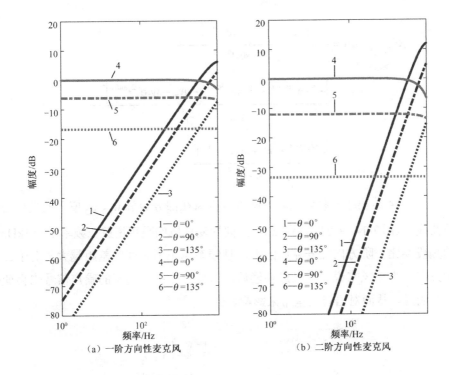

图 7-13 低频滚降特性

1）一阶方向性麦克风的 WNG

假设图 7-7 中前麦克风和后麦克风的内部噪声分别为 $n_1(t)$ 和 $n_2(t)$，则在低通滤波器之前的噪声为：

$$n(t) = n_1(t) - n_2(t-d/c) - wn_1(t-d/c) + wn_2(t) \tag{7-43}$$

则通过低通滤波器后噪声的功率谱 $P_{n,\text{out}}(\omega)$ 为：

$$P_{n,\text{out}}(\omega) = \frac{\left|1-we^{-j\omega d/c}\right|^2}{\left|1-e^{-2j\omega d/c}\right|^2} P_{n_1}(\omega) + \frac{\left|-e^{-j\omega d/c}+w\right|^2}{\left|1-e^{-2j\omega d/c}\right|^2} P_{n_2}(\omega) \tag{7-44}$$

式中，$P_{n_1}(\omega)$ 和 $P_{n_2}(\omega)$ 分别为噪声 $n_1(t)$ 和 $n_2(t)$ 的功率谱。

则一阶方向性麦克风白噪声增益为：

$$G_{n\_\text{two}}(\omega) = \frac{\left|1-we^{-j\omega d/c}\right|^2 + \left|w-e^{-j\omega d/c}\right|^2}{\left|1-e^{-2j\omega d/c}\right|^2} \tag{7-45}$$

2）二阶方向性麦克风的 WNG

二阶方向性麦克风的白噪声增益为：

$$G_{n\_three}(\omega) = \frac{\left|1 - w_1 e^{-2j\omega d/c} + w_2 e^{-j\omega d/c}\right|^2}{\left|1 - e^{-2j\omega d/c}\right|^4} +$$

$$\frac{\left|-2 \cdot e^{-j\omega d/c} + 2w_1 e^{-j\omega d/c} - w_2 - w_2 e^{-2j\omega d/c}\right|^2}{\left|1 - e^{-2j\omega d/c}\right|^4} + \qquad (7\text{-}46)$$

$$\frac{\left|e^{-2j\omega d/c} - w_1 + w_2 e^{-j\omega d/c}\right|^2}{\left|1 - e^{-2j\omega d/c}\right|^4}$$

图 7-14 给出了一阶和二阶方向性麦克风在部分 w 和 w_1、w_2 值下的噪声增益曲线。从图 7-14 中可以看到，二阶方向性麦克风的噪声增益在频率小于 1kHz 的频段要比一阶方向性麦克风的大，且频率越小两者间的差距越大。对于二阶方向性麦克风来说，在经过补偿后，即使一个很小功率的噪声信号也会变得很明显，从而对语音质量带来影响。

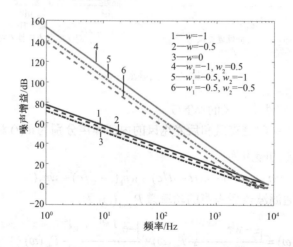

图 7-14　一阶和二阶方向性麦克风的噪声增益曲线

（1~3 为一阶方向性麦克风，4~6 为二阶方向性麦克风）

2. 混合自适应方向性麦克风

为了解决二阶方向性麦克风严重的 WNG 问题，本节采用一种简单的方法——混合自适应方向性麦克风。由于一阶方向性麦克风的 WNG 要比二阶方向性麦克风小很多，因此，在频率小于 1kHz 的低频处，采用一阶方向性麦克风，以避免较大的麦克风噪声；在频率大于 1kHz 的高频处，由于该频段的麦克风噪声不是很大，仍然采用二阶方向性麦克风来获得较高的方向性指数。
混合自适应方向性麦克风原理如图 7-15 所示。

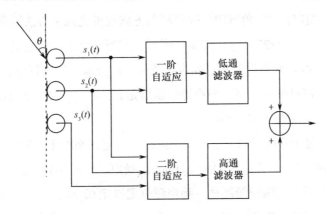

图 7-15　混合自适应方向性麦克风原理

图 7-16 所示为低通滤波器和高通滤波器的频率响应，截止频率为 1kHz。

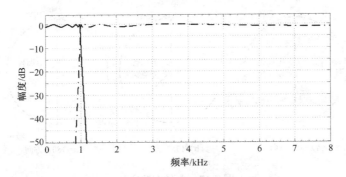

图 7-16　低通滤波器和高通滤波器的频率响应

7.4　实验仿真与分析

7.4.1　实验方法

为了测试所提方法的有效性，利用 Matlab 进行了仿真实验。在实验中，
设置房间大小为 5m×5m×3m，各个墙面的反射系数都定为 0.2，房间的冲击

响应使用 Image 模型[35]，采样频率为16kHz，声音速度为340m/s，麦克风之间的距离为 $c/f_s = 0.0212\text{m}$，帧长为 256 点。目标声源到方向性麦克风中心的距离为 1m，固定在 0°角方向，噪声源到方向性麦克风中心的距离也为 1m，在后半平面（90°～270°）。实验主要对前文所介绍的三种自适应方向性麦克风在单噪声源、双噪声源和三噪声源条件下的降噪性能进行测试。

实验 1：在单噪声源下，噪声源分别固定在 90°、135°和 180°，噪声为 White 噪声，如图 7-17 所示。

实验 2：对于双噪声源测试，噪声源位置固定在 90°和 180°，90°方向为 White 噪声，180°方向为 DestroyEngine 噪声，如图 7-18（a）所示。

实验 3：对于三噪声源测试，噪声源位置固定在 90°、135°和 180°，90°方向为 White 噪声，135°方向为 SpeechBabble 噪声，180°方向为 DestroyEngine 噪声，如图 7-18（b）所示。

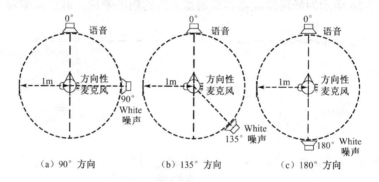

图 7-17　单噪声源实验

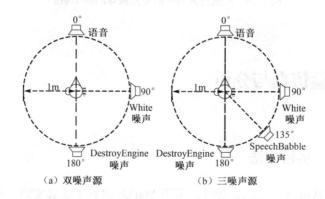

图 7-18　双噪声源和三噪声源实验

7.4.2　仿真结果

图 7-19 和图 7-20 为实验 2 在输入信噪比为 10dB 时的波形比较及语谱比较。由于一阶方向性麦克风只有一对零值点，因此在有两个噪声源的环境下，仍然有明显的噪声残留；而二阶方向性麦克风可以提供两对零值点，因此残留的噪声更小，但在低频处有更为严重的 WNG 问题，从图中可以看出，二阶方向性麦克风在低频处（$f \leqslant 1\text{kHz}$）的噪声要比一阶方向性麦克风要大。

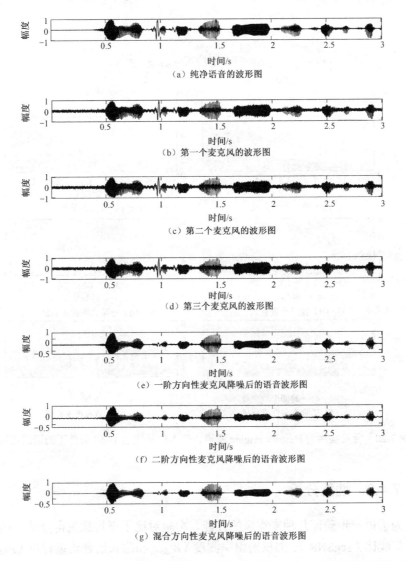

（a）纯净语音的波形图

（b）第一个麦克风的波形图

（c）第二个麦克风的波形图

（d）第三个麦克风的波形图

（e）一阶方向性麦克风降噪后的语音波形图

（f）二阶方向性麦克风降噪后的语音波形图

（g）混合方向性麦克风降噪后的语音波形图

图 7-19　背景噪声为 DestoryEngine 噪声、输入信噪比为 10dB 条件下的波形比较

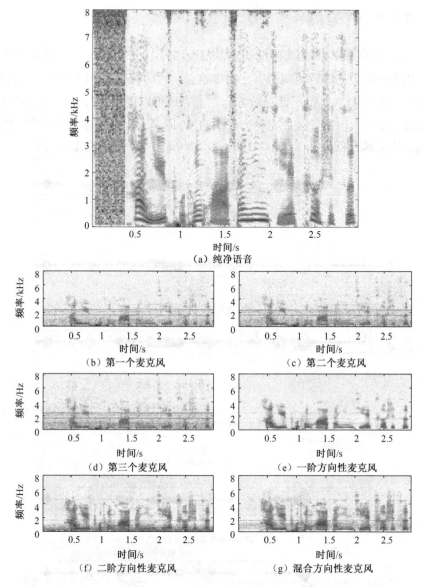

图7-20 背景噪声为 Destory Engine 噪声、输入信噪比为 10dB 条件下的语谱比较

7.4.3 性能分析

为了进一步验证几种麦克风的性能，实验对比了平均意见得分法（M_{OS}）、分段信噪比（segSNR）、加权谱斜率测度（W_{SS}）和感知语音质量评价（P_{ESQ}）。

单噪声源位置在 90°、135° 和 180° 的结果对比分别如图 7-21~图 7-23 所示。

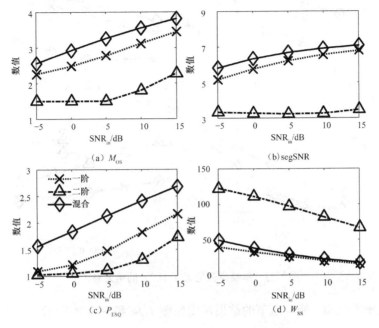

图 7-21　单噪声源位置在 90° 的结果对比

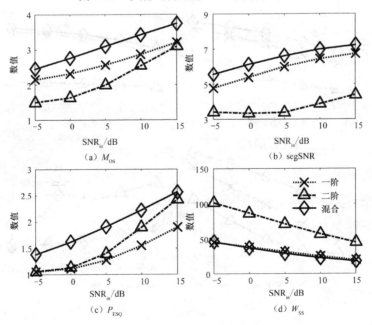

图 7-22　单噪声源位置在 135° 的结果对比

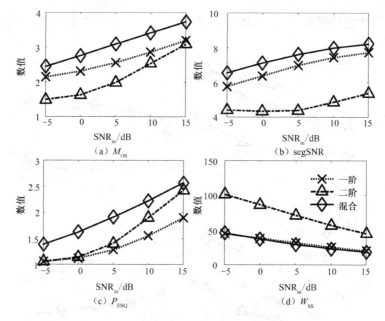

图 7-23　单噪声源位置在 180° 的结果对比

双噪声源和三噪声源下的结果对比如图 7-24 和图 7-25 所示。

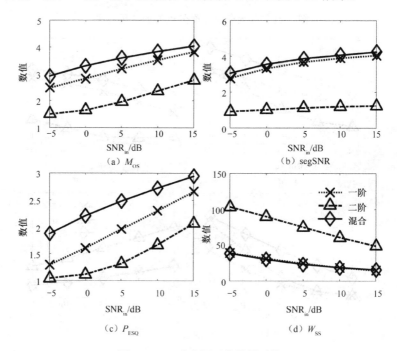

图 7-24　双噪声源下的结果对比

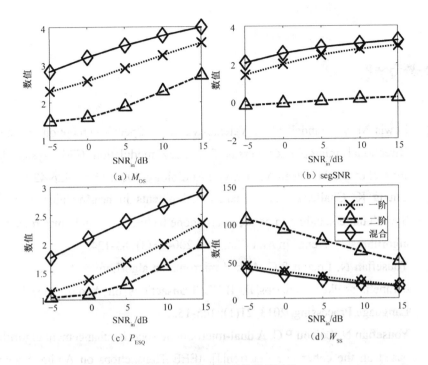

图 7-25　三噪声源下的结果对比

从图 7-21～图 7-25 可以看出，混合方向性麦克风的性能最佳，一阶方向性麦克风次之，二阶方向性麦克风最差。一阶方向性麦克风只能提供一对零值点，对单个噪声源能够较好地抑制。二阶方向性麦克风能够提供两对零值点，可以对两处噪声源进行抑制，并且其方向性指数更高，但是由于存在严重的 WNG 问题，其性能反而最差。混合方向性麦克风结合了两者的优点，在低频处使用一阶方向性麦克风来避免较大的麦克风噪声，在高频处使用二阶方向性麦克风来获得较高的方向性，因此其性能最好。

7.5　本章小结

本章对助听器中的方向性麦克风进行研究，首先，简单介绍方向性麦克风的原理；其次，描述了一阶和二阶自适应方向性麦克风，并针对二阶方向性麦克风的 WNG 问题，研究基于混合方向性麦克风降噪方法；最后，通过实验仿真，对比了几种方向麦克风的性能。

参考文献

[1] Lewis M S, Crandell C C, Valente M, et al. Speech perception in noise: Directional microphones versus frequency modulation (FM) systems[J]. Journal of the American Academy of Audiology, 2004, 15(6): 426-439.

[2] Chung K. Challenges and recent developments in hearing aids. Part Ⅰ. Speech understanding in noise, microphone technologies and noise reduction algorithms[J]. Trends in Amplification, 2004, 8(3): 83-124.

[3] Yousefian N, Loizou P C. A dual-microphone algorithm that can cope with competing-talker scenarios[J]. IEEE Transactions on Audio, Speech, and Language Processing, 2013, 21(1): 145-155.

[4] Yousefian N, Loizou P C. A dual-microphone speech enhancement algorithm based on the coherence function[J]. IEEE Transactions on Audio, Speech, and Language Processing, 2012, 20(2): 599-609.

[5] Kokkinakis K, Loizou P C. Multi-microphone adaptive noise reduction strategies for coordinated stimulation in bilateral cochlear implant devices[J]. The Journal of the Acoustical Society of America, 2010, 127(5): 3136-3144.

[6] Maj J B, Royackers L, Wouters J, et al. Comparison of adaptive noise reduction algorithms in dual microphone hearing aids[J]. Speech Communication, 2006, 48(8): 957-970.

[7] 薛阳阳. 数字助听器降噪方法研究[D]. 南京：东南大学，2015.

[8] 张丽艳. 复杂环境下麦克风阵列语音增强方法研究[D]. 大连: 大连理工大学, 2009.

[9] 赵力, 梁瑞宇, 魏昕, 等. 语音信号处理[M]. 3 版. 北京：机械工业出版社, 2016.

[10] Venema T. Three ways to fight noise: Directional mics, DSP algorithms, and expansion[J]. The Hearing Journal, 1999, 52(10): 58-60.

[11] Mueller G H, Ricketts T A. Directional-microphone hearing aids: An update[J]. The Hearing Journal, 2000, 53(5): 10-12.

[12] Bray V, Nilsson M. Objective test results support benefits of a DSP noise reduction system[J]. Hearing Review, 2000, 7(11): 60-65.

[13] Ricketts T, Mueller H G. Making sense of directional microphone hearing aids[J]. American Journal of Audiology, 1999, 8(2): 117-127.

[14] Thompson S C. Tutorial on microphone technologies for directional hearing aids[J]. The Hearing Journal, 2003, 56(11): 14-16,18,20-21.

[15] Cord M T, Surr R K, Walden B E, et al. Performance of directional microphone hearing aids in everyday life[J]. Journal of the American Academy of Audiology, 2002, 13(6): 295-307.

[16] Ricketts T, Henry P, Gnewikow D. Full time directional versus user selectable microphone modes in hearing aids[J]. Ear and Hearing, 2003, 24(5): 424-439.

[17] Surr R K, Walden B E, Cord M T, et al. Influence of environmental factors on hearing aid microphone preference[J]. Journal of the American Academy of Audiology, 2002, 13(6): 308-322.

[18] Walden B E, Surr R K, Cord M T, et al. Comparison of benefits provided by different hearing aid technologies[J]. Journal American Academy of Audiology, 2000, 11(10): 540-560.

[19] Walden B E, Surr R K, Cord M T, et al. Predicting hearing aid microphone preference in everyday listening[J]. Journal of the American Academy of Audiology, 2004, 15(5): 365-396.

[20] Kuk F, Keenan D, Lau C C, et al. Performance of a fully adaptive directional microphone to signals presented from various azimuths[J]. Journal of the American Academy of Audiology, 2005, 16(6): 333-347.

[21] Ricketts T, Henry P. Evaluation of an adaptive, directional-microphone hearing aid: Evaluación de un auxiliar auditivo de micrófono direccional adaptable[J]. International Journal of Audiology, 2002, 41(2): 100-112.

[22] Ricketts T. Directivity quantification in hearing aids: Fitting and measurement effects[J]. Ear and Hearing, 2000, 21(1): 45-58.

[23] Condie R K, Scollie S D, Checkley P. Children's performance: Analog vs. digital adaptive dual microphone instruments[J]. Hearing Review, 2002, 9(6): 40-43.

[24] Dittberner A B. What's new in directional-microphone systems? How does it help the user?[J]. The Hearing Journal, 2003, 56(4): 10-18.

[25] Powers T A, Hamacher V. Proving adaptive directional technology works: A review of studies[J]. Hearing Review, 2004, 11(4): 46-49.

[26] Bentler R A, Palmer C, Dittberner A B. Hearing-in-noise: Comparison of listeners with normal and (aided) impaired hearing[J]. Journal of the American Academy of Audiology, 2004, 15(3): 216-225.

[27] Valente M, Mispagel K M. Performance of an automatic adaptive dual-microphone ITC digital hearing aid[J]. Hearing Review, 2004, 11(2): 42-49.

[28] Christensen L A, Helmink D, Soede W, et al. Complaints about hearing in noise: A new answer[J]. Hearing Review, 2002, 9(6): 34-36.

[29] 张云翼, 崔杰, 肖灵. 一种新的应用于助听器指向性传声器的自适应算法[J]. 声学技术, 2011, 30(3): 270-274.

[30] Elko G W, Pong A T N. A simple adaptive first-order differential microphone[J]. IEEE ASSP Workshop on Applications of Signal Processing to Audio and Acoustics, 2002:169-172.

[31] Luo F L, Yang J, Pavlovic C, et al. Adaptive null-forming scheme in digital hearing aids[J]. IEEE Transactions on Signal Processing, 2002, 50(7): 1583-1590.

[32] 陈华伟, 赵俊渭, 郭业才, 等. 一种改进的频域自适应时延估计算法[J]. 声学与电子工程, 2002(1): 12-14.

[33] Powers T A, Hamacher V. Three-microphone instrument is designed to extend benefits of directionality[J]. The Hearing Journal, 2002, 55(10): 38-45.

[34] Elko G W, Meyer J. Second-order differential adaptive microphone array[C]// IEEE International Conference on Acoustics, Speech and Signal Processing. IEEE, 2009: 73-76.

[35] Allen J B, Berkley D A. Image method for efficiently simulating small-room acoustics[J]. Journal of the Acoustical Society of America, 1979, 65(4): 943-950.

第 8 章

助听器自验配技术

• • • • • • • •

8.1 引言

即使在发达国家，听损患者使用助听器的比例也只有 1/5[1~8]。多项调查研究显示[9]，其原因在于价格、对噪声下助听器的性能不满及对听力服务的更高的要求（相对于发展中国家而言）。而受医疗条件限制和人民的保健意识影响，不发达国家的比例要低得多[10]。影响发展中国家助听器使用率的因素主要有两个：一是助听器价格，应保证尽可能多的普通家庭可以承担助听器价格[11]，因此，世界卫生组织建议一个国家的助听器价格应该与该国家的个人收入相符；二是缺乏专业的听力专家。传统的助听器验配 3 个基本流程为对用户问题的清晰的描述、对问题的正确解读和将问题转变为合适的助听器的电声参数，这些都取决于听力专家的专业技能；而且，一旦出现问题，即使问题非常小，听损患者首先想到的也是寻求听力专家的帮助。但是，发展中国家和发达国家合格的听力专家严重不足[12, 13]，听力专家的外流使发展中国家的助听器相关服务处于更落后的位置，进而制约了助听器的发展，也间接提高了发展中国家助听器的附加成本。

针对听力专家缺乏的问题，远程听力学[8]被认为是一个解决方法。目前，该技术主要应用于听力远程诊断测试、助听器调节和咨询等方面，它可以有效地克服距离、成本及偏远地区缺乏专业机构等问题，增加获得听觉服务的途径[14]。调查显示，75%的中-极重度患者更愿意尝试远程听力[15]。但是，由于医生和患者可能位于不同的国家，因此带来很多问题，如从业资格、责任的认定、报销和质量控制等。此外，远程听力网络仍然需要专业的人士来建立和维护，以便辅助病人、获得信息、引导过程。这些问题已经严重影响美国听力远程医疗的发展速度[16]。随着智能手机的广泛应用，未来该技术必然成为提供服务的接入点，服务内容包括信息/教育、筛选、可能的诊断和干预[17~19]。

从设计理念上讲，自验配助听器是解决听力专家缺乏这一问题的最佳选择[20]。自验配助听器的本质是助听器的装配、验配、使用管理，都由用户完成，不需要专业人士参与，也不需要专业的设备。1984年，Köpke和Wiener等人在其专利中提到，可利用助听器内部的纯音生成器生成的纯音信号测量用户的听力阈值，然后设计一个传递函数产生符合规定的助听器配置[21]。这是自验配助听器的基本理念，但直到今天集成这些设计理念的设备也未实现。基于不需要听力专家配合使用这一点，一些自验配助听器的初级产品已经面世。这些产品主要分为两大类：自编程助听器和专门为发展中国家定做的助听器。此外，围绕自验配助听器商业化，专业性指示材料的设计[22]、耳膜、电池与分销模式等的研究也在同步进行。由于患者缺少专业知识，如何使患者对影响验配的一些问题（如是否是非对称性听力损失，是否存在传导性听力损失，以及是否是因耳痛、耳的生理畸形或活动性感染引起的突然性听损加剧）进行有效诊断，或对助听器本身进行诊断，仍然存在很多未知数，需要进一步深入研究。

2011年，Lena L. N. Wong针对自验配助听器的4个特征对当前的研究进行了归纳总结，并采用六级标准进行评估[23]。评估显示，目前自验配助听器的研究方面，以下两种技术已相对成熟：①对患者自动进行听力评估；②传统验配方法获得的参数与患者偏好的初始验配设置相近。但是，对于患者是否可以通过训练助听器获得更好的效果，以及患者是否可以在提示下完成助听器的装配和使用，目前的研究仍然不足。

目前，自编程助听器的功能还相对简单，其主要做法是由患者判断当前环境，再通过配置开关进行人为改变。例如，患者根据环境差异，控制 4 种参数[24]实现助听器最优配置[17]，或者通过 4 个独立内存调节算法增益、数字降噪、麦克风模式及频谱增强[25]。这种方法与自验配的设计理念是相同的，都是因环境变化导致助听器输出质量下降，再由用户主导进行助听器参数的调配；不同的是，自编程助听器能调配的参数个数和数值改变程度是固定的；自验配算法完全依赖于患者的主观感受，参数变化的范围大且实际效果更佳，但是更复杂，实现难度也更大。在自验配参数更新算法方面，Takagi 等人（2007）采用交互式进化计算方法[26]初步实现了响度补偿算法的参数优化问题。Takagi 等人的研究为自验配助听器的算法研究提供了一个可行的思路，但是仍然存在许多问题需要深入研究。该方法设计了一种二维高斯分布的寻优模型，以二维高斯模型的参数作为染色体求解。一旦通过遗传算法确定该模型参数，验配模型也就确定了。由于该方法要求种群较大，并且是在全局三维空间搜索，其收敛时间必然较大，在实际应用过程中很难满足患者的需求。2015 年，Nielsen 等人提出一种基于高斯过程和主动学习的自验配算法。用户基于主动学习算法每次从两组助听器设置中选择最优的一组，从而减少训练样本的个数。但是，因为该设计没有考虑患者的个性化信息和历史数据，所以其结果可能并不是最优的。

针对自验配助听器的优缺点，本章详细阐述自验配助听器的设计理念、理论原型及当前自验配助听器的发展情况，综述自验配助听器相关的一系列最新理论成果和应用研究，介绍国内外的研究进展，讨论其中的公开问题，提出一种新的自验配方法，并详细讨论自验配助听器未来的研究方向。

8.2 自验配助听器

8.2.1 自验配流程

助听器验配是非常重要的。因为每个患者的听力情况、认知水平、个人习惯都是不同的，所以理论上每个助听器都应该是不同的，是专属于某个个人的。因此验配助听器和验配眼镜相似，但更复杂、对专业技能的要求更高。图 8-1 所示为助听器验配的基本流程对比，图 8-1（a）所示为传统的助听器验配流程，图 8-1（b）所示为自验配助听器的验配流程。

由图 8-1（a）可知，在传统的助听器验配流程中，听力专家占非常重要的地位，他必须具备丰富助听器和听力学的专业知识。首先，听力专家必须能对患者的听力情况进行整体的评估，从而选择合适的听力康复设备和康复方案；其次，听力专家必须能对患者的反馈信息进行解读，从而判断需要调整助听器的哪些参数；最后，听力专家还需要依据经验决定参数调节的程度。因此，对于传统助听器验配来说，听力专家的技能和经验是制约助听器性能的关键，也是影响发展中国家助听器普及率的重要原因之一。

由图 8-1（b）可知，自验配助听器不需要听力专家干预，只需要患者和助听器直接交互。考虑人机交互的便携性，往往采用无线的方式，这带来了功耗问题。此外，图中的专家系统可借助人工智能算法，部分取代听力专家的作用，如参数初始的设定、参数的更新策略等。

（a）传统的助听器验配流程　　　　　　　　　　（b）自验配流程

图 8-1　助听器验配的基本流程对比

8.2.2　设计原型及相关产品

长期以来，学者普遍认为自验配助听器应该具有以下 4 个特征[27]：①自动评估听力门限，生成初始化的助听器设置；②将用户喜好作为用户训练助听器的起点；③在没有听力专家的情况下，训练助听器；④在不需要听力专家帮助的情况下，装配和使用助听器。

与普通的助听器相比，自验配助听器在用户交互方面存在明显不同，且包含更多的功能和更复杂的算法，如自动听力计。1984 年，Köpke 和 Wiener 等人最早在专利中定义了自验配助听器的基本概念。如图 8-2 所示，最初的设计原型中包含 5 个基本部分：自动听力计、验配处方计算器、声压计、真耳耦合腔差异、用户接口。其中，患者用自动听力计评估自身的听力损失情况；验配处方计算器根据自动听力计估计的听力损失计算助听器的初始参数；声压计用来评估当前声音的声压级别，从而及时调整响度补偿参数；真耳耦合腔差异是指为了实现精确验配，用佩戴助听器后测得的增益值减去真耳耦合腔差异获得真实的增益值；用户接口用来接收患者的反馈信息，从而根据患者的反映实现助听器的参数调整。

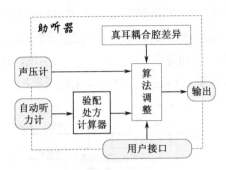

图 8-2　自验配助听器的概念模型

　　目前，美国国家声学实验室对自验配助听器的研究主要包含 3 个部分：用户听力的自测试、用户的可编程性及发展中国家的适用性。随着相关技术的发展，自验配助听器逐渐成为可能，如装配纯音发生器实现自动听力测量和集成无线模块实现便捷性人机交互等。此外，更复杂和更强大的数字助听器芯片使复杂的传输函数或验配公式、训练算法变得可行。因此，虽然自验配助听器距产品化还有一定距离，但是依据美国国家声学实验室的设计理念形成了与自验配助听器相似的产品——自编程助听器[20]。

　　自编程助听器是指由用户自己调节和编程的助听器。由于可以根据用户需求调节助听器的响度参数，因此相比于现存的其他类型助听器，该类助听器已初具自验配助听器的原型[28, 29]。自编程助听器所需的基本材料和设备包括患者的听力图、计算机、网络、验配软件、计算机和助听器之间的硬件接口。自编程助听器的一般结构如图8-3所示。由图8-3可知，自编程助听器一般有 4 个组成部分：声测量模块、可编程放大器、学习模块和用户控制模块[30]。声测量模块包含一个简单的声级计，可以计算几秒内的整体平均声压级；可编程放大器和当前助听器中的非极性放大器几乎一样，只是其编程输入口一直与学习模块相连，而不像普通助听器那样一旦编程结束便断开连接；学习模块是自编程助听器的核心，通过记录用户调整信息和相应的声学环境，然后采用适当的统计或数学模型来推断最符合用户喜好的一组助听器放大参数；用户控制模块是安装在助听器上的旋钮或开关，可以通过手动或远程的方式实现参数调整。除了学习模块，用户控制模块也是影响自编程助听器使用的一个重要部分。因为，目前的助听器参数越来越多，可以控制的参数也越来越多，如自动噪声抑制的速度和深度、麦克风的方向性的选择和切换速度、压缩速度、谱增强及频移参数等。研究显示，患者虽然可以靠 3 个按键实现简单的助听器控制[24]，但是随着助听器调节的细致化，调节的方式必然需要改变。目前主要有两种解决方法：一是改变同一控制键的定义方式，比如在不同时间采用不同的功能[31]，这种方法难以实现，而且并不实用；二是结合远程技术，实现多键远程控制，这是未来助听器控制的发展趋势。

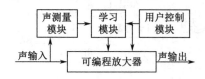

图 8-3　自编程助听器的一般结构

　　如图 8-4 所示，目前美国的自编程助听器定制基本流程一般分为 7 步[20]：①听损患者首先通过电话与助听器公司的业务代表联系；②必须提供听力图、病史、豁免表和《美国医治保险携带和责任法案》隐私表；③进行听力测试（公司提供或就近）；④收到必要的文书后，选择合适的助听器模型；⑤如果需要定制耳膜，患者必须本地测量，再由公司发给制作商；⑥获得助听器（经过预编程的，相关附件需要收费）；⑦公司指定专人通过电话培训患者或提供技术支持（可选项）。收到定制的助听器后，患者可以自行调配助听器参数。但是，从流程可以看出，自编程助听器离自验配助听器还有不小的差距，制作过程中用户所起的作用非常有限。只有助听器交付使用后，用户才能简单调节一些助听器参数（如环境的选择等）。此类助听器部分符合自验配助听器的特征②～特征④。

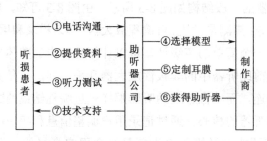

图 8-4　美国的自编程助听器定制基本流程

无论是对听力专家来说，还是对用户来说，自编程助听器最突出的优点是与听力专家见面的次数明显减少，不管是前期验配还是后期调试。研究显示，在双盲的环境下，通过几周的训练，用户的语音理解度可以获得显著的性能改善[31]。

8.2.3 自验配助听器配件

1. 自动听力计

无论是普通助听器，还是自验配助听器，全面且准确获得患者听力的评估结果是非常重要的。患者的听力情况一般用听力图表示，传统的方法是由听力专家测量获得，而自验配助听器必须由患者自己测量获得。研究显示，听力患者的自评估是有益的[34, 35]。自验配助听器的关键是原位阈值（听力图）自动测量的有效性和可靠性[36]，这一功能通常由自动听力计完成。理论上，初始状态下的自验配助听器是不知道患者的任何信息的。只有通过测量患者的听力情况，自验配助听器才能获得对患者听损程度的估计，进而通过处方公式计算助听器的初始设置。

目前，自动化的听力筛查或诊断评估结果已经比较准确和有效[37, 38]。而且，针对成人[39~41]和儿童[42]的自动阈值测量显示，现代的辅助气导测量，与手动听力计测量一样精确和可靠。美国国家声学实验室研究发现[36]，如果将复杂的决策规则移植到助听器中，门限测量将会更可靠和更有效。虽然目前可以实现听觉敏锐度的精确测量，但是要获得更有效的数据必须使用骨导听力计，实验人群应该选用儿童及其他难以测试人群，测试的项目包括听损的类型和程度[43]。

虽然现场测量可以与传统方法一样可靠[44]，但是仍然存在几个需要深入研究的问题。这些措施包括测量方式的选择、选择适当的换能器以保证大范围的阈值水平、阈值测量下的环境噪声控制、可以识别听力特性的不对称性和传导性听力损失的自我管理程序。

研究表明[44]，开放式测量和封闭式测量一样精确。开放式测量的阈值数据较可靠，但是容易受环境噪声影响；封闭式测量的阈值数据虽然不易受环境噪声影响，但是其低频测量数据不可靠。因此，对于自验配助听器设计来说，考虑两种方式的折中是一个比较有效的方法。

在传统验配中，现场测量的阈值误差可以通过带有相同的传导器和耦合管的助听器进行补偿，但这会限制所测量的阈值级别的范围。除传导器的最大输出限制外，狭窄的管直径也会降低高频阈值，而且排气口和开放式模具则会降低低频增益。此外，助听器输出级别越高，低级别的纯音越容易被传感噪声污染。因此，不同的传感器需要匹配患者不同的听力损失，但是由于助听器事先不知道患者的听力图，导致传感器的个性化选择与自验配的设计理念存在矛盾。此外，不同患者的外耳腔有显著差异——尤其是男人与女人之间、儿童与成人之间[45]，这也是验配中需要考虑的。

对于阈值测量来说，环境噪声是一个潜在的威胁。助听器应该能提醒患者如何进行听力测量及选择什么样的环境，并且能检测环境情况，提醒患者不要在太嘈杂的环境下进行听力测量。最近开发的测听设备已在测试过程中使用集成的麦克风实时监测环境噪声[46, 47]。在测试过程中进行质量监控是未来发展方向之一。

至于如何识别听力特性的不对称性和传导性听力损失，目前尚没有有效的研究成果。

2. 人机交互接口

自验配助听器的核心特征就是患者可以根据环境调节助听器参数，从而获得最佳的助听器性能。虽然目前的助听器参数调配都是通过几个按键或旋钮来实现的，但是随着助听器算法的日趋复杂，这显然是不够的。因此，设计有效和便捷的用户和助听器的交互接口是必须的。随着智能手机的发展，未来的自验配软件应装在智能手机或 PDA[26]之类的终端上。苹果的 FaceTime 或微软的 Skype 移动电话，以及计算机的使用，使视频远程医疗可以使用现成的移动电话和平板电脑实施。高分辨率相机、家用远程传感器（如红外传感器、视频监控摄像头和医用监测传感器）的应用，使远程医疗服务成为主流[14]。在耳毒性药物治疗方案中，利用家用设备就可以定期对病人进行听力评估[48]。

如图 8-5 所示，智能终端应该包含无线接口、人机界面、知识库和算法库等。随着蓝牙、WiFi 等无线技术的发展[49]，越来越多的助听器中集成了无线技术。无线技术的革新为自验配助听器的实现提供了极大的便利[48]：一是智能终端和助听器间不仅可以传输命令，还可以传输语音数据。二是可实现随时随地任何内容的"3W"设计理念[26]。人机界面重视的是友好性和易操作性，还要考虑算法的需求。如何以较少的操作实现最佳的效果，是人机界面的设计关键，尤其是针对老龄患者或者操作不方便的患者。如果有可能，操作上集成语音识别技术，将对自验配助听器的推广起到重大作用。未来，知识库可以部分取代听力专家的作用，通过一些人工智能算法、利用患者的听力特征及个人特征、结合以往病例，进行参数的初始化配置或参数优化更新。该部分的实现相对比较复杂，涉及的因素很多，需要研究的地方很多。三是算法库集成了一些验配公式和助听器算法，用来生成测试声音，并提供给患者，通过患者的反馈更新算法参数。

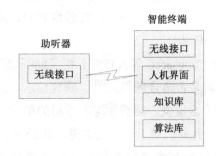

图 8-5　人机交互接口的结构

8.2.4　商业化进展

由于自验配助听器最大的特点是患者的自主化，因此当患者拿到助听器产品时，首先要知道该如何使用。此时，一份详细、直观的说明文档变得非常重要。助听器的主要目标人群是老年人，因为 60 岁以上的人群听损发病率最高。60 岁以上的人群中大约 40% 存在听力损失，而 70 岁以上达到 60%，80 岁以上达到 90%[50]。许多老年人在视觉和/或认知上的缺陷可能会影响他们阅读和使用说明材料的能力[51]，而且 30% 的老年人的健康素养很低[52]。因此，一直以来，有许多专家都在致力于研究面向老年人和/或健康素养低的成人的书面说明材料编写指南[53, 54]。

早期的研究显示，目前的助听器说明材料所需要的阅读水平过高[55]。Andrea Caposecco 等人在前人研究的基础上，编制了一套自验配助听器的书面材料[22]，指导患者装配和使用助听器。实验材料综合考虑了患者的一些关键特征，如年龄、教育程度、种族、民族和健康素养水平，从内容、语言、布局与排版、组织、图像 5 个方面进行详细设计。材料依照规划、设计、适合度评估（Suitability Assessment of Materials，SAM）及实验测试 4 个步骤来完成。其中，评价标准采用材料适合度评估标准[54]，该标准在手写说明材料适合度研究方面应用比较广泛[56~58]。

在实验测试中，80 名老年听损患者按照手写、图示说明装配两个耳背式助听器[59]。通过结构化的问卷调查及有关健康素养、认知能力、灵巧度的标准测试，测量了一系列的个人和听力变量。结果显示，99%的受试者能独立或在辅助下完成助听器装配任务。性别、健康素养、阅读和理解健康相关文字的能力，会严重影响受试者独立且精确完成装配任务的可能性。测试结果显示，该材料翔实准确、易于理解。同时，实验也表明，测试者的认知能力会影响了解和使用指示的能力。

2014 年，Andrea Caposecco 等人详细分析了助听器用户手册的内容、设计和可读性，并研究其是否适合老年人[60]。研究显示，助听器手册的主要问题在于包括太多的助听器模型、频繁使用不常用的单词、插图、大量的技术信息及糟糕的布局等。此外，对于老年人来说，其阅读水平的要求太高了。

为了验证助听器装配和患者的文化和生活背景的低关联性，Elizabeth Convery 和 Gitte Keidser 等人选取了 40 个中国患者和 40 个南非患者进行了相似的助听器装配实验[61]。实验结果显示，不同文化背景下的患者可以有效地完成助听器装配任务。

但是，上述实验选用的都是耳背式助听器。与耳道式助听器相比，耳背式助听器比较易于安装和使用，因此说明材料还需要进一步扩展和补充。

影响商业化的其他因素还包括选择合适的耳尖、电池，甚至包括分销模式[20]。对于助听器来说，合适的耳尖和可靠的电源供给，是其基本的保证。耳尖或定制耳膜比连接到放大设备的其他附件更易损耗。因此，一个长期的解决方法是为用户提供额外的耳尖，以保证用户可以自行更换。显然，电池也存在相同的问题。可充电电池和太阳能电池是个不错的选择。即便这样，这些产品仍然是有限制的，比如在缺乏电力的地方或几个月不见阳光的地方。此外，如果自验配助听器可以实现，应该考虑详细的分销模式，以保证获得设备的用户可以持续使用。对于那些具有严重听损患者来说，他们需要的高增益必须通过定制耳膜实现。

8.3 自验配助听器的优势

自验配助听器是否有价值，一直存在争议。针对面向发达国家的老龄患者的一份问卷调查显示[62]，大部分患者认为自验配助听器是可取的。调查结果显示，83%的受试者认为自验配助听器是个好主意。综合来说，33%的受试者认为自验配助听器的最大益处是能自己调整，而 20%的人认为是方便的，25%的受试者希望验配过程中有专家引导。

此外，调查问卷还显示，患者对自验配助听器是存在疑惑的，主要是对自身专业水平和专业技能的怀疑。自验配助听器有非常明显的 3 个优点。

（1）价格低。助听器价格一直是影响助听器推广使用的因素，这点在发展中国家更加明显。传统的助听器验配过程是非常耗时的，从初期的听力检查、病史咨询，到中期的助听器的调试、使用反馈，再到使用后的客户服务、问卷调查，涉及多位听力专家和服务人员，有的专家甚至是跨国专家，从而提高了助听器的成本。从设计理念上来看，自验配助听器由于不需要听力专家的参与，也减少了听力机构的咨询，因此可以大大降低助听器的附加服务费用，从而降低助听器的价格。此外，这也有助于提高缺乏听力专业人才的发展中国家的助听器使用率。

（2）环境适用性强。在影响助听器使用率效果的因素中，环境适应性差是普遍问题。环境的变化会导致信号的成分发生变化，从而影响信号处理算法的效果。以降噪算法为例，在不同的环境下，算法的参数会有很大区别[63]。虽然助听器场景分析算法是一个研究方向，但在复杂的场景下，场景识别的效果不佳，导致算法不停地切换，从而严重影响算法的效果和患者的满意度。目前，比较可靠的方法还是通过拨码或旋钮进行手动切换，但考虑助听器的体积，设计的场景分类一般不超过 5 类，而且每类环境有固定的算法参数，不能随时调整。自验配助听器的好处就在于，患者可以根据环境自行调配参数，调配的依据是患者对真实声音的反馈，更贴近于助听器的目标，因此效果更好。

（3）增强患者的心理所有权意识。心理所有权是一种占有感，它使人们把占有物视为自我延伸，进而影响人类的态度、动机和行为。虽然心理所有权并没有被广泛应用在有关医疗保健的研究中，但是 Karnilowicz 认为，这个概念可以有效地扩展到慢性疾病及其相关的治疗方法中[64, 65]。当患者自己验配助听器时，这种所有权意识是不断累积和加深的。这种感情有助于激发患者对助听器的兴趣，进而了解助听器和自身的问题，能更好地调配助听器，使其达到最佳效果。

8.4　自验配助听器的难点

虽然自验配助听器存在明显的优点，但是从技术上讲，自验配助听器还有一些技术难题。

（1）从自验配助听器构成上来讲，虽然自动测量已经比较准确可靠，但并不适合所有用户，仍需要专业人士监督。因为不正确的测量会导致不合适的增益，影响助听器效果和患者的满意度。解决方法有两点：①提供不同的文化、语音和习惯的指示命令，务必保证清晰、易理解；②加入判断规则，使听力计可以识别错误的响应，以阻止不合适的放大[66]。相关参数包括每次测量的时间、1kHz 的反复测量差值的平均值、误报率和质量测量错误率，并通过多元回归分析测量值和预测值之间的绝对差异。

（2）从检测内容上看，除需要检测患者的听力损失情况以外，还需要根据这些听力阈值判断患者的听力损失类型。如果检测到非对称性聋和传导性聋，就应停止放大，告知患者寻求医疗帮助。这是因为目前通过助听器检测非对称性聋、传导性聋和混合性聋的方法还没有研究出来，这是自验配助听器的一大制约。此外，除区分听力损失类型以外，一些可以通过耳镜检查和听力检查发现的禁忌，如耳屎堵塞和传导性聋，在自验配助听器验配过程中也是很难发现的。未来，具有高品质的视频摄像功能的智能手机或许可以用来进行耳镜检查，以改善这种情况[14]。另外，针对一些听力损失突然恶化的情况，如耳痛、耳的生理畸形，或活动性感染，这些问题如果被忽视，将会导致错误的验配。错误的验配会产生不适当的增益和输出，可能导致患者暂时或永久性阈移，尤其是当用户为重度和极重度耳聋时。自验配助听器的安全将取决于能否正确识别传导性和非对称听力损失、如何正确测量听觉阈值，并且确定正确的增益/频率响应、压缩参数和最大能量输出。这些问题都需要进一步研究。由于一般患者的耳聋都是一个渐变的过程，在早先感受到听力下降时，患者必然会去医院进行检查，医生会对患者的耳朵进行分析，从而决定是否适合使用助听器。通常，只有医生建议使用助听器的患者，才会考虑购买自验配助听器。因此，在某种程度上，自验配助听器也可以对一些不适合佩戴助听器的情况进行精确的检测。

（3）从验配效果来看，随着自动化程度的提高，验配算法必然越来越复杂。由 Hear Source 和 DIY Hearing Aids 的验配软件[20]可知，需要验配的参数包括全面的增益控制（32dB 范围）、12 通道的均衡器（用来调节 0.2～7.2kHz 的离散频率）、4 通道调节压缩门限、最大能量输出控制、噪声抑制的级别、一个切换开关（用于激活或禁用反馈消除算法）、4 个话筒模式或输入类型（全向麦克风、指向性麦克风、拾音线圈、直接音频输入）的选择。按照传统方法验配，必然需要专家和患者的多次交互，对听力专家的技能要求越来越高，已成为制约助听器使用的重要因素之一[67]。使用智能信息处理算法来替代听力专家的作用成为一种研究趋势。Durant 等人（2004）将遗传算法[68]用于回波抵消的多参数优化。在遗传算法基础上，Takagi 等人（2007）采用交互式进化计算方法[26]初步实现用户自验配方式，但遗传算法的收敛速度慢、稳定性差，影响了算法的实用性。因此，设计更有效的参数优化模型及其算法，是一个需要深入研究的问题。

8.5　自验配助听器系统设计

8.5.1　整体架构

自验配算法是主客观交互的过程，除需要保证参数优化的性能外，提高验配效率、减轻患者的疲劳度也是很重要的因素。为此，本章提出改进交互式遗传算法实现多参数优化的问题。算法将多参数优化为一个群体进化问题，采用交互式遗传算法进行参数的更新，用患者的主观评价取代参数序列的适应值实现主客观交互；同时，为提高参数优化效率，算法提出两点改进策略：建立专家系统优化参数、改进遗传算法提高迭代效率。

自验配助听器系统的结构如图 8-6 所示，整个系统包含 3 个要素：助听器测试系统、患者和自验配系统。基本工作流程为：助听器测试系统根据算法参数处理输入声音，并将处理后的声音输出给用户；用户接收助听器输出的声音，并按照其主观标准对其进行评价；评估的结果反馈给自验配系统进行参数的优化调整，并返回助听器测试系统。

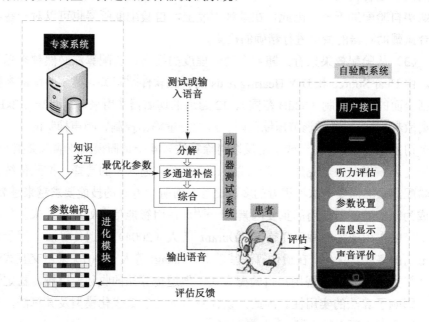

图 8-6　自验配助听器系统的结构

自验配系统由用户接口、进化模块和专家系统 3 个部分组成。

1. 用户接口

用户接口提供给用户人机交互方式，并以数值方式评估处理后的声音。评价内容包含听力评估和声音评价。

（1）听力评估。采用简化的纯音听阈测试来完成对患者的听损评估。

- 基本的测试方法与一般的纯音测试相同，所测纯音分为 11 个频点 125Hz、250Hz、500Hz、750Hz、1kHz、1.5kHz、2kHz、3kHz、4kHz、6kHz、8kHz。

- 根据评价的等级，按比例动态调整纯音的强度。

- 相邻测试频率处的听阈值，采用曲线拟合的方法进行模拟。通过对患者听损的粗评，可与知识库中的患者库进行匹配，部分借鉴其他患者的参数信息，提高系统的效率和可靠性。

（2）声音评价。评价优化后的声音，反馈调配参数。评价标准从差到好分为5级。

2. 进化模块

进化模块是助听器自验配的核心部分，其基于改进的交互式进化算法进行设计，使听损患者可以在脱离听力专家的情况下自行验配。因为自验配对算法迭代效率的要求更高，而传统遗传算法变异操作的高随机性会产生不可靠解。因此，算法改进了优化变异步骤，使算法更新能根据患者情况进行有针对性的变异，从而达到加速收敛的目的。优化算法流程如图8-7所示。

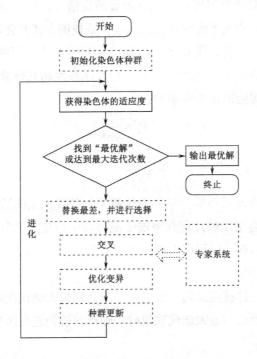

图 8-7　优化算法流程

1）初始化染色体种群

对解空间的解数据进行二进制编码，表达为遗传空间的基因型的结构数据（染色体）。根据患者的年龄、性别、听损时间和听力图，计算与知识库中患者信息最接近的（欧氏距离最小）M 个样本对应的算法参数作为初始群体。

算法将 0～8kHz 的语音信号划分为 11 个频带，分别对应听力图的 11 个频点。对于不同听损患者来说，其每个频点的听力损失情况是不同的。即使具有相同的听力图，实际的验配结果还受到患者的认知水平和个人习惯的影响[69]。因此，每个频带补偿的增益不一样，解决这一问题的基本算法是多通道响度补偿算法[70]。算法将每个频带需要的补偿增益作为基因，并根据输入输出曲线的拐点[71]分为 4 组，即每组参数有 44 个。所有参数组成一个数组形成参数染色体。算法采用的编码方式为二进制编码。由于正常的增益数值范围为 0~120dB，因此参数的位数为 7bit。

2）染色体的适应度

对于助听器自验配算法而言，适应度的选取不能像传统遗传方法一样由染色体和目标函数计算得出，只能靠患者的反馈来评价当前参数优劣。考虑人对语音的分辨能力及患者的评价疲劳度，采取的方式是将适应度分为 5 个等级（劣、差、中、良、优），5 个等级分别对应 5 个不同的具体数值。由于数值的选定直接影响算法性能，因此，此算法按照超几何算子的方法选取适应度，每个等级对应的遗传概率为：

$$P_n = \frac{1}{\gamma n^q} \tag{8-1}$$

式中，$\gamma = \sum_{k=1}^{5} 1/k^q$；$q$ 为常数，取 $q=0.5$。

用超几何算子形成不同等级的遗传概率，替代原来的适应度，使遗传算法更加平稳，不会出现前几代竞争过于激烈而中后期时竞争不够的情况。此外，该方法还可以在一定程度上避免"早熟"现象。

3）判断并输出

如果当前染色体被判定为"最优解"或达到最大迭代次数，则结束流程；否则进行寻优。当达到最大迭代次数时，输出的解为迭代历史中的最优解。

4）选择

当前群体中适应度较高的个体，按照某种规则或模型遗传到下一代种群中。根据赌轮盘选择规则，个体被选中并遗传到下一代群体中的概率与该个体的适应度大小成正比。根据概率 P_n 把一个圆盘分成 M 份。在进行选择时，转动圆盘，若某点落到第 i 个扇形内，则选择个体 i。转盘式选择策略的特点是，每个群体成员在转盘选择策略下都有被选择的机会。

5）交叉

以概率 P_c 交换两个个体的部分染色体，得到两个新的个体。

算法采用的交叉方式是单点交叉，其关键在于染色体配对及交叉点的选择。染色体配对的主要问题是要避免两个相近的染色体发生交叉，因为两个相近的染色体交叉后基本等于它们原来本身，这样的交叉操作一般达不到搜索的效果。交叉点的选择对算法的性能有很大的影响。同样的交叉对，不同的交叉点会产生完全不同的效果，有时甚至会出现无效的交叉操作，即交叉完成之后产生的新染色体对与原染色体对完全相同。

（1）在染色体配对前，首先需要分析两个染色体之间的相关性。染色体 $x_l = \{g_{l1}, g_{l2}, \cdots, g_{lN}\}$ 和染色体 $x_m = \{g_{m1}, g_{m2}, \cdots, g_{mN}\}$ 的不相关指数 x_l 和 x_m 满足：

$$r(x_l, x_m) = \sum_{k=1}^{N} g_{lk} \oplus g_{mk} \tag{8-2}$$

配对染色体的选定过程如下：随机选定一个染色体 x，染色体的配对池（配对池为种群中当前还未进行配对的所有染色体）定义为 $\{y_1, y_2, \cdots, y_S\}$，$S$ 为配对池中的染色体个数，要在配对池中选定其中一个染色体 y_i 和染色体 x 进行交叉操作。在标准遗传算法中，配对池中所有个体具有相同的被选概率。当种群的多样性较小、个体与其配对池中其他个体的总体差异不很明显时，交叉操作的效率受到很大的影响。为此，本节采取非等概率配对策略[72]，给配对池中不相关指数较大的个体赋予较大的被选概率。配对池中个体 y_i 被选择与个体 x 进行配对交叉的概率 $P(y_i|x)$ 为：

$$P(y_i|x) = \frac{1}{S}\left[1 + \lambda \frac{r(x, y_i) - \overline{r}}{r_{\max} - r_{\min}}\right], i = 1, 2, \cdots, S \tag{8-3}$$

式中，λ 为常数，且 $\lambda \in [0,1]$，此处选取 $\lambda = 0.8$；$\overline{r} = \frac{1}{S}\sum_{i=1}^{S} r(x, y_i)$，$r_{\max} = \max\{r(x, y_i)\}$，$r_{\min} = \min\{r(x, y_i)\}$。

当 $r(x, y_i) > \overline{r}$ 时，y_i 被选的概率大于平均被选概率；当 $r(x, y_i) < \overline{r}$ 时，y_i 被选的概率小于平均被选概率。

（2）交叉点的选择方法。首先确定有效交叉点区域，然后在有效交叉点区域中随机选择一个位置作为交叉点，交叉点区域为 $(n_{\min}, n_{\max})$，对于染色体 x_l 和染色体 x_m，$n_{\min}$ 和 $n_{\max}$ 由式（8-4）确定：

$$\begin{cases} n_{\min} = \min\{k | g_{lk} \neq g_{mk}, k = 1, 2, \cdots, N\} \\ n_{\max} = \max\{k | g_{lk} \neq g_{mk}, k = 1, 2, \cdots, N\} \end{cases} \tag{8-4}$$

交叉操作为遗传算法提供了一种粗粒度、大步伐的搜索策略。这种大步伐搜索策略虽然有利于遗传算法全局搜索，但对遗传算法的局部搜索性能产生了颇为不利的影响；变异操作的作用是弥补交叉操作的不利影响，维护种群的多样性。但是，传统遗传算法采用的固定变异概率在算法中后期阶段性能是较差的。基于上述原因，本节采用自适应交叉变异算法。当种群各个个体适应度趋于一致或趋于局部最优解时，增大交叉、变异概率，用来挑出局部最优解；而当群体适应度比较分散时，降低交叉、变异概率，以保留优良染色体。自适应交叉公式如下：

$$P_c = \begin{cases} \exp(-0.382)\dfrac{P_n^x - \overline{P}_n}{P_n^{\max} - \overline{P}_n}, \ P_n^x > \overline{P}_n \\ P_c^{\max}, \ P_n^x \leqslant \overline{P}_n \end{cases} \tag{8-5}$$

式中，$P_c^{\max}$ 为交叉概率上限；P_n^x 为要交叉的两个染色体个体中较大的适应度值；$P_n^{\max}$ 为种群中的最大适应度；$\overline{P}_n$ 为种群的平均适应度。

6）优化变异

将每个个体中的每个基因值都以概率 P_m 进行变异，变异概率公式如下：

$$P_m = \begin{cases} \exp(-0.618)\dfrac{P_n^x - \overline{P}_n}{P_n^{\max} - \overline{P}_n}, \ P_n^x > \overline{P}_n \\ P_m^{\max}, \ P_n^x \leqslant \overline{P}_n \end{cases} \tag{8-6}$$

式中，$P_m^{\max}$ 为变异概率上限。

鉴于助听器算法的特点，本节提出的变异步骤与听损类型直接相关，并向对患者有益的方向加速进化。前面的交叉操作可能会破坏种群中染色体的原有形状，对于某一特定听损患者而言，破坏的参数值势必会影响患者的补偿效果。因此，如果某个频点处的变异后的增益偏离初始优化值 20dB，就将该频点增益设为范围上限 20dB。这样设定既符合助听器验配的习惯，又可以避免参数增益变化过大导致的无效参数，提高验配效率。

7）进化

经过选择、交叉和优化变异操作，得到一个新的种群，对上述步骤经过给定的循环次数的种群演化，优化过程终止。

3. 专家系统

专家系统的作用是加速收敛、缩小搜索步长及提高搜索的准确性。除根据患者个人信息改善初值的选择外，专家系统还能实现用户偏好匹配及种群多样性分析。用户偏好匹配是利用现有的知识库，在分析用户偏好的同时在知识库中寻找与当前用户偏好最相似的染色体，以该染色体替换当前种群中适应度最差的染色体。知识库中各染色体是不同用户完成验配最终染色体。种群多样性分析的目的是防止"早熟"现象，算法每进行一代搜索，都要进行多样性分析，若当前种群多样性过低，则提高交叉、变异概率，加大搜索步长，以丰富当前种群信息供进一步进化操作。助听器专家系统的结构如图 8-8 所示。

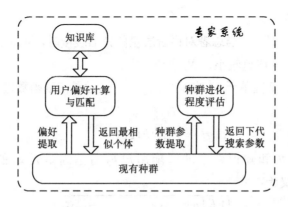

图 8-8　助听器专家系统的结构

1）用户偏好计算与匹配

在交互式进化算法中，用户对个体的评价体现了用户对该染色体的偏好。在助听器自验配的过程中，可以不断根据用户反馈信息，找出与当前用户偏好最相似的染色体，并将该染色体加入到现有进化种群中，并且去除当前种群中适应度最差的染色体，以达到加速进化的目的，提高优化解的质量。

本节的染色体由不同频段的增益构成，设种群中的第 i 个染色体为 $x_i = \{g_{i1}, g_{i2}, \cdots, g_{iN}\}$，$N$ 为参数个数，取值为 44；g_{ik} 表示种群中第 i 个染色体的第 k 个增益参数，采用 7 位二进制表示；g_{ik}^j 表示种群中第 i 个染色体的第 k 个增益参数的第 j 位，取值为 0 或 1，等位基因意义单元 g_{ik}^j 的 "适应度" $F(g_k^j)$ 为：

$$F(g_k^j) = \frac{\sum_{i=1}^{N} g_{ik}^j P_n^{x_i}}{\sum_{i=1}^{N} (1 - g_{ik}^j) P_n^{x_i}} \tag{8-7}$$

式中，$P_n^{x_i}$ 为患者对当前染色体 x_i 的评价值，数值如式（8-1）所示。

由于对染色体的适应度评价是人为主观评价，因此在评价的过程中不可避免会发生"评价准则"的改变，即人的评价会随着进化过程的推移而改变。在自验配刚开始时，患者对染色体质量好坏的认知是模糊的。但是，随着评价过程的深入，患者对染色体的好坏评价的心理标准逐渐统一，此时患者的评价是可信的。所以，引入置信度函数 $R(N)$ 来模拟人主观评价的可信程度：

$$R(N) = \begin{cases} 1 + \mathrm{e}^{-aN_s} - \mathrm{e}^{-aN}, & N < N_s \\ 1, & N \geqslant N_s \end{cases} \tag{8-8}$$

式中，a 为置信度系数。

在自验配过程中，当患者对语音质量的评估缓慢时，a 取值较大，N_s 取值较小；反之，a 取值较小，N_s 取值较大。

用户对等位基因单元 g_k^j 的偏好 $P(g_k^j)$ 可通过置信度函数进行调整，表示如下：

$$P(g_k^j) = R(N)F(g_k^j) \tag{8-9}$$

当前用户 u_1 和知识库中的匹配用户 u_2 对基因单元 g_k 的偏好相似度 $\sigma_k(u_1, u_2)$ 可定义为：

$$\sigma_k(u_1, u_2) = \sqrt{\frac{1}{L}\sum_{j=0}^{L-1}\left\{\left[P_{u1}(g_k^j) - P_{u2}(g_k^j)\right]2^j\right\}^2} \tag{8-10}$$

由于基因单元代表为某一频段的增益，采用的是二进制编码，因此不同的等位基因单元 g_k^j 所占的权重是不一样的。因此，用户对各个比特位的偏好应该乘以系数 2^j。用户 u_1 与匹配用户 u_2 的相似度 $\sigma(u_1, u_2)$ 可定义为：

$$\sigma(u_1, u_2) = \sum_{k=1}^{N}\sigma_k(u_1, u_2) \tag{8-11}$$

显然，$\sigma(u_1, u_2)$ 越小，用户 u_1 与匹配用户 u_2 对所有基因意义单元的相似度越高。在种群进化的过程中，每进化一代，都会在知识库中寻找与当前用户偏好最相似的匹配用户，并将该匹配用户的最终验配结果加入当前进化种群中，取代当前种群中适应度最差的个体，加速当前种群的进化，减少用户的疲劳。

2）种群进化程度评估

在种群进化的过程中，算法不断评估当前种群的进化程度。种群的多样性对优化算法的性能也有重大的影响，是衡量遗传算法进化状态的重要标志。

当算法寻找到一个存在极值的区域时，种群中的个体会不断向这一区域集中，出现很多相同或相似的个体，使种群的多样性变差，从而影响算法遗传操作的效率和探索其他极值区域的能力。种群的多样性 d 定义如下：

$$d = 1 - \frac{1}{0.5NL} \sum_{k=1}^{N} \sum_{j=1}^{L} \left| q_k^j - 0.5 \right| \tag{8-12}$$

式中，N 为参数个数；L 为每个参数的位数；q_k^j 为第 k 个通道第 j 位基因取 1 的概率，$q_k^j = \frac{1}{M} \sum_{i=1}^{M} g_{ik}^j$。

这里，d 的取值范围为 $0 \leqslant d \leqslant 1$，$d$ 越大，表示种群的多样性越好。当多样性 d 大于阈值 D 时，交叉概率在式（8-5）的基础上加 5%，上限为 0.95；变异概率在式（8-6）基础上增加 0.5%，上限为 0.3；否则，分别按照式（8-5）和式（8-6）返回交叉概率及变异概率。

经过多次测试后，算法的最优参数如表 8-1 所示。

表 8-1 算法的最优参数设置

编码方式	二进制编码
选择方法	轮盘赌、精英保留
最大交叉概率	0.95
最大变异概率	0.3
初始化	随机初始化
染色体数目	44
种群大小 M	8
最大遗传代数	20
适应度函数	主观 5 级评估、超几何算子
多样性阈值 D	0.5

8.5.2 仿真与实验

1. 实验设置

实验数据包含语音和音乐。交互式进化计算（Evolutionary Computation，EC）验配的最重要特征之一就是可采用任何声音进行验配[26, 73]，而传统的验配方法只能用纯音或带通噪声。为此，实验还选用部分环境数据进行验配评估，并定量说明了声音质量的改善。

测试信号[74~76]和受试者情况与3.5.1节所述基本相同。

实验对比方法分为 3 类：提出的验配方法、基于高斯算法的验配方法[73]和基于交互式进化算法的验配方法[26]。基本算法是基于验配公式 NAL-NL2[69]设计的。专业验配软件[77]由患者听力图计算得到。

2. 用户接口

为方便对算法进行测试，基于 Visual Studio 2010 软件自行开发了助听器自验配系统，主要功能包括纯音测试与语音测试。纯音测试模块的功能是测试用户在 0.125～8kHz 共 11 个频点的听力情况，从而确定用户的听阈参数；而语音测试部分则是与用户交互的主体。用户首先进行纯音测试，然后进行语音测试，纯音测试的结果将作为语音测试的初始化参考依据。

纯音测试的界面如图 8-9 所示，通过下拉选项选择测试的频点后，系统会发出相应频率的声音，若测试者听不到该频点声音，可以通过单击声强按钮提高声音的强度，直至能听到对应频点的声音为止，系统播放声音的强度会在界面正中间的上方实时显示。单击"下一频段"，系统就会发出下一个待测试特征频点的声响，依次完成 11 个频点的测试后，系统会得到测试者的 11 个频点听阈参数，并会在右下角的"参数"栏中显示出来。完成全部纯音测试后，单击"语音测试"按钮，即可进入人机交互的核心环节——语音测试。若测试者中途因故要放弃测试，可以单击"退出"结束测试。

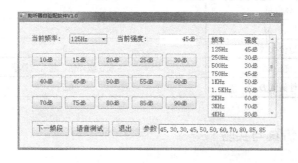

图 8-9　纯音测试的界面

语音测试是用户通过评估声音进行参数优化的方法。用户可以不断进行语音测试，凭主观感觉判断当前播放语音是否清楚，然后进行语音质量评定，直到最终获得最优参数为止。获得的最终参数为最适合用户的听力验配参数。图 8-10 所示为基于交互式遗传算法的语音测试界面。

初始化完成后，单击"设置"按钮，即可进入"设置"界面。在设置界面，可以完成语音路径的更改，以及对"交叉概率"和"变异概率"等参数的设置。设置完成后即可进行语音测试。单击"第一组"按钮后，系统会播放相应语音，当前播放语音的波形会在界面中更新显示。用户听完该段语音后，根据语音是否容易理解进行相应的评价，评价标准有"劣""差""中""良""优"五等（语音质量由差到好）。语音测试界面下方会实时显示"初始参数""当前参数""最优参数"。依次完成 5 组测试后，单击"确定"按钮完成本组测试。单击"下一段语音"系统会将语音播放内容换为下一段测试语音。用户可一直进行语音测试，直到获得最优参数为止。单击"取消"按钮，退出系统。

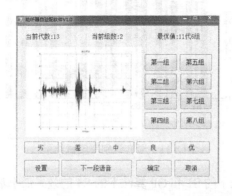

图 8-10 基于交互式遗传算法的语音测试界面

用户接口模块是经过不断实验改进的，因为它对交互式 EC 验配的实用性和收敛性非常重要。最重要的设计点是评估所需的精度：如果评估尺度太精确，即使收敛快，但对用户来说，交互式 EC 验配的负担太大；反之，粗糙的评估用户比较容易接受，但是较大的量化错误导致收敛较慢。早期的实验研究结果表明，五级评估尺度是比较折中的选择[78]。

3．语音识别实验

1）测试步骤

具体的测试步骤参见 3.5.5 节。

测试数据包含 26 组，两组为训练数据，其他是测试数据。其中，每种方法 6 组数据。对于每种算法，每个患者的测试数据相同；而对于每位测试者而言，不同的算法有不同的数据。

2）结果

图 8-11 所示为语音识别率测试结果。由图 8-11 可知，在语音测试方面，本书提出方法的验配效果较好，平均识别率达到 77%。被试者 S7 的识别率最高，达到 86.4%；S1 的识别率最低，只有 67%。与基本算法相比，3 种算法分别增加 16.2%、3.4% 和 4.5%。

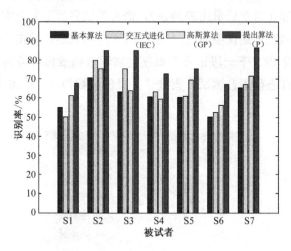

图 8-11 语音识别率测试结果

此外，IEC 算法下的 S1 和 GP 算法下的 S4 的效果低于基本算法的效果。由图 8-11 可知，GP 算法下的 S2、S3 和 S4 的效果低于 IEC 算法的性能的效果。

为了显示算法对语音识别的影响，本节对实验结果进行了双因素方差分析。实验结果如表 8-2 所示。由表 8-2 可知，相比于 IEC 算法，本节提出的算法具有统计显著性，即算法的改善效果明显；但 S4 没有显示出统计显著性。相对来说，与 IEC 算法相比，GP 算法的改善效果并不明显，只有 S4 和 S6 是显著的，且 GP 算法下 S4 的效果要低于 IEC 算法。

表 8-2 语音识别率的统计分析

算法对比	被 试 者						
	S1	S2	S3	S4	S5	S6	S7
IEC vs.GP	Δ	Δ	Δ	***	Δ	***	Δ
IEC vs. P	*	***	*	Δ	***	***	***
GP vs. P	Δ	*	Δ	***	***	Δ	**

注：统计显著性用星号表示——Δ：$p>0.05$；*：$0.01<p<0.05$；**：$0.001<p<0.01$；***：$p<0.001$。

此外，测试时间显示，本节提出算法需要 10～20min，低于 IEC 算法的 40～60min 和 GP 算法的 20～30min。此外，对于助听器用户来说，因为可以听到各种各样的声音，因此其操作更有趣。而且，在语音理解度方面，交互式 EC 验配的效果更好。

3）讨论

实验结果基本令人满意。从语音测试来看，本节提出算法的性能最佳，说明提出算法更有效和稳定。可能原因在于该算法是基于专家系统中的个人数据和历史数据设计的。相对来说，其他两种验配算法不够稳定。其中，IEC 算法下的 S1 和 GP 算法下的 S4 并没有达到最优效果。因此，其性能比基本算法更差。此外，与基本算法相比，IEC 算法和 GP 算法的平均识别率并没有有效改善，表明其参数优化的随机性较高。

从双因素方差分析结果来看，本节提出算法的性能比其他两种算法更好、性能更稳定。但是，这种稳定也是相对的，如 IEC 算法下的 S4 与 GP 算法下的 S1、S3、S6，表明该算法需要进一步改善。从稳定性来看，GP 算法最差，其原因可能在于 IEC 算法使用高斯函数作为优化参数，部分包含了 GP 算法的优点。但是，IEC 算法的收敛速度较慢，影响了其性能。

最后，相比于两种自验配算法，本节提出算法的验配时间显著降低。对于助听器使用者来说，各种可听声音的产生使操作更有趣。由于 IEC 算法的操作时间最长，导致用户的疲劳度增加，进而影响了算法性能。

4. 环境声识别实验

1）结果

环境声评估实验条件和步骤与语音识别实验几乎一致。环境声识别率测试结果如图 8-12 所示。由图 8-12 可知，环境声测试与语音测试相比，本节提出算法的验配效果有所降低（平均识别率达 69.9%），比交互式进化算法提高 2.9%，比传统算法提高 4.2%。相比于基本算法，3 类算法的识别率都有所提升。由图 8-12 可知，对于提出的算法来说，S7 的识别率最高，达到 84%；S6 的识别率最低，达到 55.2%。

针对上述数据，通过双因素方差分析进行结果分析，实验结果如表 8-3 所示。由表 8-3 可知，相比于 IEC 算法，除 S2 外，提出算法具有统计显著性；对于 GP 算法来说，S1 和 S3 的效果不明显；对比 GP 算法和 IEC 算法，GP

算法的 S6 下降明显，S1 和 S3 的提升明显，而其他被试者并没有表现出显著性。此外，环境声测试的验配时间与语音测试基本相同。

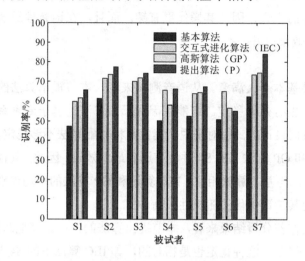

图 8-12　环境声识别率测试结果

表 8-3　环境声识别率的统计分析

算法对比	被 试 者						
	S1	S2	S3	S4	S5	S6	S7
IEC vs.GP	*	△	**	△	△	**	△
IEC vs. P	***	△	***	***	*	*	***
GP vs.P	△	*	△	***	**	***	**

注：统计显著性用星号表示，△：$p > 0.05$；*：$0.01 < p < 0.05$；**：$0.001 < p < 0.01$；***：$p < 0.001$。

2）讨论

对比两种声音测试可以发现：①从整体上说，环境声的平均识别率要低于语音，其原因可能在于环境声的训练不够充分，专业乐器声的识别本身就比较困难。②S6 的环境声平均识别率比语音平均识别率要高。通过分析，声音的识别率要高于其他被试者，可能是因为他的音乐经验起到一定作用。③基本算法的环境声识别率下降 5.5%，因为验配公式主要针对语音理解度来设计。

GP 算法和 IEC 算法的识别率提高较少，原因有两个：一是语音识别率不高，但是环境声识别率有改善；二是一些被试者对环境声的高识别率提高了平均识别率，如 S6。此外，相比于 IEC 算法，GP 算法的平均识别率轻微下降，这主要是因为 S4 和 S6 的低识别率。

5. 增益评估

1）结果

实验比较了 5 种频率（250Hz、500Hz、1kHz、2kHz 和 4kHz）的目标增益，结果如图 8-13 所示。由图 8-13 可知，最优增益是基于专业软件的初始设置并通过听力专家多次校正（2～3 次）获得的。因此，实验时间通常持续 2～3 周。图 8-13（a）～图 8-13（g）分别为 7 个被试的评估增益，平均增益如图 8-13（h）所示。

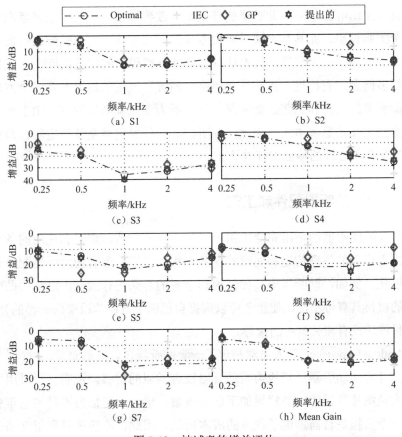

图 8-13　被试者的增益评估

2）讨论

从实验结果可知，因为提出的算法基于人工智能和专家系统设计，并考虑被试者的个人特性，以便获得更精确的评估；而其他两种算法并没有参考被试者的历史数据，所以性能较差。虽然 3 种算法的平均增益几乎相同，但是从个人来看，IEC 算法的增益差异最大，本节提出算法的增益差异最小，IEC 算法和 GP 算法的增益浮动较大（算法不够稳定）。此外，IEC 算法下的 S1、S5 和 S6 的偏差更大，这导致识别率较差。

8.6　总结与展望

自验配助听器是提高助听器的普及率、改善算法质量及增强患者满意度的一个大胆设想。尤其是对缺乏听力专家的发展中国家，自验配助听器具有更迫切的价值和应用前景。其设计理念虽然获得用户的广泛认可[62]，但仍然存在很多问题，有待进一步研究和提高。研究和改进的地方涉及多个方面，包括助听器的配件和工艺、助听器算法和听力专家辅助作用等。由于自验配助听器的主体是患者本人，因此，助听器的设计原则就是量身定制，即根据患者的生理和心理的特征进行设计。

8.6.1　助听器配件和工艺

自验配助听器的使用完全由用户主导，涉及安装、调试和使用的各个方面。由于患者的生理构造和病理状况各不相同，因此患者的助听器配件要实现个性化。例如，助听器模具如何根据患者的耳朵进行改变，这需要助听器模具的材料具有可塑性，使患者可以根据自己的生理结构改变助听器的外观，但是目前还没有相关材料的报导。

Andrea Caposecco 等人虽然制定了一套助听器自验配书面指示材料[22]，但只面向耳背式助听器，其他类型助听器没有类似的材料。说明材料采用大字体、大量图片及说明，必然增加手册的页数，这对于记忆力不足的老年患者也是一个负担。目前，电子载体的成本较低，因此，不应该只采用文档的说明，还应配上多媒体的操作说明。

由于自验配助听器必须基于人机交互来实现，因此对于手部残疾的患者来说，频繁地操作助听器或控制终端是不切实际的。脑机接口技术[79, 80]的发展有可能解决这类问题。脑机接口是利用脑信号，提供一个非肌肉交流通道的设备，尤其是针对患有严重神经肌肉障碍的病人；它不依赖人体固有的神经、肌肉，利用信号放大设备采集脑电信号，经过信号处理翻译成外部设备控制命令，实现"意念控制外设"的目的。基于脑机接口助听器自验配结构如图 8-14 所示。其中，信号采集模块通过电极和脑电信号放大器，从受试者（患者）头部利用侵入或非侵入的方式获取脑电信号；信号处理模块包括对原始脑电信号的分析、变换、处理、提取特征、分类等，提取能反映受试者意图的特征，采用某种分类器做出判断，并将此分类结果转化为助听器控制命令。在这种情况下，患者只需要想象就可以完成助听器的验配和参数调整工作，这将大大提高助听器的验配效率。虽然目前的信号采集模块有比较成熟的产品，但其体积和功耗都不是助听器能承受的。因此，要想实现这一功能，还有很多的研究工作要做。

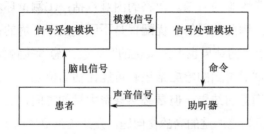

图 8-14　基于脑机接口助听器自验配结构

8.6.2　助听器算法

由于用户取代听力专家进行验配，因此，很多专业的知识必须要由助听器或助听器的辅助设备通过算法融入助听器的验配中。

1．听损类型的判断

大量研究显示，在线听力计与传统的听力计的测量结果区别不大[44, 81]。只有当换能器被正确校正、环境噪声被控制和个人 REDD 被正确校正时[82]，精确实时验配才可能实现。一般来说，传统验配可获得比用户偏好高 3～4dB 的初始验配[83~85]。由于患者个体存在较大的差异，并且偏好响应会随听觉环境的变化而变化，因此，为了保证频率响应符合用户需求，必须细调和训练助听器。测试内容还包括根据患者的在线听力计的测试结果判断患者的听力损失类型。这可能需要修改听力计的测量内容或办法，并增加一些个人信息的输入等，从而获得足够的信息让助听器进行判断。当然，出现听力问题后，第一次的听力检查是必须的，只有在医生认为佩戴助听器是合适的情况下，选择自验配助听器才是有益的。不是所有的听力障碍都能用助听器改善，就像不是每个心脏病人都需要搭桥手术一样。

2. 参数更新策略

大部分的助听器参数都是依据验配公式计算的，其本质是根据一些测量的特定参数获得平均的助听器配置[86, 87]。但是，由于个体年龄、性别、使用年限等差异都可能影响验配结果[69]，因此，平均化的做法必然存在偏差，此外，也有一些参数（如自动化降噪速度）并不是个性化设置。因此，如何调整参数是一个非常困难的问题。面临的困难包括：①测量环境是理想的、低噪的、低回响的，因此获得的最优配置是不同于实际环境的；②即使通过模拟不同的环境，所得的结果也不是最优的[88]；③当患者接触新的声音环境时，通过不同环境测试后得到的验配结果有可能比初始值还差；④即使通过不断测试可以有一个满意的结果，但是必然耗费大量的时间，实际上也是不现实的[89]。因此，考虑日趋严重的老龄化问题，发达国家更倾向于将助听器的验配精简化。

使助听器参数能随环境改变而变化是助听器设计的一个新的研究方向。目前最常用的方法是利用声场景分类算法[90~93]。虽然该算法已集成到部分助听器中，但是实际效果并不好[27]。

1）患者主观评价的表征方式和等级

自验配助听器的算法参数更新依赖于患者对声音的评价，评价的等级首先要与患者的区分能力相适应，其次还关系到两个互相矛盾的方面：评价负担与偏差噪声。评价的等级越多，患者的负担越重，越容易疲劳，但偏差噪声越小。

研究表明，用区间数、模糊数等不确定数来对患者评价进行表征比用确定数能更好地符合用户认知规律，从而可在一定程度上减轻用户评价负担[94, 95]。但是，如何使用这些不确定数表示适应值并进行个体间优劣的比较，以及如何提取适当的知识信息来指导进化以提高算法性能，是需要进一步研究的两个问题。未来可能采用多准则决策领域中的不确定数处理方法。

在评价等级方面，虽然主观测试和统计测试都表明 5 个或 7 个等级的离散适应值能够有效减轻患者的负担[96, 97]，但粗糙的评价值会带来很大的偏差噪声。偏差噪声来自两个方面：一方面，由于用户疲劳和人认知的局限性及渐进性，在给个体分配适应值时，会导致进化个体适应值漂移和波动，会产生认知噪声和随机噪声[98]；另一方面，由于问题的复杂性和优化目标的不确定性，使人们对自己的偏好及心中的最优/满意目标难以明确；而随着对问题分析的深入和认知程度的加深，改变了自己原有的偏好/倾向，出现偏好会随着评价过程的进行而不断调整的情况。研究者面临的挑战是，在用户偏好发生变化时，如何利用之前的进化信息与环境信息来提高算法的优化效率。结合知识库或历史信息，建立专家系统或代理模型[72, 99]进行联想评价，可能是未来的解决时变性偏差噪声的一个有效方法。

2）算法模型与收敛性研究

5 个或 7 个等级的离散适应值相对于算法来说是非常粗糙的，会影响算法的收敛性[100]，导致患者过度疲劳，甚至使评估失败。Takagi 虽然利用 IEC 算法实现了响度补偿算法的参数优化问题。但是，IEC 算法本身收敛就比较慢，而针对 IEC 算法的改善策略主要包括对 IEC 算法参数、操作算子的改进，或对搜索空间进行适当划分，但是收效并不大[49~51]。因此，需要研究发展高性能 IEC 改进算法与新的求解模型。改进的策略包含两种：

• 采用新的进化模型和其他启发式算法（如蚁群算法、粒子群算法等）替代传统的进化算法，进而发展新的算法或混合式算法。设计的目标包括如何在 IEC 种群规模小、进化代数少的条件下保持种群多样性和足够的寻优能力；隐式和显式性能指标优化问题下的群体决策能力等。

• 建立基于评价值预测的决策模型[72]有助于降低患者疲劳度和提高算法性能。决策模型是由用户已评价个体信息中抽取的用户偏好形成的。决策模型可预测未评价个体的适应值，扩大算法的种群规模，从而提高算法的搜索能力；通过只将预测适应值高的少数个体交给用户评估，降低用户疲劳；当用户疲劳时，可使用代理模型替代用户评估。但是，针对不确定数构造合适的代理模型还需要进一步研究[99]。

3）多参数的混合优化策略

随着助听器算法的日趋复杂，需要调配的参数越来越多，如压缩门限、压缩率、压缩门限下的增益、频率、噪声抑制、频率整形、麦克风模式、去除增益调整的频谱增强等。因此，各种类型算法和各种匹配模式的算法参数联合优化面临很大挑战。虽然目前没有类似的研究，但是考虑自验配助听器参数优化问题与多源信息融合问题一样，都是由不同源数据实现决策的。因此，多源信息融合相关理论可应用在自验配助听器多参数混合优化理论中，如利用博弈论解决不同算法配置互相矛盾情况下的参数优化问题，典型算法有基于贝叶斯网络的博弈融合算法、分散式马尔科夫博弈论方法等，但博弈融合的应用有待推广，相应模型和算法也需要改进[101]。此外，随着网络技术的发展和信息的爆炸式增长，分布式信息融合和多模态异类信息融合的实现算法也可以应用到自验配助听器算法参数优化上，甚至可以考虑采用网络服务器[102, 103]和云计算[104]方案来解决。

4）专家知识库的设计

基于评价值预测的决策模型是提高算法收敛性、减少患者评价疲劳的重要方法。理论上，决策模型可取代听力专家的作用，替代专家的经验来调配助听器参数，达到最优化配置。要实现这一点，必须借鉴心理学和生理学的研究成果，建立一套专家知识库，通过累积、学习和推理来表征听力专家的经验。图8-15所示为专家知识库结构，它包括常识、进化知识和评价知识等。

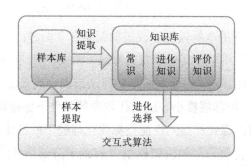

图 8-15　专家知识库结构

常识是指具有明确的显式意义、取值相对固定的参数，通常用参数定义和取值范围表征。在自验配算法中，常识主要是指患者的个人信息和听力信息等。

进化知识泛指隐含在交互式进化操作中，不能直接获得的隐含知识。这类知识既包括求解的过程信息和历史统计信息，又包括患者的对被评价事物的认知，以及患者偏好的过程和程度。

评价知识记录的是解空间与评价空间的映射关系，涉及模型的参数信息。针对上述 3 种知识信息，专家知识库至少应包含 3 种基本操作：样本提取、知识提取和进化选择。样本提取操作实现从进化参数群中选取参数样本，选取的策略要兼顾样本的多样性和进化性；知识提取的关键在于将参数样本中的数据与知识库信息进行关联，并能在进化过程中逐步确认满意信息，减小寻优参数的长度，加快收敛；进化选择是非常关键的操作，通过提取反映进化趋势的隐含知识来指导进化操作，使搜索区域尽快向符合人们心理需求的方向移动，从而减少进化代数，加速收敛，最终降低用户的评价负担。

8.6.3　听力专家的辅助作用

即使自验配助听器非常普及，听力专家的作用仍然存在，具体如下。

（1）了解用户的需求、观念，帮助用户建立信心。研究表明，患者使用助听器的动机是能否成功的一个重要决定因素[86]。此外，帮助患者平衡心态也是非常重要的，因为患者的期望度往往过高[30]。

（2）验配后，告知患者注意事项，包括辅助设备的使用、复杂环境下的处理策略与方法。此外，帮助患者建立对语音质量的正确认识，因为有些患者会不知道如何描述语音质量的差异[89, 115]。

（3）为未来的更复杂听力设备提供服务，包括集成助听器和人工耳蜗移植的复杂设备[30]。

8.7　本章小结

针对传统助听器验配的问题，本章首先介绍自验配助听器的相关知识；然后从自验配助听器的优缺点进行分析，提出一种结合专家系统和交互式进化算法的自验配助听器系统模型，并通过实验详细分析了算法的有效性；最后，重点讨论了自验配助听器未来的研究方向。

参考文献

[1] McPherson B. Innovative technology in hearing instruments matching needs in the developing world[J]. Trends in Amplification, 2011, 15(4): 209-214.

[2] Abrams H B. An introduction to the second starkey research summit[J]. American Journal of Audiology, 2012, 21(2): 329-330.

[3] Liang R Y, Xi J, Zhou J, et al. An improved method to enhance high-frequency speech intelligibility in noise[J]. Applied Acoustics, 2013, 74(1): 71-78.

[4] Gopinath B, Schneider J, McMahon C M, et al. Severity of age-related hearing loss is associated with impaired activities of daily living[J]. Age and Ageing, 2012, 41(2): 195-200.

[5] Chou R, Dana T, Bougatsos C, et al. Screening adults aged 50 years or older for hearing loss: A review of the evidence for the US preventive services task force[J]. Annals of Internal Medicine, 2011, 154(5): 347-355.

[6] Lin F R, Thorpe R, Gordon-Salant S, et al. Hearing loss prevalence and risk factors among older adults in the United States[J]. The Journals of Gerontology Series A: Biological Sciences and Medical Sciences, 2011, 66(5): 582-590.

[7] 冯定香, 曾高滢, 张峰. 全球助听技术的应用现状和发展[J]. 中国听力语言康复科学杂志, 2012(6): 69-71.

[8] Swanepoel D W, Clark J L, Koekemoer D, et al. Telehealth in audiology: The need and potential to reach underserved communities[J]. International Journal of Audiology, 2010, 49(3): 195-202.

[9] McPherson B. Hearing assistive technologies in developing countries: Background, achievements and challenges[J]. Disability and Rehabilitation: Assistive Technology, 2014, 9(5): 1-5.

[10] Yoshinaga-Itano C. Audiology in Developing Countries[J]. International Journal of Audiology, 2012, 51(8): 646-646.

[11]　Bento R F, Penteado S P. Designing of a digital behind-the-ear hearing aid to meet the World Health Organization requirements[J]. Trends in Amplification, 2010, 14(2): 64-72.

[12]　Windmill I M, Freeman B A. Demand for audiology services: 30-Yr projections and impact on academic programs[J]. Journal of the American Academy of Audiology, 2013, 24(5): 407-416.

[13]　Goulios H, Patuzzi R. Audiology education and practice from an international perspective[J]. International Journal of Audiology, 2008, 47(10): 647-664.

[14]　Jacobs P G, Saunders G H. New opportunities and challenges for teleaudiology within department of veterans affairs[J]. Journal of Rehabilitation Research and Development, 2014, 51(5): 7-11.

[15]　Singh G, Pichora-Fuller M K, Malkowski M, et al. A survey of the attitudes of practitioners toward teleaudiology[J]. International Journal of Audiology, 2014, 53(12): 850-860.

[16]　Polovoy C. Audiology telepractice overcomes inaccessibility[J]. ASHA Leader, 2008, 13: 20-22.

[17]　Foulad A, Bui P, Djalilian H. Automated audiometry using Apple iOS-based application technology[J]. Journal of Otolaryngology—Head and Neck Surgery, 2013, 149(5): 700-706.

[18]　Handzel O, Ben-Ari O, Damian D, et al. Smartphone-based hearing test as an aid in the initial evaluation of unilateral sudden sensorineural hearing loss[J]. Audiology and Neurotology, 2013, 18(4): 201-207.

[19]　Khoza-Shangase K, Kassner L. Automated screening audiometry in the digital age: Exploring uhear™ and its use in a resource-stricken developing country[J]. International Journal of Technology Assessment in Health Care, 2013, 29(01): 42-47.

[20]　Convery E, Keidser G, Dillon H, et al. A self-fitting hearing aid: Need and concept[J]. Trends in Amplification, 2011, 15(4): 157-166.

[21]　Eggert A, Gerd-Wolfgang G, Wolfgang K, et al. Digital hearing aid and method: USA, 4471171 [P]. 1984-09-11.

[22] Caposecco A, Hickson L, Meyer C. Assembly and insertion of a self-fitting hearing aid design of effective instruction materials[J]. Trends in Amplification, 2011, 15(4): 184-195.

[23] Hickson L, Laplante-Lévesque A, Wong L. Evidence-based practice in audiology: Rehabilitation options for adults with hearing impairment[J]. American Journal of Audiology, 2013, 22(2): 329-331.

[24] Dreschler W A, Keidser G, Convery E, et al. Client-based adjustments of hearing aid gain: The effect of different control configurations[J]. Ear and Hearing, 2008, 29(2): 214-227.

[25] Taylor B. Advanced user control optimizes real-world listening preferences[J]. The Hearing Journal, 2011, 64(3): 26-28.

[26] Takagi H, Ohsaki M. Interactive evolutionary computation-based hearing aid fitting[J]. IEEE Transactions on Evolutionary Computation, 2007, 11(3): 414-427.

[27] Wong L L. Evidence on self-fitting hearing aids[J]. Trends in Amplification, 2011, 15(4): 215-225.

[28] Kochkin S, MarkeTrak VII: Customer satisfaction with hearing iustruments in the digital age[J]. The Hearing Journal, 2005, 58(9): 30-39.

[29] Jenstad L M, Van Tasell D J, Ewert C. Hearing aid troubleshooting based on patients' descriptions[J]. Journal of the American Academy of Audiology, 2003, 14(7): 347-360.

[30] Dillon H, Zakis J A, McDermott H, et al. The trainable hearing aid: What will it do for clients and clinicians?[J]. The Hearing Journal, 2006, 59(4): 30-36.

[31] Zakis J A, Dillon H, McDermott H J. The design and evaluation of a hearing aid with trainable amplification parameters[J]. Ear and Hearing, 2007, 28(6): 812-830.

[32] Carkeet D, Pither D, Anderson M. Developing self-sustainable hearing centers in the developing world-case study of EARs Inc project in Dominican Republic[J]. Disability and Rehabilitation: Assistive Technology, 2014, 9(5): 391-398.

[33] Carkeet D, Pither D, Anderson M. Service, training and outreach-the EARS Inc. Model for a self sustainable hearing program in action[J]. Disability and Rehabilitation: Assistive Technology, 2014, 9(5): 383-390.

[34] Nishimura T, Uratani Y, Fukuda F, et al. Hearing aids reduce overestimation in pre-fitting self-assessment[J]. Auris Nasus Larynx, 2012, 39(2): 156-162.

[35] Metselaar M, Maat B, Krijnen P, et al. Self-reported disability and handicap after hearing-aid fitting and benefit of hearing aids: Comparison of fitting procedures, degree of hearing loss, experience with hearing aids and uni-and bilateral fittings[J]. European Archives of Oto-Rhino-Laryngology, 2009, 266(6): 907-917.

[36] Keidser G, Dillon H, Zhou D, et al. Threshold Measurements by self-fitting hearing aids feasibility and challenges[J]. Trends in Amplification, 2011, 15(4): 167-174.

[37] Margolis R H, Morgan D E. Automated pure-tone audiometry: An analysis of capacity, need, and benefit[J]. American Journal of Audiology, 2008, 17(2): 109-113.

[38] Swanepoel de W, Mngemane S, Molemong S, et al. Hearing assessment-reliability, accuracy, and efficiency of automated audiometry[J]. Telemedicine and e-Health, 2010, 16(5): 557-563.

[39] Margolis R H, Glasberg B R, Creeke S, et al. AMTAS®: Automated method for testing auditory sensitivity: Validation studies[J]. International Journal of Audiology, 2010, 49(3): 185-194.

[40] Swanepoel de W, Biagio L. Validity of diagnostic computer-based air and forehead bone conduction audiometry[J]. Journal of Occupational and Environmental Hygiene, 2011, 8(4): 210-214.

[41] Ho A T P, Hildreth A J, Lindsey L. Computer-assisted audiometry versus manual audiometry[J]. Otology & Neurotology, 2009, 30(7): 876-883.

[42] Margolis R H, Frisina R, Walton J P. AMTAS®: Automated method for testing auditory sensitivity: II. Air conduction audiograms in children and adults[J]. International Journal of Audiology, 2011, 50(7): 434-439.

[43] Mahomed F, Eikelboom R H, Soer M. Validity of automated threshold audiometry: A systematic review and meta-analysis[J]. Ear and Hearing, 2013, 34(6): 745-752.

[44] O'Brien A, Keidser G, Yeend I, et al. Validity and reliability of in-situ air conduction thresholds measured through hearing aids coupled to closed and open instant-fit tips[J]. International Journal of Audiology, 2010, 49(12): 868-876.

[45] Withnell R H, Jeng P S, Waldvogel K, et al. An in situ calibration for hearing thresholds[J]. The Journal of the Acoustical Society of America, 2009, 125(3): 1605-1611.

[46] Maclennan-Smith F, Swanepoel D W, Hall III J W. Validity of diagnostic pure-tone audiometry without a sound-treated environment in older adults[J]. International Journal of Audiology, 2013, 52(2): 66-73.

[47] Buckey J C, Fellows A M, Jastrzembski B G, et al. Pure-tone audiometric threshold assessment with in-ear monitoring of noise levels[J]. International Journal of Audiology, 2013, 52(11): 783-788.

[48] Clark J L, Swanepoel D W. Technology for hearing loss-as we know it, and as we dream it[J]. Disability and Rehabilitation: Assistive Technology, 2014, 9(5): 408-413.

[49] Swanepoel de W, Hall III J W. A systematic review of telehealth applications in audiology[J]. Telemedicine and e-Health, 2010, 16(2): 181-200.

[50] Chia E M, Wang J J, Rochtchina E, et al. Hearing impairment and health-related quality of life: The blue mountains hearing study[J]. Ear and Hearing, 2007, 28(2): 187-195.

[51] Wilson E A, Wolf M S. Working memory and the design of health materials: A cognitive factors perspective[J]. Patient Education and Counseling, 2009, 74(3): 318-322.

[52] Paasche-Orlow M K, Parker R M, Gazmararian J A, et al. The prevalence of limited health literacy[J]. Journal of General Internal Medicine, 2005, 20(2): 175-184.

[53] Houts P S, Doak C C, Doak L G, et al. The role of pictures in improving health communication: A review of research on attention, comprehension, recall, and adherence[J]. Patient Education and Counseling, 2006, 61(2): 173-190.

[54] Doak C C, Doak L G, Friedell G H, et al. Improving comprehension for cancer patients with low literacy skills: Strategies for clinicians[J]. CA: A Cancer Journal for Clinicians, 1998, 48(3): 151-162.

[55] Nair E L, Cienkowski K M. The impact of health literacy on patient understanding of counseling and education materials[J]. International Journal of Audiology, 2010, 49(2): 71-75.

[56] Weintraub D, Maliski S L, Fink A, et al. Suitability of prostate cancer education materials: Applying a standardized assessment tool to currently available materials[J]. Patient Education and Counseling, 2004, 55(2): 275-280.

[57] Sklar M, Groessl E J, O'Connell M, et al. Instruments for measuring mental health recovery: A systematic review[J]. Clinical Psychology Review, 2013, 33(8): 1082-1095.

[58] Sharp L K, Ureste P J, Torres L A, et al. Time to sign: The relationship between health literacy and signature time[J]. Patient Education and Counseling, 2013, 90(1): 18-22.

[59] Convery E, Keidser G, Hartley L, et al. Management of hearing aid assembly by urban-dwelling hearing-impaired adults in a developed country implications for a self-fitting hearing aid[J]. Trends in amplification, 2011, 15(4): 196-208.

[60] Caposecco A, Hickson L, Meyer C. Hearing aid user guides: Suitability for older adults[J]. International Journal of Audiology, 2014, 53: S43-S51.

[61] Convery E, Keidser G, Caposecco A, et al. Hearing-aid assembly management among adults from culturally and linguistically diverse backgrounds: Toward the feasibility of self-fitting hearing aids[J]. International Journal of Audiology, 2013, 52(6): 385-393.

[62] Convery E, Keidser G, Hartley L. Perception of a self-fitting hearing aid

among urban-dwelling hearing-impaired adults in a developed country[J]. Trends in Amplification, 2011.

[63] Molero P C, Reyes N R, Candeas P V, et al. Low-complexity F0-based speech/nonspeech discrimination approach for digital hearing aids[J]. Multimedia Tools and Applications, 2011, 54(2): 291-319.

[64] Karnilowicz W. Identity and psychological ownership in chronic illness and disease state[J]. European Journal of Cancer Care, 2011, 20(2): 276-282.

[65] Alexandre E, Cuadra L, Rosa M, et al. Feature selection for sound classification in hearing aids through restricted search driven by genetic algorithms[J]. IEEE Transactions on Audio, Speech, and Language Processing, 2007, 15(8): 2249-2256.

[66] Margolis R H, Moore B C. AMTAS®: Automated method for testing auditory sensitivity: III. Sensorineural hearing loss and air-bone gaps[J]. International Journal of Audiology, 2011, 50(7): 440-447.

[67] Kochkin S. MarkeTrak VIII: Consumer satisfaction with hearing aids is slowly increasing[J]. The Hearing Journal, 2010, 63(1): 19-27.

[68] Durant E A, Wakefield G H, Van Tasell D J, et al. Efficient perceptual tuning of hearing aids with genetic algorithms[J]. IEEE Transactions on Audio, Speech, and Language Processing, 2004, 12(2): 144-155.

[69] Keidser G, Dillon H, Carter L, et al. NAL-NL2 Empirical Adjustments[J]. Trends in Amplification, 2012, 16(4): 211-223.

[70] Gan W S. Applying equal-loudness compensation to the adaptive active noise control[J]. Applied Acoustics, 2000, 61(2): 183-187.

[71] Venema T. Compression for clinicians[M]. San Diego: Delmar Pub, 2006.

[72] Huang Y Q, Zhang X D. Review on interactive evolutionary computation[J]. Control and Decision, 2010, 25(9): 1281-1286.

[73] Nielsen J B B, Nielsen J, Larsen J. Perception-based personalization of hearing aids using gaussian processes and active learning[J]. IEEE/ACM Transactions on Audio, Speech, and Language Processing, 2015, 23(1): 162-173.

[74] Bench J, Kowal A, Barnford J M. The BKB (Bamford-Kowal-Bench)

sentence lists for partially-hearing children[J]. British Journal of Audiology, 1979, 13: 108-112.

[75] Macleod A,Summerfield Q. A procedure for measuring auditory and audiovisual speech-reception thresholds for sentences in noise: Rationale, evaluation, and recommendations for use[J]. British Journal of Audiology, 1990, 24(1): 29-43.

[76] Xin X. The history and present state of speech audiometry[J]. Chinese Scientific Journal of Hearing and Speech Rehabilitation, 2005(1): 20-24.

[77] AcoSound 3.1.4.1213. Available from:http://www.acosound.com/html/zlxz/24.html.

[78] Kowaliw T, Dorin A, McCormack J. Promoting creative design in interactive evolutionary computation[J]. IEEE Transactions on Evolutionary Computation, 2012, 16(4): 523-536.

[79] Márquez-Chin C, Popovic M R, Sanin E, et al. Real-time two-dimensional asynchronous control of a computer cursor with a single subdural electrode[J]. The Journal of Spinal Cord Medicine, 2012, 35(5): 382-391.

[80] Sagara K, Kunihiko K. Evaluation of a 2-channel NIRS-based optical brain switch for motor disabilities' communication tools[J]. IEICE Transactions on Information and Systems, 2012, 95(3): 829-834.

[81] DiGiovanni J J, Pratt R M. Verification of in situ thresholds and integrated real-ear measurements[J]. Journal of the American Academy of Audiology, 2010, 21(10): 663-670.

[82] Keidser G, Yeend I, O'Brien A, et al. Using in-situ audiometry more effectively: How low-frequency leakage can affect prescribed gain and perception[J]. Hearing Review, 2011, 18(3): 12-16.

[83] Polonenko M J, Scollie S D, Moodie S, et al. Fit to targets, preferred listening levels, and self-reported outcomes for the DSL v5.0a hearing aid prescription for adults[J]. International Journal of Audiology, 2010, 49(8): 550-560.

[84] Hornsby B W, Mueller H G. User preference and reliability of bilateral hearing aid gain adjustments[J]. Journal of the American Academy of

Audiology, 2008, 19(2): 158-170.

[85] Keidser G, O'Brien A, Carter L, et al. Variation in preferred gain with experience for hearing-aid users[J]. International Journal of Audiology, 2008, 47(10): 621-635.

[86] Byrne D, Dillon H, Ching T, et al. NAL-NL1 procedure for fitting nonlinear hearing aids: Characteristics and comparisons with other procedures[J]. Journal of the American Academy of Audiology, 2001, 12(1): 37-51.

[87] Svard I, Spens K, Back L, et al. The benefit method: Fitting hearing aids in noise[J]. Noise and Health, 2005, 7(29): 12-23.

[88] Smeds K, Keidser G, Zakis J, et al. Preferred overall loudness. II: Listening through hearing aids in field and laboratory tests[J]. International Journal of Audiology, 2006, 45(1): 12-25.

[89] Boymans M, Dreschler W A. Audiologist-driven versus patient-driven fine tuning of hearing instruments[J]. Trends in Amplification, 2012, 16(1): 49-58.

[90] Lamarche L, Giguère C, Gueaieb W, et al. Adaptive environment classification system for hearing aids[J]. The Journal of the Acoustical Society of America, 2010, 127(5): 3124-3135.

[91] Chalupper J, Junius D, Powers T. Algorithm lets users train aid to optimize compression, frequency shape, and gain[J]. The Hearing Journal, 2009, 62(8): 26-28.

[92] Keidser G, Dillon H, Convery E. The effect of the base line response on self-adjustments of hearing aid gain[J]. The Journal of the Acoustical Society of America, 2008, 124(3): 1668-1681.

[93] Mueller H G, Hornsby B W, Weber J E. Using trainable hearing aids to examine real-world preferred gain[J]. Journal of the American Academy of Audiology, 2008, 19(10): 758-773.

[94] Gong D W, Qin N N, Sun X Y. Evolutionary algorithms for optimization problems with uncertainties and hybrid indices[J]. Information Sciences, 2011, 181(19): 4124-4138.

[95] Gong D W, Yuan J, Sun X Y. Interactive genetic algorithms with individual's

fuzzy fitness[J]. Computers in Human Behavior, 2011, 27(5): 1482-1492.

[96] Simons C, Smith J. A comparison of meta-heuristic search for interactive software design[J]. Soft Computing, 2013, 17(11): 2147-2162.

[97] Gong D W, Yuan J. Large population size IGA with individuals' fitness not assigned by user[J]. Applied Soft Computing, 2011, 11(1): 936-945.

[98] Yan S, Wanliang W. An Experimental Study on the User Evaluation Accuracy of Interactive Genetic Algorithms[J]. Journal of Convergence Information Technology, 2012, 7(1): 457-467.

[99] Ono S, Maeda H, Sakimoto K, et al. User-system cooperative evolutionary computation for both quantitative and qualitative objective optimization in image processing filter design[J]. Applied Soft Computing, 2014, 15: 203-218.

[100] Sun X, Gong D, Jin Y, et al. A new surrogate-assisted interactive genetic algorithm with weighted semisupervised learning[J]. IEEE Transactions on Cybernetics, 2013, 43(2): 685-698.

[101] Yin H, Wang L, Nong J. Survey on game-theoretic information fusion[C] // 2010 7th International Conference on Fuzzy Systems and Knowledge Discovery, 2010: 2147-2151.

[102] Calbimonte J P, Jeung H Y, Corcho Ó, et al. Enabling query technologies for the semantic sensor web[J]. International Journal on Semantic Web and Information Systems, 2012, 8: 43-63.

[103] Szekely P, Knoblock C A, Gupta S, et al. Exploiting semantics of web services for geospatial data fusion[C] // Sigspatiai International Workshop on Spatial Semantics and Ontologies, 2011:32-39.

[104] Li W, Li Q, Duan F, et al. A study of the joint decision between spatial intelligence and agent intelligence based on multi-source information[C] // IEEE International Conference on Robotics and Biomimetics, 2013: 2424-2429.

[105] Nelson J A. Fine tuning multi-channel compression hearing instruments[J]. Hearing Review, 2001, 8(1): 30-35.

第 9 章

助听器声场景分类算法

● ● ● ● ● ● ● ●

9.1 引言

　　随着助听器技术的不断发展，场景分类已成为智能数字助听器中十分重要的一个功能。算法在信号处理过程的前端实现，通过识别助听器使用者所处的听力环境，自动调用合适的处理程序，完成不同声场景信号的个性化处理。从本质上而言，声场景分类问题是一种环境声识别问题，主要由特征提取和分类两个过程组成。特征提取过程是指通过对声场景信号进行降维处理，从而提取可以代表原信号的数据；而分类过程主要是指以一定的方法对提取的特征进行编码，然后再与模板数据库进行对比，判别声场景信号所属的类别。

　　传统的声场景分类采用的特征主要包括时域的过零率及能量、频域、倒谱域的特征。常用的分类方法有简单的阈值判断方法、高斯混合模型（Gaussian Mixture Model，GMM）方法、基于隐马尔科夫模型（Hiden Markov Model，HMM）方法、基于人工神经网络（Artificial Neural Network，ANN）的方法、基于支持向量机的方法（Support Vextor Machine，SVM）和基于规则的方法[1]。

　　尽管助听器在实时性处理和低功耗等方面存在一些限制，但随着时间的推移，助听器场景分类算法使用的特征参数和分类方法仍在不断优化。Peter Nordqvist 和 Arne Leijon 利用分层的隐马尔科夫模型和向量量化器给出了一种特殊的场景分类系统，该系统使用了 4 个倒谱系数为特征参数，对 3 种听觉环境（交通噪声环境、纯语音环境和 babble 噪声环境）进行分类，取得了令人满意的分类效果[2]。Michael Büchler 等人从声场景分析的角度选择特征参数，区分 4 种不同的声场景（语音、含噪语音、噪声和音乐），他们还发现在不同类型分类器中特征参数的最优组合是不同的[3]。Ma 以梅尔倒谱系数（Mel Frequency Cepstral Coefficents, MFCC）为主要特征，利用 HMM 模型对 12 种声场景进行分类，分类正确率可达 90%[4]。Alexandre 采用基于遗传算法的约束搜索完成助听器中声场景分类的特征选择，可大大提高该算法的分类正确率[5]。Lamarche 分别以声场景信号的瞬时频率和调幅深度为特征，提出了两种类型的助听器自适应分类系统，而且能够根据当前声环境的变化进行分类或聚类[6]。

目前，国内对声场景分类的研究尚未特别深入，还处于初级阶段，仅仅涉及基于内容的场景分类技术。浙江大学的赵雪雁等提出了一种基于非监督机制的声场景分类方法，该方法首先直接从压缩域中提取特征；然后采用模糊聚类方法对提取的特征进行降维处理，以加快分类的速度；最后用相关反馈机制提高分类的准确性[7]。南京大学的卢坚等提出一种基于 HMM 的声场景分类方法，用于音乐、语音及其混合音分类。算法以声信号的多阶 MFCC 和差分系数为特征，能够很好地反映声信号的动态变化特性。同时，分类器采用 HMM 分类器，其分类正确率最高可达 90.28%[8]。

总的来说，国外在智能数字助听器声场景分类方面的研究已经做了大量的工作，而国内的研究相对较少。尽管这些特征提取和分类算法的效果较好，但计算过程通常比较复杂。对于处理能力有限的数字助听器而言，在满足分类效果的条件下，算法的计算量越小越好。目前，国内外均没有针对日常声场景类型进行专门的统计研究，因此，大多数研究对日常声场景类型的假定都不完全相同，这有可能导致研究时的声场景类别与实际助听器使用者日常所处的场景类别间存在较大的差异。

为了提高助听器算法的适应性，本章简要介绍助听器声场景识别算法。首先，简单介绍算法的研究背景和意义；其次，分析该算法与助听器其他算法的关联，并通过分析不同信号的特征验证[9]声场景识别算法的可行性；最后，对比几种常用分类器的场景识别效果[8]。

9.2　与声场景识别有关的助听器模块

助听器算法框架可以用简化模型表示[9]，如图 9-1 所示。模型包含的模块包括：

- 声方向性模块处理来自两个全方向麦克风的信号，针对每种听力环境产生最佳的极性图。
- 降噪模块分析各个频带的信号，逐渐削弱调制率较小的子带信号。
- 宽动态范围压缩（WDRC）模块基于各人听力损失，以与频率和声压级相关的方式放大信号。
- 回波抵消模块抑制从接收器到麦克风的反馈信号，并自动适应变化的反馈路径。

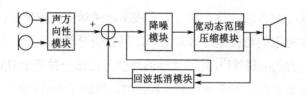

图 9-1　简化的助听器算法框架

助听器调整自身适应听力环境的方式依赖于信号的类别，如声音、音乐或噪声。当这几种信号类型同时出现时，听力环境识别会变得非常困难，无法选择恰当的处理结构。此时，算法通常会选择一些妥协值。表 9-1 总结了不同听觉环境下的合理设置[9]。

表 9-1　不同听觉环境下的合理设置

信号类型	声方向性模块	降噪模块	宽动态范围压缩模块	回波抵消模块
语音	使用，如果语音来自前面	一般不用	最大理解度	如果放大需要
音乐	一般不用，除非在混响室	不用	宽带放大	尽量不用
噪声	一般不用	使用，尤其在强噪声时	依赖环境	尽量不用

（1）声方向性模块。在噪声环境下，声方向性技术是有益的，尤其是说话者在助听器佩戴者的前方（如两个人面对面坐在餐厅内聊天）时。

但是，在其他噪声背景下，声方向性可能达不到预期的目标，如一边开车一边与其他人聊天时，或与其他人一起沿着路边行走时。在这两个例子中，患者不可能一直看着谈话对象，指向性图是没用的。

在说话者离患者很远的情况下，使用全方向麦克风并且关掉指向性设置是更好的选择。

当听音乐时，一般也不推荐使用方向性技术。除非是在高混响的房间中，如教堂。

全方向麦克风对很多噪声也有优势，如风噪声、发生在背后或周围的轻噪声，它可以使我们感知发生的情况。

（2）降噪模块。听损患者希望降噪模块能够有效地削弱吵闹的噪声。但是，对于音乐来说，降噪模块的性能难以令人乐观。因为音乐信号的调制率很小，所以降噪模块会重复削弱各个子带信号甚至全部信号。

对语音来说，有时降噪也不是很合适。当系统削弱子带信号时，会相同程度地影响噪声和语音，从而削弱语音理解度。听损患者通常更喜欢放大全部信号，即使信号包含一些噪声。

（3）WDRC 模块。WDRC 模块应该最大化语音理解度。基于该目标，合理的验配更倾向于更小的低频增益，而不是追求响度正常化。

相比而言，对音乐来说，宽频域放大是最好的方式。这可以产生丰富的声音，从而获得与声源近似的感觉。

在噪声环境中，理想的方法依赖于所处的环境。因为有时吸引你注意的是周围噪声；而其他时间，它们却是恼人的。

（4）回波抵消模块。当助听器提供大量中频和高频增益（如最优化语音理解能力）时，回波抵消是最有用的。

在其他听力环境中，如听音乐时，信号中的中高频成分较少，一般不使用回波抵消模块。这样设置的好处包括降低能量损耗和少见的伪信号效应。

9.3　不同信号的特性

9.3.1　周期性

声信号是否为周期信号，以及周期是多少都是可以测量的。音乐信号本质上是周期信号，但大部分噪声信号是非周期的。语音是混合体，其中，浊音是周期的，而清音是非周期的。

从一段短的信号段可以很容易看出信号是否是周期的，以及周期的数值。图 9-2 所示为/souji/的时域信号。这段语音波形的采样频率为 16kHz，量化精度为 16bit。图 9-2 中用点线将时域波形分为 4 个分图，分别表示单音节/s/、/ou/、/j/和/i/的波形。由于在时域波形里各个单音节间不好明显地分界，因此，图中的分段只是粗略的。观察语音信号时间波形的特性，可以通过对语音波形的振幅和周期观察不同性质的音素的差别。

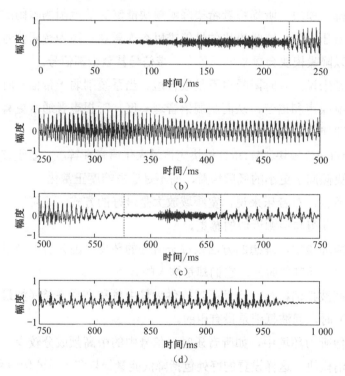

图 9-2 /souji/的时域波形

从图 9-2 可以看出，清辅音/s/、/j/和元音/ou/、/i/这两类音的时间波形有很大区别。因为音节/s/和音节/k/都是清辅音，所以它们的波形类似于白噪声，振幅很小，没有明显的周期性；而元音/ou/和/i/都具有明显的周期性，且振幅较大，该周期与声带振动的频率（基音频率）有关，是声门脉冲的间隔。如果考察其中一小段元音语音波形，一般从它的频谱特性可以大致看出其共振峰特性。

数字助听器中的处理器检测周期的计算任务较大。判断一个信号是否是周期的，处理器通常先计算自相关系数。

自相关表征的是来自同一信号的一段信号和前一段信号的匹配程度。自相关系数量化了当前信号和前一段信号的一致性，取值为-1～1。自相关系数取值接近 1，表示两个时间段波形几乎是匹配的；如果在 0 附近，信号波形则是完全不同的；-1 则表示波形是相反的。

图 9-3 通过元音/i/显示了自相关系数取正值或负值的情况，所有的图都来自图 9-2（a）的 40ms 信号段。

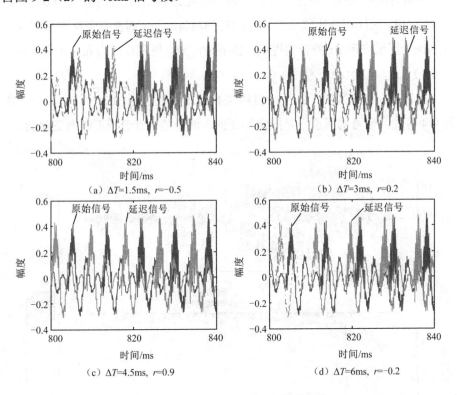

（a）ΔT=1.5ms, r=−0.5   （b）ΔT=3ms, r=0.2

（c）ΔT=4.5ms, r=0.9   （d）ΔT=6ms, r=−0.2

图 9-3 不同时间延迟 ΔT 的自相关系数 r

- 图 9-3（a），ΔT =1.5ms 的延迟信号，由于相位相反，因此自相关系数为负数，r = −0.5。
- 图 9-3（b），ΔT =3ms 的延迟信号，波形相差较大，自相关系数 r = 0.2。

- 图9-3（c），$\Delta T = 4.5\text{ms}$的延迟信号，信号段间匹配度较高，自相关系数$r = 0.9$。
- 图9-3（d），$\Delta T = 6\text{ms}$的延迟信号，波形相差较大，自相关系数$r = -0.2$。

下面比较语音信号、乐器信号、脉冲噪声和单调噪声的自相关系数。

1. 语音信号

图9-4（a）所示为单词/souji/的时域信号，图9-4（b）所示为其自相关系数谱。不同于语谱图，y轴表示的是信号段在$0 \sim 16\text{ms}$的延迟，而不是频率。

对语音信号来说，周期和非周期间的变化是明显的。在图9-4（b）中，元音/ou/和/i/的周期性比较明显，而相对的辅音/s/和/j/则没有表现出周期性。在570ms区域表示/ou/的音素周期，由y轴可知，周期值约为6ms（基频约为160Hz）。

在辅音/s/和/j/区间，信号的自相关系数谱的取值为$-0.2 \sim 0.2$。此外，由图9-4可知，信号的周期不是固定不变的，而是随语音音调而缓慢变化的。

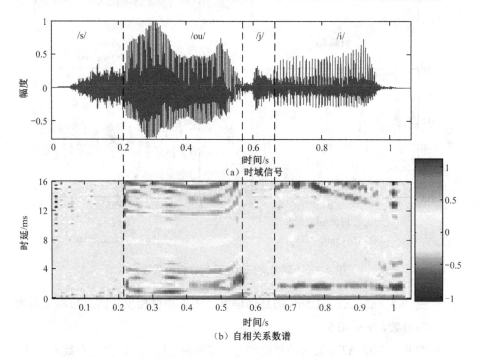

图9-4 单词/souji/

2. 乐器信号

对于不同的乐器信号，其自相关系数的图谱完全不同。图 9-5 所示为长笛和小提琴的波形和自相关系数图谱。在 1s 左右的时间段内，信号是周期的。不同于语音信号，音乐信号的周期和相应的频率是不随时间变化的，如同音调序列一样，不同乐器的音调各不相同。

对于 2ms 的音调，将当前信号和其后 2ms 的信号相比较，相关系数接近 +1。由于周期性，将当前信号和其后 2ms 的整数倍时间段（如 4ms、6ms、8ms、10ms、12ms 和 14ms 等）相比较，相关系数也接近 +1。因此，图 9-5（c）和图 9-5（d）形成规律的条纹图。

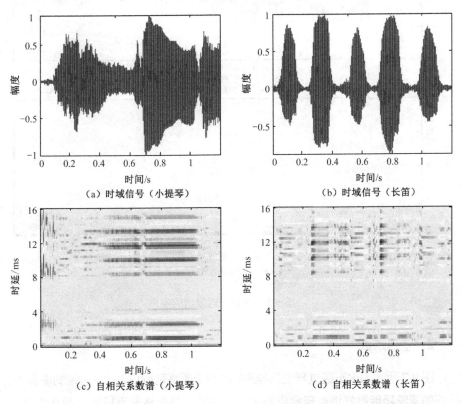

（a）时域信号（小提琴）　　　　（b）时域信号（长笛）

（c）自相关系数谱（小提琴）　　　（d）自相关系数谱（长笛）

图 9-5　乐器

由于乐器的周期是连续的，信号在一定时间内会从一个周期突然转变为另一个不同的周期。助听器通过检测这种特性开关降噪功能，即使信号含有最低限度的调制率。

3．脉冲噪声

图9-6（a）所示为洗盘子时陶器和餐具碰撞发出的脉冲噪声，图9-6（b）所示的相关系数和乐器的相关系数是不同的，其短的周期段随机产生。利用这种不规律的特性，可以清楚地将脉冲噪声从语音信号和音乐信号中区分出来。对助听器来说，该特性可以用来检测脉冲噪声并降噪。

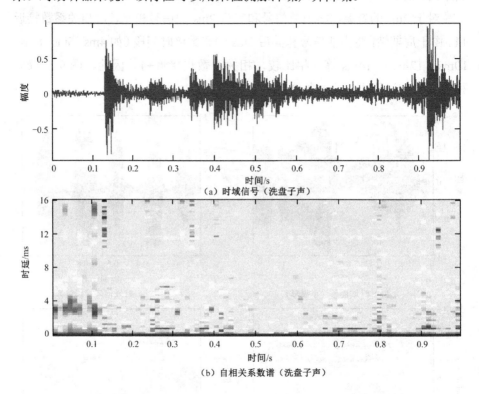

（a）时域信号（洗盘子声）

（b）自相关系数谱（洗盘子声）

图9-6　洗盘子时发出的噪声

4．单调噪声

图9-7所示为火车经过隧道的噪声，在整个频率范围内，噪声的调制率很小。传统的降噪器能很好地处理此类噪声。单调噪声是严格非周期的。图9-7（b）中的自相关系数都较小，几乎都在0.1左右。该信号频率低且不稳定，是典型的低频噪声，能很好地与信号分类中的其他信号区分。上述例子说明，周期性可以帮助区分不同的信号，算法如果计算更多的信号特征（如频谱包络），

则可以将分类做得更好。

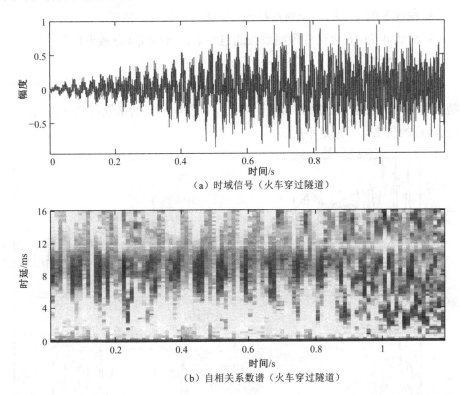

（a）时域信号（火车穿过隧道）

（b）自相关系数谱（火车穿过隧道）

图 9-7 火车穿过隧道的噪声

9.3.2 频谱包络

由于语音样点之间存在相关性，因此可以用过去的样点值预测现在或未来的样点值，即一个语音的抽样能使用过去若干个语音抽样或它们的线性组合来逼近。通过使实际语音抽样和线性预测抽样之间的误差在某个准则下达到最小值，决定唯一的一组预测系数，该系数称为线性预测系数（Linear Prediction Coefficient, LPC）。计算预测系数的复频谱可得到 LPC 谱，它是 FFT 谱图的包络线，反映了声道的共振峰结构。

图 9-8（a）的虚线显示了单词/souji/中辅音/s/的 LPC 谱，图 9-8（b）显示的是元音/i/的 LPC 谱。

从图 9-8 可知，LPC 谱较好地描述了 FFT 谱的趋势，称为包络谱。

- 曲线2为1个线性预测系数的包络谱,显示了整个声谱斜率的陡峭程度。
- 曲线3为4个线性预测系数的包络谱,产生一个共振。
- 曲线4为16个线性预测系数的包络谱,该曲线非常接近声谱,包括4个共振峰。

如图9-8所示,预测率器的阶数越高,包络就越接近声谱。但是,在增加精度的同时,也增加了助听器的计算负担。不同声音的谱线甚至在大致形状(低级别的包络)上也是不同的。

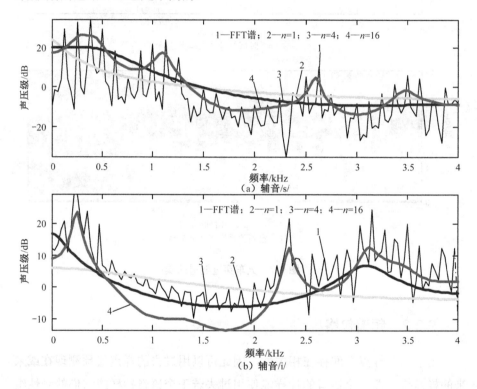

图9-8　单词/souji/中音素的声谱和频谱包络

由线性预测的定义可知,语音信号具有一定的可预测性。图9-9研究的就是这种特性。由图9-9可知,输入信号 $x(n)$ 通过预测滤波器,然后基于以前的输入值 $x(n-1)$ 和 $x(n-2)$ 得到当前的信号值 $x(n)$ 的估计值 $y(n)$,两者的差是残差信号 $e(n)$ 。

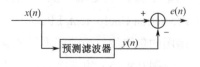

图9-9　线性预测误差的估计

如果输入信号是频谱平坦的白噪声，那么就无法基于以前的数值估计当前的数值。信号频谱的斜率越大，预测越好。与白噪声完全相反，纯音频谱是单个谱线，它的波形可以被准确预测。需要说明的是，此处的波形预测并不是基于周期的，而是比信号段更短的时间段。

如果可预测滤波器可以获得信号 $x(n)$ 的较精确估计，那么残差信号 $e(n)$ 的取值范围将比 $x(n)$ 小。标准化的预测误差可以表征预测的效果，它的定义为输入采样 $x(n)$ 的平方和除以残差值 $e(n)$ 的平方和。其值越接近 1，分析信号的频谱越平坦；反之，其值越接近 0，频谱的上升或下降就越陡峭，其共振越明显。

1. 语音信号

图 9-10（a）所示为单词/souji/的波形。不同的音素有不同的标准化误差，图 9-10（b）所示为一级和二级预测的曲线。曲线包含的关键点为：

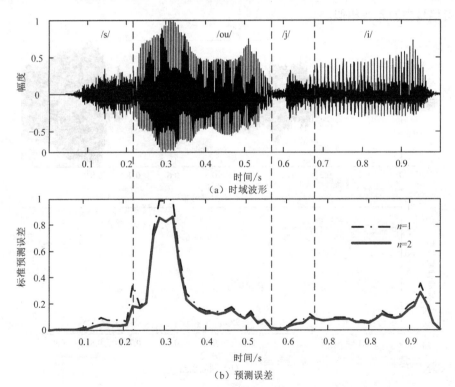

（a）时域波形

（b）预测误差

图 9-10　单词/souji/的波形及标准化预测误差

- 辅音/s/：两条曲线的值有差异，说明其有较明显的共振。
- 元音/ou/：开始时虚线的值较高，说明频谱有轻微的倾斜；而对应的实线部分下降 0.2 左右，表示有主振；后半部分校准误差变化不大，意味着其有一个显著的谱变化。
- 辅音/j/：两条曲线的取值范围为 0.07～0.08，说明其有一个非常陡峭的谱线。
- 元音/i/：两条曲线的值相差不大并且数值较小，说明其有一个非常陡峭的谱线，但没有明显的共振。

2. 音乐信号

对于小提琴类的轻音乐来说，其标准化预测误差的值几乎都小于 0.2，如图 9-11 所示。二级可预测滤波器比一级可预测滤波器产生更小的预测误差。总而言之，尽管音乐信号和语音信号不同，其可预测误差的表现形式却与语音信号中的元音相似。

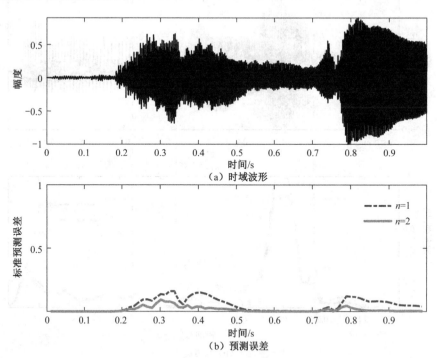

图 9-11　小提琴声的波形及标准化预测误差

3. 脉冲噪声

脉冲噪声的波形及标准化预测误差如图 9-12 所示。对于脉冲噪声来说，当盘子和餐具相互撞击时，自相关系数为 0.6～0.9。此时，谱线有轻微的倾斜和稍微的弯曲。只有当撞击声逐渐消失，值才会趋向 0.2 或更小，该值表示存在频谱大幅度变化的轻背景噪声。标准化预测误差不仅能有效地区分周期性，还能区分脉冲噪声和语音信号。尽管脉冲噪声调制率较高，但标准化预测误差也是助听器检测和降低脉冲噪声的一个重要参数。

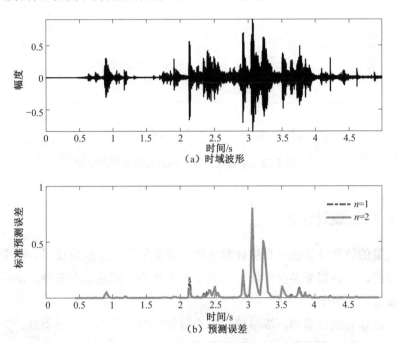

图 9-12 脉冲噪声的波形及标准化预测误差

4. 单调噪声

如图 9-13 所示，火车穿过隧道产生的单调噪声的谱线趋向变化极值，其标准化预测误差一直低于 0.05，即使此时使用的是一级可预测滤波器。这个结果并不太适合区分音乐和噪声。

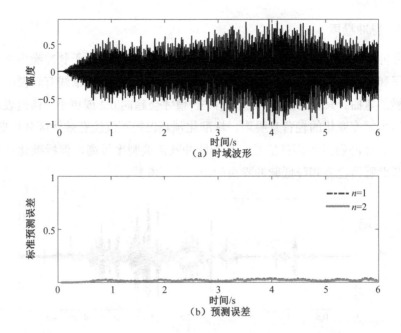

图 9-13 单调噪声的波形及标准化预测误差

9.3.3 统计评价

大量的信号特征值一旦被计算出来，分类的第一步就完成了。哪个特征是最好的，一共需要多少特征，一直是研究重点。围绕这个问题，助听器特征一般有以下两个。

一是建立统计基础，提前确定每个特征的取值频度和信号类别。为了尽可能全面地得到样本集，最好将个人的听力环境考虑进去。因此，在现代验配过程中，验配师都会询问患者的个人生活方式或主要的听力背景。

二是声信号分类。不断计算当前信号的连续特征，然后把信号分配到适当的组中，即计算出的特征值最接近的信号分组。

因为信号特征多，格式也不同，所以统计基础十分复杂。例如，声压级在一个连续范围内取值，周期性仅仅取两个可能性之一（周期的或非周期的），基频则偶尔用到。

对于声信号来说，分类用到的特征越多，成功的概率越高。随着特征数目的增加，将坐标空间分给不同信号种类的简单计算就变得很困难，需要引入新的数学技术，如神经网络等。此类算法不需要计算信号特征的分布函数，而是采用训练的方法替代。在一定程度上，运算过程是预先确定的，可以将正确的信号分配到正确分类中。训练需要大量已知声信号的样本，通过循环，逐步向正确方向上进化。

9.4　声场景分类的理论基础

从本质上来讲，声场景分类问题是一个典型的模式识别问题。声场景分类作为一个交叉研究领域，涉及许多方面的知识。该领域当前的研究重点主要集中在特征分析与提取和分类器的选择这两个方面。

由图 9-14 可知，声场景分类系统主要由预处理、特征提取和分类器组成。

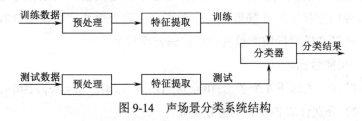

图 9-14　声场景分类系统结构

预处理是为后面的信号处理过程做准备的，主要包括端点检测、预加重、分帧和加窗等；特征提取的主要功能在于研究并提取反映声信号特征的参数，主要包括短时能量、过零率、静音率、基频、频谱中心、和谐度、子带能量、MFCC 及其动态参数、线性预测系数（LPC）、倒谱系数（LPCC）、线谱对参数 LSP、短时频谱和共振峰频率等[10]；分类器使用一定数目的声场景信号作为训练样本，以此来确定分类模型中的参数值。目前，常用的分类算法包括 GMM、ANN、SVM 和 HMM 等[11]。此外，深度学习模型也开始逐渐被应用在声场景分类之中。

9.4.1　特征分析与提取

特征分析与提取是声场景分类的基础，所选取的特征一般应该具备 3 个条件：①要能够充分体现声信号时域、频域或其他域的特性；②当外界环境发生变化时，要具有一般性和鲁棒性；③要易于提取。

1. 基于帧特征的提取

帧是处理声信号的最小单位。提取帧特征是提取段特征的前提和基础。根据帧特征的定义，用一定的数学方法计算相应的帧特征值，在此基础上计算声信号的段特征值。因此，帧特征的提取对整个声场景分类系统是十分重要的。下面介绍几种典型的帧特征。

1）频域能量

频域能量 E 的计算公式如下：

$$E = \lg\left(\int_0^{w_0} |F(w)|^2 \, \mathrm{d}w\right) \tag{9-1}$$

式中，$F(w)$ 为该帧信号的 FFT 变换；w_0 为采样频率的一半。

频域能量可以用来判断某一帧信号是否为静音帧，先假定一个阈值，然后计算该帧信号的频域能量，若所得结果小于给定阈值，则该帧将被标记为静音帧，否则被标记为非静音帧。一般来说，语音中要比音乐中含有更多的静音帧，所以音乐的频域能量变化要比语音小得多。

2）子带能量比

将频域划分为以下 4 个子带：$[0, w_0/8]$、$[w_0/8, w_0/4]$、$[w_0/4, w_0/2]$ 和 $[w_0/2, w_0]$，按式（9-2）分别计算各子带的能量分布：

$$D = \frac{1}{E} \int_{L_j}^{H_j} |F(w)|^2 \mathrm{d}w \tag{9-2}$$

式中，L_j 和 H_j 分别为子带的上下边界频率。

不同类型的声信号在各子带区间上的能量分布情况是不同的。音乐中频域能量基本上是均匀分布在各子带上的，而语音中频域能量则主要集中在第一个子带上。

3）过零率

过零率指的是一帧内采样信号值由负到正和由正到负变化的总次数。它度量的是信号的频率值，描述的是一帧信号通过零点的速度，其计算公式如下：

$$Z_{\mathrm{CR}} = \frac{1}{2(n-1)} \sum_{n=1}^{N-1} |\mathrm{sgn}[x(n+1)] - \mathrm{sgn}[x(n)]| \tag{9-3}$$

式中，$x(n)$ 为离散的采样信号；N 为帧内采样点数目。

4）频谱中心

频谱中心表示帧内频谱能量分布的平均点，反映的是声音信号的亮度。其计算公式如下：

$$F_C = \frac{\int_0^{w_0} w |F(w)|^2 \, \mathrm{d}w}{\int_0^{w_0} |F(w)|^2 \, \mathrm{d}w} \tag{9-4}$$

通常情况下，语音的频谱中心要比音乐的频谱中心低。

5）带宽

带宽反映的是信号能量或功率在频谱中的集中范围，它衡量的是声音的频域范围。其计算公式如下：

$$B_W = \sqrt{\frac{\int_0^{w_0} (w - F_C)^2 |F(w)|^2 \, \mathrm{d}w}{\int_0^{w_0} |F(w)|^2 \, \mathrm{d}w}} \tag{9-5}$$

式中，F_C 为频谱中心。

音乐的带宽通常约为 22.05kHz，而语音的带宽通常为 0.3～3.4kHz。

6）基音频率

基音频率表示的是音调的高低。发浊音时，由声带振动引发的周期性特征称为基音。作为语音信号中一个十分重要的参数，基音频率携带着重要的语音信息。一般使用中心削波短时自相关函数的波峰检测算法估算基音频率。

7）MFCC 及其动态参数

梅尔频率倒谱系数，简称 MFCC，是从 Mel 标度的频率域中提取出来的一个倒谱参数，Mel 标度描述的是人耳频率的非线性特性，Mel 频率和频率之间的关系如下[12]：

$$Mel(f) = 2595 \lg\left(1 + \frac{f}{700}\right) \tag{9-6}$$

式中，f 为信号频率，Hz。

MFCC 的提取步骤可参考相关文献[13]。标准的 MFCC 仅能反映声信号的静态特性，其动态特性可以通过这些静态特征的差分谱进行描述。实验表明，将静态特征与动态特征相结合可以大大提高系统的分类正确率。差分参数的提取公式如下：

$$d_t = \begin{cases} C_{t+1} - C_t, & t < K \\ \dfrac{\displaystyle\sum_{k=1}^{k} k(C_{t+k} - C_{t-k})}{\sqrt{2\displaystyle\sum_{k=1}^{K} k^2}}, & \text{其他} \\ C_t - C_{t-1}, & t \geqslant Q - K \end{cases} \tag{9-7}$$

式中，d_t 为第 t 个一阶差分参数；C_t 为第 t 个倒谱参数；Q 为倒谱系数的阶数；K 为一阶导数的时间差，K 一般取 1 或 2。

将得到的一阶差分参数再次代入，就能计算二阶差分参数，依此类推。

帧特征是声信号处理的基础特征，它以数字信号处理理论为基础。由于帧的时间粒度太小，不能很好地反映人耳的听觉特性和声信号的时间统计特性，因此不能将帧特征直接应用在声场景分类中，必须在帧特征的基础上提取出段特征，并应用在声场景分类时使用段特征。

2. 基于段特征的提取

段是分类的单元，根据前面得到的帧特征可以计算相应的段特征，计算时将一个段中特征的均值作为该段的相应特征。

1）静音比例

设定一个阈值，若某一帧的频域能量值小于该值，则该帧可被定义为静音帧，否则被定义为非静音帧。静音比例指的是音频段中静音帧所占的比例，计算公式如下：

$$\gamma = \frac{M}{N} \tag{9-8}$$

式中，M 为段中静音帧的帧数；N 为段中总帧数。

由于语音中会出现停顿，因此其静音比例比音乐高。

2）高过零率比例

设定一个过零率阈值（一般取为段中各帧过零率平均值的 1.5 倍），就可以计算一个音频段中过零率高于这个阈值的帧所占的比例（高过零率比例），计算公式如下：

$$H_{ZCRR} = \frac{1}{2N} \sum_{n=0}^{N-1} \left\{ \mathrm{sgn}\left[Z_{CR}(n) - 1.5\overline{Z_{CR}} \right] + 1 \right\} \tag{9-9}$$

式中，N 为音频段的总帧数；$Z_{CR}(n)$ 为第 n 帧的过零率；$\overline{Z_{CR}}$ 为各帧过零率的平均值。

语音中会出现清音、浊音交替，而音乐中却不存在这种情况，因此语音信号中高过零率比例要大于音乐信号。

3）低频率能量比例

设定一个能量阈值（一般取段中各帧频域能量平均值的一半），就可以计算一个音频段中能量低于该阈值的帧所占的比例（低频率能量比例），计算公式如下：

$$L_{\text{FER}} = \frac{1}{2N} \sum_{n=0}^{N-1} \left\{ \text{sgn} \left[0.5\bar{E} - E(n) \right] + 1 \right\} \tag{9-10}$$

式中，N 为段中总帧数；$E(n)$ 为第 n 帧的频域能量；$\bar{E}$ 为各帧频域能量的平均值。

相对于音乐信号，语音信号中静音帧所占的比例要高一些，所以语音信号中低频率能量比例要高于音乐信号。

4）频谱变迁

频谱变迁指的是段中所有相邻两帧频谱的平均差异，计算公式如下：

$$S_F = \frac{1}{(N-1)K} \sum_{n=1}^{N-1} \sum_{k=1}^{K-1} \left[\lg |D_{\text{FT}}(n+1,k)| - \lg |D_{\text{FT}}(n,k)| \right]^2 \tag{9-11}$$

由于语音信号中存在清音和浊音交替，因此其频谱变迁要大于音乐信号。

5）基音频率标准方差

在一个段中，先分别计算每帧的基音，再对这些基音求标准差，得到的就是基音频率标准方差。该特征衡量的是基音频率变化的范围。

6）和谐度

段中基音频率不为 0 的帧数所占比例为和谐度。

7）平滑基音比

如果某一帧的基音频率不为 0，且它与其前一帧的基音频率之差小于给定的阈值，那么该帧可被定义为基音平滑帧。段中平滑帧的数目与总帧数之比就是平滑基音比。

9.4.2　分类器的设计

1. 基于启发式规则的分类方法

基于启发式规则的分类方法的基本思路如下：选取能区别某种声信号的

特征，并对该特征设定一个阈值，根据一定的规则，计算出该特征值，再将其与所设定的阈值进行比较，对声信号进行分类[14]。该方法操作简单，但只能应用于简单的声信号（如静音）。该方法的缺点如下：①分类顺序和决策规则并不一定最优。②上层一旦出现了决策错误，该错误必定会依次传递到下一层，从而形成"雪球"效应。③仅能刻画声信号的静态统计特性（如方差和均值等），而不能刻画声信号的时间统计特性。④由于需要借助人的先验知识和实验分析结果，因此分类的误差较大。

近几年来，对分类方法规则的研究又有了许多新进展：在规则集方面，规则的制定方法涵盖了各种主要的统计识别方法，经实验验证，其中的某些非参数统计方法优势较为明显；在规则分类器方面，对分类器结构的评价标准也日趋完善，可以以此对分类器结构的优化进行指导，使分类器变得更灵活，某些分类方法甚至可以在样本数据不完整的情况下完成分类。

2. 最小距离分类法

最小距离分类法是一种监督分类方法，其主要思想是：计算观测量到每类的某种距离，并选择具有最短距离的类作为观测量的类别。最简单的距离表示是欧几里得距离。

$$d_j(\boldsymbol{x}) = \left| \boldsymbol{x} - \mu_j \right|^2 \qquad (9\text{-}12)$$

式中，$\boldsymbol{x}$ 为观察向量；μ_j 为类别 ω_j 的均值。

它的具体分类过程如下[15]：

- 使用训练样本分别计算每类的均值。
- 将均值作为该类在特征空间中的中心位置，再分别计算输入样本中的每个点到各类中心的距离。
- 比较计算结果，找出最小距离对应的位置，该样本点就属于该类。

最小距离分类法可以较好地建立多维空间分类方法的几何概念，并且操作简单，易于实现。声场景分类中应用的最小距离分类法有 k 近邻方法、最近特征线方法和模板匹配法等。k 近邻方法要先找出待定样本在特征空间中的 k 个最相似的样本，依次确定这 k 个样本的类别，则这 k 个样本中出现最多的类就是待定样本所属的类；最近特征线方法是依次从每类的子空间中选取一些特征点，再对这些特征点两两相连形成特征线，用特征线集合来表示原来类的样本子空间；模板匹配法是将待定模板与标准模板进行比对，按照一定的规则计算两个模板的相似程度，根据计算所得的结果来确定声信号类型。

3. 贝叶斯分类器

在各种分类器中，贝叶斯分类器是分类错误概率最小的分类器；在预先给定代价的情况下，贝叶斯分类器也是平均风险最小的分类器。它的设计方法是一种最基本的统计分类方法。其分类原理是通过某对象的先验概率，利用贝叶斯公式计算其后验概率（该对象属于某一类的概率），选择具有最大后验概率 $P(\omega_i|\boldsymbol{x})$ 的类作为该对象所属的类。

$$P(\omega_i|\boldsymbol{x}) = \frac{P(\boldsymbol{x}|\omega_i)P(\omega_i)}{P(\boldsymbol{x})}, \quad i = 1,2,\cdots,c \tag{9-13}$$

式中，$P(\boldsymbol{x}|\omega_i)$ 为在模式属于 ω_i 类的条件下出现 $\boldsymbol{x}$ 的概率密度，称为 $\boldsymbol{x}$ 的类条件概率密度；$P(\omega_i)$ 为在所研究的识别问题中出现 ω_i 类的概率，称为先验概率；$P(\boldsymbol{x})$ 为特征向量 $\boldsymbol{x}$ 的概率密度，分类器在比较后验概率时，对于确定的输入 $\boldsymbol{x}$，$P(\boldsymbol{x})$ 为常数。

4. 统计模型分类法

随着人工智能和机器学习的发展，许多声场景分类研究者都倾向于使用统计学习算法。这种方法由于理论基础坚实、实现机制简单，因此广泛应用于绝大多数声场景分类系统之中。较为典型的建模方法主要包括支持向量机、人工神经网络、高斯混合模型和隐马尔科夫模型等。基于统计模型的算法是声场景分类的研究重点。它为自主学习分类的实现提供了一种十分有效的途径，是该领域未来主要的研究方向。

20 世纪 80 年代以来，随着人工智能的兴起和发展，人工神经网络逐渐成为机器学习领域的研究热点。人工神经网络从信息处理的角度出发，对大脑神经元网络进行抽象并建模，形成各种不同的网络。人工神经网络在学术界和工程上经常也称为类神经网络或神经网络。神经网络是由大量的节点相互连接构成的一种运算模型，其中的每个节点表示一种输出函数，称为激励函数；节点之间的连线代表通过该连接信号的加权值，称为权重，权值的存在表示人工神经网络的记忆功能。神经网络的输出由连接方式、激励函数和各权重值共同决定，输出随三者的不同而改变。网络本身既是对逻辑策略的一种表达，同时也是对自然界中的算法或函数的逼近[16]。

人工神经网络具有良好的自学习能力，能够高速寻找优化解，并且可以进行联想存储。它的突出优点包括：①无论非线性关系如何复杂，它都可以进行充分逼近；②所有信息均等势分布并存储在各神经元中，因此具有很强的容错性和鲁棒性；③采用并行分步处理方法可以同时快速进行大量的运算；④能够对不确定的系统进行自适应处理和学习；⑤可以同时处理定量、定性知识。人工神经网络也存在一些缺陷，例如，训练算法不能保证一定收敛，以及存在过学习的问题等。

9.5 实验与分析

9.5.1 实验设计

实验中的数据库是由一系列音频文件组成的，共包括 4 种类别，具体的类别信息如下。

- 噪声来源 Noise-92 噪声库，其中包括白噪声、粉噪声、车内噪声、坦克噪声、机器噪声和工厂噪声等，既有平稳噪声，又有非平稳噪声。
- 语音均源于柏林库，这些文件均由 FM 广播电台数字取样得到，样本中既有男性说话者的样品，也有女性说话者的样品。带限或失真语音已被手动删除。语音的信号的强度各不一样，最高和最低相差 30dB，可以通过输入不同强度的语音测试分类系统的鲁棒性。
- 音乐均源于经典音乐库，其中包括爵士音乐、流行音乐、乡村音乐、摇滚音乐、古典音乐和其他音乐，其中既有人演唱的，也有乐器演奏的。
- 含噪语音均由上述噪声与语音叠加混合得到，含噪语音的信噪比为 $-10 \sim 10\text{dB}$。

所有音频文件统一为采样率 16kHz，精度为 16bit，存储格式为 wav 格式。数据库中包含这 4 类音频各 200 组，实验时在每类音频中均任取 100 组样本作为训练样本，剩下的 100 组音频作为测试样本。

数据预处理如下：预加重的高通滤波器的一阶系数为 0.9375，帧长为 256 点，帧移为 128 点。由于音频采样率均为 16kHz，换算到时间上帧长为 16ms、帧移为 8ms。

比较算法包含 4 类分类器：贝叶斯分类器、最小距离分类器、规则分类器和神经网络。实验分别计算 4 种算法对语音、含噪语音、噪声和音乐 4 种声音信号的识别率和误识别率。4 种算法中，每种算法数据分为训练组和测试组，各取 10 组数据，分别计算对语音、含噪语音、噪声和音乐的识别率和误识别率，并分别取平均值，即可得到相应的结果。

9.5.2 实验结果与分析

4 种分类器的实验结果如表 9-2 所示。所选用特征为帧特征和段特征。虽然 4 种分类器均可用于场景分类，但是由于其分类的原理不同，因此得到的结果差别很大，正确识别率各不相同。仅就实验中所给的数据而言，采用贝叶斯分类器得到的结果最好，采用神经网络得到的识别率最差，其余两种分类器的差别不大。

表 9-2 4 种分类器的实验结果 （%）

分类器	组别	1	2	3	4	5	6	7	8	9	10	平均值
贝叶斯	训练	83.8	87.9	87.5	87.1	87.5	88.3	85.0	86.7	87.9	85.8	86.8
	测试	95.7	83.0	80.9	80.9	87.2	76.6	91.5	89.4	76.7	89.4	85.1
最小距离	训练	82.9	82.1	81.3	80.8	80.0	82.9	81.3	83.3	80.4	81.3	81.6
	测试	76.6	83.0	83.0	76.6	83.0	76.6	83.0	74.5	87.2	76.6	80.0
规则分类器	训练	79.6	79.2	79.2	77.9	80.0	80.0	77.9	79.2	80.4	77.5	79.1
	测试	72.3	76.6	78.7	83.0	72.3	72.3	85.1	80.9	72.3	87.2	78.1
神经网络	训练	55	39.2	44.2	62.1	44.2	57.5	75.8	55.8	40.9	55	53
	测试	53.4	47	42.8	68.3	44.9	55.5	70.4	55.5	42.8	53.4	53.4

考虑算法的效率，实验选择的神经网络是三层结构。这可能影响了神经网络的识别效率，如果增加网络结构或采用深度学习的策略，可以提高算法识别效率。但会大大增加计算量。

9.6 本章小结

本章首先介绍助听器声场景分类的研究背景和意义，并说明助听器声场景分类对助听器其他算法的影响；其次，通过分析不同信号的特征，表述了声场景算法的可行性；再次，介绍了声场景分类的理论基础，并重点介绍了声场景分类特征提取和分类器设计方面的相关知识；最后，通过实验比较了几种简单声场景识别算法的效率。

参考文献

[1] Su F, Yang L, Lu T, et al. Environmental sound classification for scene recognition using local discriminant bases and HMM[C]// International Conference on Multimedea , 2011:1389-1392.

[2] Nordqvist P, Leijon A. An efficient robust sound classification algorithm for hearing aids[J]. Journal of the Acoustical Society of America, 2004, 115(6): 3033-3041.

[3] Büchler M, Allegro S, Launer S, et al. Sound classification in hearing aids inspired by auditory scene analysis[J]. Eurasip Journal on Applied Signal Processing, 2005, 2005(1): 2991-3002.

[4] Ma L, Milner B, Smith D. Acoustic environment classification[J]. Acm Transactions on Speech & Language Processing, 2006, 3(2): 1-22.

[5] Alexandre E, Cuadra L, Rosa M, et al. Feature selection for sound classification in hearing aids through restricted search driven by genetic algorithms[J]. IEEE Transactions on Audio, Speech, and Language Processing, 2007, 15(8): 2249-2256.

[6] Lamarche L, Giguère C, Gueaieb W, et al. Adaptive environment classification system for hearing aids[J]. The Journal of the Acoustical Society of America, 2010, 127(5): 3124-3135.

[7]　赵雪雁, 吴飞, 庄越挺, 等. 基于模糊聚类表征的音频例子检索及相关 反馈[J]. 浙江大学学报（工学版）, 2003, 37(3): 264-268.

[8]　丁一坤. 智能数字助听器中声场景分类的研究[D]. 南京：东南大学, 2017.

[9]　Schaub A. Digital hearing aids[M]. New York: Thieme, 2008.

[10]　Zolghadr E, Furht B. Scene classification using external knowledge source[C]// IEEE International Symposium on Multimedia, 2015:535-540.

[11]　Mesaros A, Heittola T, Virtanen T. TUT database for acoustic scene classification and sound event detection[C] // Signal Processing Conference, 2016:1128-1132.

[12]　Ganchev T, Fakotakis N, Kokkinakis G. Comparative evaluation of various MFCC implementations on the speaker verification task[J]. Proc Specom, 2005, 1: 191-194.

[13]　梁瑞宇, 赵力, 魏昕. 语音信号处理实验教程[M]. 北京: 机械工业出版 社, 2016.

[14]　Chikersal P, Poria S, Cambria E. SeNTU: Sentiment Analysis of Tweets by Combining a Rule-based Classifier with Supervised Learning[C] // International Workshop on Semantic Evaluation, 2015:647-651.

[15]　Toth D, Aach T. Improved Minimum Distance Classification with Gaussian Outlier Detection for Industrial Inspection[C] // International Conference on Image Analysis and Processing, 2001:584.

[16]　Khashei M, Bijari M. An artificial neural network (p,d,q) model for timeseries forecasting[J]. Expert Systems with Applications, 2010, 37(1): 479-489.

第 10 章

展望

助听器要实现的功能并不仅仅是放大声音信号，而是提高听损患者的语言理解度。为了达到这个目的，助听器必须对语音信号进行精细的处理与调节，例如，补充患者缺失的频率分量、非线性动态调整语音信号的响度以符合患者的听觉动态范围，通过方向性语音增强方法提高语音信号的信噪比和信干比，甚至加重语言中的声调、重音与感情因素等。这些功能在过去的模拟助听器时代完全不可能实现，而在数字助听器时代正成为医学与声学研究的热点。

针对目前研究存在的问题和研究热点，下面简要介绍未来有待深入研究的几个方向。

10.1 语音线索增强

对于大部分语音处理框架来说，如果语音和非语音有相同的谱和强度变化，那么它们可以获得相同的放大。语音的任何声学特征都能帮助区分声音，不同信号处理算法的目的是调整语音，使语音更容易区别。主要策略如下。

（1）谱形增强。谱形增强主要包含谱峰放大、谱对比增强和谱尖锐化等方法。谱形增强通过使共振峰尖锐化，可以得到很好的语谱图效果，但对患者语音理解度几乎无改善。而且，在信号传输过程中，增强后谱峰会被削弱而变得不明显。即使谱峰不被削弱，听损严重患者也不能通过检测这些信息来理解语音，只是感觉声音产生变化。一些重要谱峰可以用合适的频率、幅度和相位的纯音替代。这种方法只能看作语音简化的一种形式，能减弱背景噪声，但是对提高理解度效果并不明显。

（2）持续时间增强——元音长度。

①元音在发声的辅音前比在不发声的辅音前持续的时间长，放大其持续时间有利于听损患者察觉辅音发音，但放大或缩短必须在元音前结束，实时处理比较困难。

②延长元音和过渡段，使患者能识别它们，但会使输出越来越迟于输入。缩短语音间的某些间隔可解决此问题，此方法可提高一小部分听损患者的理解度，但会降低正常人的理解度。该方法的负面影响是可能破坏了视觉和听觉上的同步性。

（3）辅音增强。辅音增强（辅元音比率）通常是负值，增加比率的方法包括：①只增辅音，理解度提高；②只增元音，理解度无改善。

相对于元音，增强一些辅音有助于提高理解度，线性高频增强和宽动态范围压缩也能提高弱辅音强度。对于特定目标，辅音增强比传统方式更好。

辅音增强与强度变换率有关。连接一个低强度元音的多个辅音将有快速的强度变化，突出这种变化将有助于提高理解度，当变化快时增加增益，变化慢时减少增益。该方法虽然在商业上有使用，但是相关证明较少。

（4）语音简化。对于听损严重患者来说，当信息简单时，其理解度较好；当语音中的复杂信息时，其理解度较差。最极端的情况为语音信号由纯音开合代替，频率同语音基频，其他特征由语音提取，以简单方式（幅度、清音激励）表示，语音识别主要靠这些特征而不只是靠基频。这种简化有助于听损严重患者控制自己的基频，同时也限于频率选择性极弱的听损患者。该简化策略与耳蜗移植几乎等效。

（5）再综合增强。再综合增强的基本步骤可概括为：①识别语音信息为其他编码形式（如文本）；②根据转换后的编码，重新合成为发音清晰、无噪的语音；③根据患者听损情况，调节语音增益以达到最佳效果。但是，该方法存在一些困难。例如，在强噪声环境或"鸡尾酒会"场景下的目标语音识别困难，合成过程可能需要一些附加特征（如感情），算法复杂度高，导致实时性很难保证。

10.2　助听器自验配技术

通过听力专家与患者的信息交互实现助听器参数的优化配置，是目前助听器验配的常用方法。通过详细的调查问卷[1]，用户可以全面描述自身问题。但是，余下的步骤往往取决于专家的专业技能及认知能力。助听器的类型及其信号处理参数的数量不断增加，对听力专家的技能要求越来越高，已成为制约助听器使用的重要因素之一[2]。听损患者的认知能力退化，导致传统的方法效率很低，由患者自身进行验配的设计理念逐渐成为研究的热点[3]。自验配算法的关键在于如何根据患者的评价优化算法参数[4]，这是一个交互式过程。在交互式优化算法方面，交互式进化算法的研究较多，并广泛应用于计算机图形学、工业设计、多准则决策等方面。梁瑞宇等人在前期的研究工作中，将该算法应用于自验配算法中，并结合专家系统对验配效率进行改善，取得了一定效果[5]。但是，该研究工作并没有结合验配过程进行优化，只是根据患者的基本信息进行快速的参数定位。因此，后期研究拟引入主动学习和高斯回归算法建立患者反馈信息与注意力网络参数的关联模型，从而实现患者认知能力的补偿。

10.3　大数据与言语增强

对于助听器算法来说，基于信息处理技术的设计理念一直无法有效解决嘈杂环境下患者理解度降低等问题，给助听器算法研究者和听力专家带来极大的困惑。随着仿生智能和大数据技术的发展，基于数据驱动的设计理念开始融入各种理论和应用研究中。著名的 Google 自动驾驶汽车就是基于数据驱动理念设计的典型案例，其性能远远超过基于传统机械思维设计的汽车[6]。在医疗卫生领域，基于大数据进行疾病预测也是一种有效手段。由此可知，当传统方法无法解决实际问题时，尝试基于数据驱动的设计理念解决问题是切实可行的。目前，在助听器研究领域还缺乏这样的研究工作。当前智能时代大量的经典案例，为基于数据驱动的助听器言语增强算法研究工作提供了大量的理论和实践指导。

10.4 基于深度学习的语音及听觉重建

人类听觉每时每刻都要处理大量感知数据，但总能以一种灵巧方式获取值得注意的重要信息[7]。模仿人脑高效、准确地处理听觉信息的能力一直是人工听觉研究领域的核心挑战。神经科学研究人员利用解剖学知识发现，哺乳类动物大脑表示信息的方式是使接收到的刺激信号通过一个复杂的层状网络模型，进而获取观测数据展现的规则。这种明确的层次结构极大地降低了听觉系统处理的数据量，能够提取具有潜在复杂结构规则的音频丰富数据，获取其本质特征。深度学习的概念由 Hinton 等人于 2006 年提出[8]，其可以模拟人脑认知机制进行分析、学习、解释数据，用于计算机视觉与人工听觉重建领域[9]。由于人类听觉在生物学上具有明显的多层次处理结构[10]，因此利用多层深度学习网络可以提取声信号中的结构化和高层信息，提高声场景识别、语音识别、语音合成、语音增强、语音转换等应用的性能[11]。而在针对认知的听觉辅助与人工听觉重建过程中，人工智能技术的引入显然也能起到至关重要的作用[12]。目前，深层卷积网络和深层递归神经网络应用于听觉辅助中的语音识别模型、说话人识别、语音合成算法，基于深度置信网络的语音增强[13]和分离方法[14]也取得了一定的研究进展，这些研究都对听力辅助与听觉重建中的认知功能模拟与实现、语言理解与行为决策提供了理论指导与实际应用思路。

综上所述，庞大的老龄人口、加快的老龄化速度及各种老年慢性疾病的影响，是老龄听损患者数量激增的现实原因，客观上要求国家必须重视老龄健康问题。由于我国助听器研究工作起步较晚，在技术上落后于发达国家，因此我国的助听器研究工作任重而道远。本书对于数字助听器语音处理算法做了一些工作，由于笔者水平和实验室条件所限，所做研究可能不够深入，但期望所做的研究能够起到抛砖引玉的作用，引起广大科研工作者对这个问题的重视，也期望不久的将来更多研究者和更丰硕的成果出现。

参考文献

[1]   Nelson J A. Fine tuning multi-channel compression hearing instruments[J]. Hearing Review, 2001, 8(1): 30-35.

[2]   Kochkin S. MarkeTrak Ⅷ: Consumer satisfaction with hearing aids is slowly increasing[J]. The Hearing Journal, 2010, 63(1): 19-27.

[3]   Keidser G, Convery E. Self-fitting hearing aids: Status quo and future predictions[J]. Trends Hear, 2016, 20: 1-15.

[4]   Takagi H, Ohsaki M. Interactive evolutionary computation-based hearing aid fitting[J]. IEEE Transactions on Evolutionary Computation, 2007, 11(3): 414-427.

[5]   Liang R Y, Guo R X, Xi J, et al. Self-fitting algorithm for digital hearing aid based on interactive evolutionary computation and expert system[J]. Applied Sciences, 2017, 7(3): 272(1-19).

[6]   吴军. 智能时代[M]. 北京: 中信出版社, 2016.

[7]   Zhang Q C, Yang L T, Chen Z K, et al. A survey on deep learning for big data[J]. Information Fusion, 2018, 42: 146-157.

[8]   Hinton G E, Osindero S, Teh Y W. A fast learning algorithm for deep belief nets[J]. Neural computation, 2006, 18(7): 1527-1554.

[9]   Fan X X, Yang Y H, Deng C, et al. Compressed multi-scale feature fusion network for single image super-resolution[J]. Signal Processing, 2018, 146: 50-60.

[10]   Baker J M, Deng L, Glass J, et al. Developments and directions in speech recognition and understanding[J]. IEEE Signal Processing Magazine, 2009, 26(3): 75-80.

[11]   柯登峰, 徐波. 互联网时代语音识别基本问题[J]. 中国科学: 信息科学, 2013, 43(12): 1578-1597.

[12] Yu D, Li J Y. Recent progresses in deep learning based acoustic models[J]. IEEE-CAA Journal of Automatica Sinica, 2017, 4(3): 396-409.

[13] Wang Y X, Wang D L. Towards scaling up classification-based speech separation[J]. IEEE Transactions on Audio, Speech, and Language Processing, 2013, 21(7): 1381-1390.

[14] Xu Y, Du J, Dai L R, et al. An experimental study on speech enhancement based on deep neural networks[J]. IEEE Signal Processing Letters, 2014, 21(1): 65-68.

反侵权盗版声明

电子工业出版社依法对本作品享有专有出版权。任何未经权利人书面许可，复制、销售或通过信息网络传播本作品的行为；歪曲、篡改、剽窃本作品的行为，均违反《中华人民共和国著作权法》，其行为人应承担相应的民事责任和行政责任，构成犯罪的，将被依法追究刑事责任。

为了维护市场秩序，保护权利人的合法权益，我社将依法查处和打击侵权盗版的单位和个人。欢迎社会各界人士积极举报侵权盗版行为，本社将奖励举报有功人员，并保证举报人的信息不被泄露。

举报电话：（010）88254396；（010）88258888

传　　真：（010）88254397

E-mail：　　dbqq@phei.com.cn

通信地址：北京市万寿路 173 信箱

　　　　　电子工业出版社总编办公室

邮　　编：100036